"十四五"时期国家重点出版物出版专项规划项目

农作物有害生物绿色防控技术丛书

丛书主编　吴孔明

梨有害生物绿色防控技术

王国平　主编

科学出版社

北　京

内 容 简 介

本书主要内容包括绪论、梨病害、梨虫害、梨有害生物绿色防控技术模式集成与示范，收录了我国梨生产中常见的病虫害71种，其中病害28种、虫害43种，重点介绍了每种病虫害的诊断（或识别）特征、分布为害、发生（或流行）规律及其绿色防控技术。为了方便读者阅读、使用，书中配有代表性图片476幅，书后附有有害生物绿色防控技术挂图6幅。

本书可供高校和科研院所植物保护学、作物学、作物栽培学等相关研究领域的科研人员、师生阅读，也可供农业技术推广、农业生产管理等部门的政府职员及与农业相关的企业研发人员参考。

图书在版编目（CIP）数据

梨有害生物绿色防控技术 / 王国平主编. —— 北京：科学出版社，2025.3. ——（农作物有害生物绿色防控技术丛书 / 吴孔明主编）.
ISBN 978-7-03-081547-7

I. S436.612

中国国家版本馆 CIP 数据核字第 2025EM7766 号

责任编辑：陈　新　郝晨扬 / 责任校对：张小霞
责任印制：肖　兴 / 封面设计：无极书装

科学出版社 出版
北京东黄城根北街16号
邮政编码：100717
http://www.sciencep.com

北京九州迅驰传媒文化有限公司印刷
科学出版社发行　各地新华书店经销

*

2025年3月第 一 版　　开本：787×1092　1/16
2025年3月第一次印刷　　印张：19　配套挂图6幅
字数：440 000

定价：228.00元
（如有印装质量问题，我社负责调换）

"农作物有害生物绿色防控技术丛书"编委会

主　编　吴孔明

副主编　陈万权　周常勇　王源超　廖伯寿　何霞红　柏连阳

编　委（以姓名汉语拼音为序）

边银丙　蔡晓明　曹克强　陈炳旭　董志平　冯佰利
高玉林　郭晓军　韩成贵　黄诚华　黄贵修　霍俊伟
江幸福　姜　钰　李华平　李彦忠　蔺瑞明　刘吉平
刘胜毅　龙友华　陆宴辉　彭友良　王国平　王树桐
王　甦　王振营　王忠跃　魏利辉　许泽永　严雪瑞
曾　娟　詹儒林　张德咏　张若芳　张　宇　张振臣
赵桂琴　赵　君　赵廷昌　周洪友　朱小源　朱振东

《梨有害生物绿色防控技术》编委会

主　　编　王国平

副 主 编　刘凤权　刘小侠　马瑞燕　王利平　赵延存

编　　委（以姓名汉语拼音为序）

蔡　丽　程　杰　邓惠方　杜　娟　郭艳琼　洪　霓
黄欣燕　孔维娜　李建成　李　霞　李先伟　李亦松
李朝辉　李　贞　孙伟波　谭树乾　王先洪　王　怡
魏久锋　魏明峰　相会明　徐文兴　许向利　闫　硕
庾　琴　张怀江　张俊争　张松斗　赵龙龙　赵　鹏
赵志国

审稿人　王国平　刘凤权　刘小侠　马瑞燕　洪　霓

丛 书 序

  农作物是人类赖以生存和繁衍的物质基础，人类社会的发展史也是一个不断将植物驯化成农作物的过程。农作物的种类繁多，既有谷类、豆类、薯芋等粮食作物和纤维、油料、糖料、茶叶等经济作物，也有白菜、番茄、辣椒等蔬菜作物，柑橘、苹果、梨等果树作物，西瓜、甜瓜、哈密瓜等水果作物，以及人参、枸杞、黄芪等药用作物。

  植物病虫害是影响各种农作物生产的重要因子，人类的农耕文明也是一部与病虫害斗争的史书。我国的季风气候特点和地理特征决定了我国病虫害发生的普遍性与区域流行性，并使我国成为全球农作物病害、虫害、草害、鼠害种类较多且危害较严重的地区之一，近年来的气候变化更加剧了病虫害的为害程度、提高了病虫害的暴发频率。此外，全球经济一体化也导致国外的病虫害不断入侵我国，给农作物生产带来新威胁。据统计，仅我国主要粮食作物的病虫害就超过1500种，其中经常严重发生的有100多种，年均发生面积70亿亩次左右，是全国耕地面积的3.78倍，若不进行有效防治，可造成作物产量损失超过40%。

  病虫害防治方法的采用和社会经济的发展阶段有密切的关系。新中国成立之前，传统的农业防治是主要手段。20世纪60年代之后，随着化学工业的发展，化学防治得到了广泛的应用，但也产生了病虫害抗药性、食品安全性和生态环境污染等一系列问题。为解决化学农药过度使用的弊端，我国于20世纪70年代中期提出了"预防为主，综合防治"的植物保护工作方针。进入21世纪，随着国家社会经济的发展和农产品质量安全标准的提高，2006年全国植物保护工作会议提出了"公共植保，绿色植保"的理念，化学农药的使用得到了严格的控制。当前，我国已进入高质量发展阶段，新时代的植物保护要满足人民对美好生活的需求，要体现人与自然的和谐发展，要保障粮食安全、农产品质量安全和生态环境安全。

  我国政府高度重视新时代的植物保护工作，不断推进依法依规科学防治病虫害进程，于2020年颁布实施了《农作物病虫害防治条例》（后简称《条例》）。《条例》明确了病虫害的防治责任，要求健全防治制度和规范专业化防治服务，鼓励和支持开展农作物病虫害防治科技创新和成果转化，推广信息技术和生物技术，推进防治工作的智能化、专业化和绿色化。

  为适应当前我国植物保护工作的需要，在科学出版社的大力支持下，我们组织专家编著了"农作物有害生物绿色防控技术丛书"（以下简称丛书）。丛书于2022年2月启动编撰工作，汇聚了来自中国农业科学院、中国农业大学、全国农业技术推广服务中心等50多家科研、教学和管理单位的1000余位学者。为保障编写内容的科学性、系统性和权威性，我们组建了由49位植物保护知名专家组成的丛书编委会，先后组织召开了4次全体会议，共商撰写计划和要求，分配撰写和审稿任务，解决编撰过程中出现的问题。

丛书包括《农作物重大流行性病害监测预警与区域性控制技术》和《农作物重大迁飞性害虫监测预警与区域性控制技术》2个综合技术分册，以及《水稻有害生物绿色防控技术》《小麦有害生物绿色防控技术》《玉米有害生物绿色防控技术》等38个作物分册，涉及70余种农作物和3000多种病虫草鼠害。为方便读者准确诊断识别各种病虫草鼠害，切实掌握综合防控技术体系，在介绍病虫草鼠形态（或生理）特征、为害症状、生活循环、防控关键技术及其模式的基础上，各分册还配套1~6幅有害生物绿色防控技术挂图。

丛书综合反映了21世纪我国多种农作物病虫害科技创新的成果，也在一定程度上吸收了国际农作物病虫害防控技术的最新进展，内容丰富、系统全面、技术实用、指导性强。我们希望，丛书的出版能为我国植物保护、作物学、园艺学、农业资源环境等相关学科的科研工作者、高校师生，农业技术推广、农业生产管理等部门职员，农业相关企业工作人员，以及基层农技人员和农民朋友提供一套有较高实用价值的植物保护专业全书，在农作物病虫害防治人才培养、科技创新和生产实践活动中发挥积极的作用。

中国工程院院士　吴孔明

中国植物保护学会名誉理事长　陈万权

前　言

根据联合国粮食及农业组织 2021 年统计数据，中国梨的栽培面积、产量、出口量分别为 86.50 万 hm²、1600.00 万 t、53.94 万 t，分别占世界总量的 66.9%、69.6%、19.8%，均居世界首位。梨是我国传统的优势果树，因其适应性强、结果早、丰产性强、经济寿命长等特点，在我国栽培范围极广，长期以来在促进农村经济发展和增加农民收入方面一直发挥着重要作用。我国许多地区将梨果业作为农业产业结构调整的支柱产业，而梨果业在振兴地方经济中作出了突出贡献。

已知全世界梨病害约 150 种，至 2021 年我国已报道 80 余种，其中危害严重的有 30 种左右。我国已报道的梨害虫有 100 余种，发生普遍且危害较重的有 40 多种。由于自然条件、栽培历史和栽培种质及品种的不同，各梨产区的病虫害组成、优势种群、发生动态及流行规律有异，因此，不同区域采用的病虫害防控技术模式与主要措施也有明显的差异。近 30 年来，随着梨产业的发展和科学技术的进步，各梨产区的病虫害防控技术水平都在不断提升。各梨产区持续严防检疫性病虫害的侵入和蔓延，选育出一批抗病虫害的品种，农业防治在病虫害防控中的作用持续提升，准确、严格、适时用药，施药质量和农药利用率逐步提高，生物防治与物理防治得到大面积推广应用，除已登记的生物源杀菌剂多抗霉素外，研究还发现了数十个有明显拮抗效果的生防菌株及多个活性代谢物、害虫天敌、诱捕器和迷向产品及梨病毒检测、脱除技术的研发与产业化推进均取得较大进展，并不断完善梨病虫害的数字化诊断、防控及预警服务，已由原来的单一依赖化学农药防治逐步向综合治理转变，基本形成了农业防治、物理防治、生物防治与科学的化学农药防治相结合的技术体系。为了有效地降低化学农药的施用量和梨果的农药残留量，目前生产上正在大力推行梨园的生态调控和病虫害的绿色防控。

《梨有害生物绿色防控技术》旨在集成我国近 30 年来梨有害生物绿色、综合防治策略和技术的发展成果，反映当今梨病虫害绿色防控的发展概貌，同时在一定程度上也借鉴和引用了国际上在梨病虫害绿色防控方面的最新研究成果。基于介绍各种病虫害的基础生物学特性，重点突出其绿色防控理念、策略及其技术模式的集成与应用，以促进我国植物保护事业的高质量发展。本书由国家梨产业技术体系病虫草害防控研究室组织编撰，共有 37 位植物保护领域的专家参加。全书共 4 章，第一章绪论由王国平负责撰写，第二章梨病害由王国平、刘凤权组织撰写，第三章梨虫害由刘小侠和马瑞燕组织撰写，第四章梨有害生物绿色防控技术模式集成与示范由刘凤权负责撰写。本书共收录近年来我国梨生产中常见的病虫害 71 种，其中病害 28 种、虫害 43 种，介绍了每种病虫害的诊断（或识别）特征、分布为害、发生（或流行）规律及其绿色防控技术。国家梨产业技术体系相关功能研究室岗位科学家团队和各综合试验站团队协助开展梨病虫害发生的田间调查与绿色防控技术的示范应用工作,为本书提供了宝贵经验和技术资料支持。在本书的编撰过程中,全体撰稿者、审稿专家、责任编辑不厌其烦,工作认真细致,付出了巨大的努力。丛书主编、副主编、编委和审稿专家所在单位及科学出版社也给予我们大力支持。在此,一并致以衷心的感谢!

由于我们水平有限,书中不足之处在所难免,期待读者不吝指教。

王国平
2024 年 5 月

目 录

第一章 绪论……………………………………………………………………………1
 第一节 梨产业发展概况………………………………………………………1
  一、世界梨生产概况………………………………………………………1
  二、中国梨生产概况………………………………………………………3
 第二节 我国梨有害生物发生与防控现状……………………………………7
  一、我国梨产区的主要有害生物…………………………………………7
  二、我国梨有害生物防控现状及主要技术………………………………8
  三、目前产业上存在的主要问题…………………………………………13
  四、梨有害生物防控技术发展趋势………………………………………13
第二章 梨病害…………………………………………………………………………15
 第一节 梨树腐烂病……………………………………………………………15
  一、诊断识别………………………………………………………………15
  二、分布为害………………………………………………………………20
  三、流行规律………………………………………………………………20
  四、防控技术………………………………………………………………22
 第二节 梨黑星病………………………………………………………………25
  一、诊断识别………………………………………………………………25
  二、分布为害………………………………………………………………26
  三、流行规律………………………………………………………………27
  四、防控技术………………………………………………………………28
 第三节 梨黑斑病………………………………………………………………29
  一、诊断识别………………………………………………………………29
  二、分布为害………………………………………………………………34
  三、流行规律………………………………………………………………34
  四、防控技术………………………………………………………………36
 第四节 梨轮纹病………………………………………………………………38
  一、诊断识别………………………………………………………………38
  二、分布为害………………………………………………………………43
  三、流行规律………………………………………………………………44
  四、防控技术………………………………………………………………45

第五节　梨炭疽病 ... 47
一、诊断识别 ... 47
二、分布为害 ... 55
三、流行规律 ... 55
四、防控技术 ... 56

第六节　梨疫腐病 ... 59
一、诊断识别 ... 59
二、分布为害 ... 60
三、流行规律 ... 60
四、防控技术 ... 61

第七节　梨白粉病 ... 61
一、诊断识别 ... 61
二、分布为害 ... 62
三、流行规律 ... 63
四、防控技术 ... 63

第八节　梨锈病 ... 64
一、诊断识别 ... 64
二、分布为害 ... 66
三、流行规律 ... 67
四、防控技术 ... 68

第九节　梨胴枯病 ... 69
一、诊断识别 ... 69
二、分布为害 ... 72
三、流行规律 ... 73
四、防控技术 ... 74

第十节　梨褐斑病 ... 75
一、诊断识别 ... 75
二、分布为害 ... 76
三、流行规律 ... 76
四、防控技术 ... 77

第十一节　梨叶灰霉病 ... 77
一、诊断识别 ... 77
二、分布为害 ... 78
三、流行规律 ... 78
四、防控技术 ... 78

第十二节　梨煤污病 ... 79
一、诊断识别 ... 79
二、分布为害 ... 80

|三、流行规律 ………………………………………………………………… 80
|四、防控技术 ………………………………………………………………… 80
第十三节 梨褐腐病 ……………………………………………………………… 80
|一、诊断识别 ………………………………………………………………… 80
|二、分布为害 ………………………………………………………………… 81
|三、流行规律 ………………………………………………………………… 81
|四、防控技术 ………………………………………………………………… 82
第十四节 梨白纹羽病 …………………………………………………………… 83
|一、诊断识别 ………………………………………………………………… 83
|二、分布为害 ………………………………………………………………… 85
|三、流行规律 ………………………………………………………………… 85
|四、防控技术 ………………………………………………………………… 86
第十五节 梨根腐病 ……………………………………………………………… 87
|一、诊断识别 ………………………………………………………………… 87
|二、分布为害 ………………………………………………………………… 87
|三、流行规律 ………………………………………………………………… 88
|四、防控技术 ………………………………………………………………… 88
第十六节 梨白绢病 ……………………………………………………………… 88
|一、诊断识别 ………………………………………………………………… 88
|二、分布为害 ………………………………………………………………… 89
|三、流行规律 ………………………………………………………………… 89
|四、防控技术 ………………………………………………………………… 89
第十七节 梨火疫病 ……………………………………………………………… 89
|一、诊断识别 ………………………………………………………………… 89
|二、分布为害 ………………………………………………………………… 91
|三、流行规律 ………………………………………………………………… 92
|四、防控技术 ………………………………………………………………… 93
第十八节 梨锈水病 ……………………………………………………………… 94
|一、诊断识别 ………………………………………………………………… 94
|二、分布为害 ………………………………………………………………… 96
|三、流行规律 ………………………………………………………………… 96
|四、防控技术 ………………………………………………………………… 96
第十九节 梨顶腐病 ……………………………………………………………… 97
|一、诊断识别 ………………………………………………………………… 97
|二、分布为害 ………………………………………………………………… 98
|三、流行规律 ………………………………………………………………… 98
|四、防控技术 ………………………………………………………………… 98

第二十节　梨根癌病 … 99
  一、诊断识别 … 99
  二、分布为害 … 100
  三、流行规律 … 100
  四、防控技术 … 100

第二十一节　梨褪绿叶斑病 … 101
  一、诊断识别 … 101
  二、分布为害 … 104
  三、流行规律 … 105
  四、防控技术 … 106

第二十二节　梨石痘病 … 106
  一、诊断识别 … 106
  二、分布为害 … 109
  三、流行规律 … 109
  四、防控技术 … 109

第二十三节　梨环纹花叶病 … 110
  一、诊断识别 … 110
  二、分布为害 … 112
  三、流行规律 … 112
  四、防控技术 … 113

第二十四节　梨疱症溃疡病 … 113
  一、诊断识别 … 113
  二、分布为害 … 115
  三、流行规律 … 115
  四、防控技术 … 116

第二十五节　梨衰退病 … 116
  一、诊断识别 … 116
  二、分布为害 … 117
  三、流行规律 … 118
  四、防控技术 … 118

第二十六节　梨果柄基腐病 … 119
  一、诊断识别 … 119
  二、分布为害 … 119
  三、流行规律 … 119
  四、防控技术 … 120

第二十七节　梨青霉病 … 120
  一、诊断识别 … 120
  二、分布为害 … 121

　　　　三、流行规律 …………………………………… 121
　　　　四、防控技术 …………………………………… 121
　　第二十八节　梨红粉病 ………………………………… 121
　　　　一、诊断识别 …………………………………… 121
　　　　二、分布为害 …………………………………… 122
　　　　三、流行规律 …………………………………… 122
　　　　四、防控技术 …………………………………… 122

第三章　梨虫害 …………………………………………… 124

　　第一节　梨小食心虫 …………………………………… 124
　　　　一、诊断识别 …………………………………… 124
　　　　二、分布为害 …………………………………… 125
　　　　三、发生规律 …………………………………… 126
　　　　四、防控技术 …………………………………… 126
　　第二节　桃小食心虫 …………………………………… 129
　　　　一、诊断识别 …………………………………… 129
　　　　二、分布为害 …………………………………… 130
　　　　三、发生规律 …………………………………… 131
　　　　四、防控技术 …………………………………… 132
　　第三节　苹果蠹蛾 ……………………………………… 132
　　　　一、诊断识别 …………………………………… 132
　　　　二、分布为害 …………………………………… 133
　　　　三、发生规律 …………………………………… 134
　　　　四、防控技术 …………………………………… 134
　　第四节　梨大食心虫 …………………………………… 137
　　　　一、诊断识别 …………………………………… 137
　　　　二、分布为害 …………………………………… 138
　　　　三、发生规律 …………………………………… 138
　　　　四、防控技术 …………………………………… 138
　　第五节　桃蛀螟 ………………………………………… 139
　　　　一、诊断识别 …………………………………… 139
　　　　二、分布为害 …………………………………… 140
　　　　三、发生规律 …………………………………… 141
　　　　四、防控技术 …………………………………… 141
　　第六节　香梨优斑螟 …………………………………… 141
　　　　一、诊断识别 …………………………………… 141
　　　　二、分布为害 …………………………………… 142
　　　　三、发生规律 …………………………………… 143
　　　　四、防控技术 …………………………………… 143

第七节　梨瘿蚊 ... 144
一、诊断识别 ... 144
二、分布为害 ... 145
三、发生规律 ... 145
四、防控技术 ... 146

第八节　美国白蛾 ... 148
一、诊断识别 ... 148
二、分布为害 ... 150
三、发生规律 ... 151
四、防控技术 ... 151

第九节　梨瘿华蛾 ... 152
一、诊断识别 ... 152
二、分布为害 ... 153
三、发生规律 ... 153
四、防控技术 ... 154

第十节　金纹细蛾 ... 155
一、诊断识别 ... 155
二、分布为害 ... 155
三、发生规律 ... 155
四、防控技术 ... 156

第十一节　梨叶斑蛾 ... 157
一、诊断识别 ... 157
二、分布为害 ... 158
三、发生规律 ... 158
四、防控技术 ... 158

第十二节　苹小卷叶蛾 ... 159
一、诊断识别 ... 159
二、分布为害 ... 159
三、发生规律 ... 159
四、防控技术 ... 160

第十三节　黄斑长翅卷蛾 ... 160
一、诊断识别 ... 160
二、分布为害 ... 161
三、发生规律 ... 161
四、防控技术 ... 161

第十四节　黄刺蛾 ... 162
一、诊断识别 ... 162
二、分布为害 ... 163

|三、发生规律 …… 163
|四、防控技术 …… 163

第十五节　褐边绿刺蛾 …… 164
一、诊断识别 …… 164
二、分布为害 …… 165
三、发生规律 …… 165
四、防控技术 …… 165

第十六节　桑褶翅尺蛾 …… 166
一、诊断识别 …… 166
二、分布为害 …… 166
三、发生规律 …… 167
四、防控技术 …… 167

第十七节　橘小实蝇 …… 168
一、诊断识别 …… 168
二、分布为害 …… 169
三、发生规律 …… 170
四、防控技术 …… 170

第十八节　梨茎蜂 …… 172
一、诊断识别 …… 172
二、分布为害 …… 173
三、发生规律 …… 174
四、防控技术 …… 174

第十九节　梨实蜂 …… 175
一、诊断识别 …… 175
二、分布为害 …… 175
三、发生规律 …… 176
四、防控技术 …… 177

第二十节　中国梨木虱 …… 177
一、诊断识别 …… 177
二、分布为害 …… 179
三、发生规律 …… 179
四、防控技术 …… 181

第二十一节　乌苏里梨喀木虱 …… 183
一、诊断识别 …… 183
二、分布为害 …… 184
三、发生规律 …… 184
四、防控技术 …… 185

第二十二节　山楂叶螨 ……185
一、诊断识别 ……185
二、分布为害 ……187
三、发生规律 ……187
四、防控技术 ……187

第二十三节　二斑叶螨 ……188
一、诊断识别 ……188
二、分布为害 ……189
三、发生规律 ……190
四、防控技术 ……190

第二十四节　梨叶锈螨 ……192
一、诊断识别 ……192
二、分布为害 ……193
三、发生规律 ……194
四、防控技术 ……194

第二十五节　梨叶肿壁虱 ……194
一、诊断识别 ……194
二、分布为害 ……195
三、发生规律 ……196
四、防控技术 ……196

第二十六节　梨黄粉蚜 ……196
一、诊断识别 ……196
二、分布为害 ……197
三、发生规律 ……197
四、防控技术 ……199

第二十七节　梨二叉蚜 ……201
一、诊断识别 ……201
二、分布为害 ……202
三、发生规律 ……202
四、防控技术 ……203

第二十八节　绣线菊蚜 ……204
一、诊断识别 ……204
二、分布为害 ……206
三、发生规律 ……206
四、防控技术 ……207

第二十九节　朝鲜球坚蜡蚧 ……208
一、诊断识别 ……208
二、分布为害 ……209

　　　　三、发生规律 ·· 209
　　　　四、防控技术 ·· 209
　第三十节　草履硕蚧 ·· 210
　　　　一、诊断识别 ·· 210
　　　　二、分布为害 ·· 210
　　　　三、发生规律 ·· 211
　　　　四、防控技术 ·· 212
　第三十一节　梨圆蚧 ·· 213
　　　　一、诊断识别 ·· 213
　　　　二、分布为害 ·· 214
　　　　三、发生规律 ·· 214
　　　　四、防控技术 ·· 215
　第三十二节　康氏粉蚧 ··· 215
　　　　一、诊断识别 ·· 215
　　　　二、分布为害 ·· 216
　　　　三、发生规律 ·· 216
　　　　四、防控技术 ·· 217
　第三十三节　大青叶蝉 ··· 218
　　　　一、诊断识别 ·· 218
　　　　二、分布为害 ·· 218
　　　　三、发生规律 ·· 219
　　　　四、防控技术 ·· 219
　第三十四节　绿盲蝽 ·· 220
　　　　一、诊断识别 ·· 220
　　　　二、分布为害 ·· 221
　　　　三、发生规律 ·· 221
　　　　四、防控技术 ·· 222
　第三十五节　茶翅蝽 ·· 225
　　　　一、诊断识别 ·· 225
　　　　二、分布为害 ·· 227
　　　　三、发生规律 ·· 228
　　　　四、防控技术 ·· 228
　第三十六节　麻皮蝽 ·· 231
　　　　一、诊断识别 ·· 231
　　　　二、分布为害 ·· 232
　　　　三、发生规律 ·· 232
　　　　四、防控技术 ·· 233

第三十七节　梨冠网蝽 ······ 234
一、诊断识别 ······ 234
二、分布为害 ······ 235
三、发生规律 ······ 236
四、防控技术 ······ 237

第三十八节　苹毛丽金龟 ······ 237
一、诊断识别 ······ 237
二、分布为害 ······ 238
三、发生规律 ······ 239
四、防控技术 ······ 239

第三十九节　白星花金龟 ······ 240
一、诊断识别 ······ 240
二、分布为害 ······ 241
三、发生规律 ······ 242
四、防控技术 ······ 242

第四十节　黑绒鳃金龟 ······ 243
一、诊断识别 ······ 243
二、分布为害 ······ 244
三、发生规律 ······ 245
四、防控技术 ······ 245

第四十一节　梨实象甲 ······ 246
一、诊断识别 ······ 246
二、分布为害 ······ 247
三、发生规律 ······ 248
四、防控技术 ······ 249

第四十二节　梨金缘吉丁 ······ 250
一、诊断识别 ······ 250
二、分布为害 ······ 251
三、发生规律 ······ 251
四、防控技术 ······ 252

第四十三节　星天牛 ······ 252
一、诊断识别 ······ 252
二、分布为害 ······ 253
三、发生规律 ······ 253
四、防控技术 ······ 254

第四章　梨有害生物绿色防控技术模式集成与示范 ······ 256
第一节　指导思想与策略 ······ 256

第二节　基本思路与要素···256
　　　　一、注重培育树体自身抵抗力·······································256
　　　　二、集成轻简化安全有效的人工防除措施·····················257
　　　　三、化学防控立足科学精准···257
　　　　四、利用不同生物调控制约作用····································257
　　第三节　技术模式集成与应用··257
　　　　一、东北梨产区···257
　　　　二、华北梨产区···259
　　　　三、西北梨产区···261
　　　　四、黄河故道梨产区··263
　　　　五、长江中下游及以南梨产区······································264
　　　　六、西南梨产区···266

参考文献···268
附录　梨有害生物绿色防控技术挂图···282

第一章

绪　论

梨为世界性栽培水果，是我国传统的优势果树。由于经济价值、营养保健价值高及鲜食、加工多种用途，深受生产者和消费者欢迎。因其适应性强、结果早、丰产性强、经济寿命长等特点，梨在我国栽培范围极广，长期以来在促进农村经济发展和增加农民收入方面一直发挥着重要作用。我国许多地区把梨果业作为农业产业结构调整的支柱产业，在振兴地方经济中做出了突出贡献。梨果营养价值较高。每100g果肉中含蛋白质0.1g，脂肪0.1g，碳水化合物12g，钙5mg，磷6mg，铁0.2mg，胡萝卜素、维生素B_1、核黄素各0.01mg，烟酸0.2mg，维生素C 3mg。梨果具有良好的医用价值。据古农书和古药典记载，梨果生食可祛热消毒、生津解渴、帮助消化，熟食具有化痰润肺、止咳平喘的功效。现代医学实践证明，长期食用梨果具有降低血压、软化血管的效果。梨果味甜汁多，酥脆爽口，并有香味，是深受人们喜爱的鲜食果品，也是我国传统的出口果品。除鲜食外，还可加工梨汁、梨膏、梨干、梨酒、梨醋、罐头和梨脯等。

第一节　梨产业发展概况

一、世界梨生产概况

（一）面积、产量及贸易量

根据联合国粮食及农业组织（FAO）2021年统计数据，目前全球有86个国家和地区种植梨。2020年世界梨栽培面积为129.27万hm^2，栽培面积较大的国家：中国（86.50万hm^2）、印度（4.20万hm^2）、意大利（2.66万hm^2）、土耳其（2.60万hm^2）、阿根廷（2.57万hm^2）、西班牙（2.02万hm^2）、阿尔及利亚（2.00万hm^2）、美国（1.76万hm^2）、朝鲜（1.43万hm^2）、波斯尼亚和黑塞哥维那（1.32万hm^2）。

2020年世界梨产量达2300.91万t，年产量超过30万t的国家：中国（1600.00万t）、意大利（61.95万t）、美国（60.96万t）、阿根廷（60.00万t）、土耳其（54.56万t）、南非（43.10万t）、荷兰（40.00万t）、比利时（39.26万t）、西班牙（32.37万t）、印度（30.60万t）。

2020年世界梨平均单位面积产量为17.80t/hm^2，单位面积产量较高的国家：澳大利亚（131.20t/hm^2）、黑山（84.42t/hm^2）、新西兰（52.55t/hm^2）、瑞士（50.38t/hm^2）、荷

兰（40.00t/hm²），比利时（36.83t/hm²），南非（36.12t/hm²），智利（34.69t/hm²），美国（34.63t/hm²），卢森堡（27.00t/hm²）。中国的梨平均单位面积产量为18.50t/hm²。

2020年世界梨进口量、出口量分别为251.56万t、271.91万t，进口量较大的国家：俄罗斯（22.03万t），印度尼西亚（21.69万t），德国（16.55万t），巴西（13.84万t），荷兰（13.44万t），法国（11.58万t），英国（11.20万t），白俄罗斯（10.97万t），中国（10.32万t），意大利（9.36万t）；出口量较大的国家：中国（53.94万t），荷兰（38.79万t），阿根廷（33.75万t），比利时（31.23万t），南非（22.67万t），西班牙（11.66万t），智利（11.39万t），美国（11.30万t），波兰（9.85万t），葡萄牙（9.55万t）。

（二）栽培种类与产地

在现代分类中，梨归属于蔷薇科（Rosaceae）苹果亚科（Maloideae）梨属（*Pyrus*），梨属约有35个种，野生于欧洲、亚洲、非洲，主要分布于地中海、高加索、中亚和中国。梨属植物起源于第三纪中国西部的山脉地带，现今那里苹果亚科植物资源仍极为丰富。世界上栽培的梨可分为以下两大类。

西洋梨（*Pyrus communis*）：也称西方梨，采收时果肉坚硬，不可食用，后熟软化可食用，故又称"软果型梨"，主要种植在欧洲、美洲、非洲、大洋洲，主产国有美国、意大利、西班牙、德国等，主栽品种有巴梨（Bartlett）、宝斯克（Beurre×Bosc）、哈蒂（Beurre Hardy）、茄梨（Clapp's Favorite）、康佛伦斯（Conference）、帕克哈姆（Packham）、红安久（Red Anjou）、阿贝提（Abate Fetel）、客赏（Passe Crassane）、康考得（Concorde）、考米司（Doyenne du Comice）等。

东方梨（或亚洲梨）：又称"脆肉型梨"，包括砂梨（*Pyrus pyrifolia*）、白梨（*P. bretschneideri*）、新疆梨（*P. sinkiangensis*）和秋子梨（*P. ussuriensis*），产地有中国、日本、韩国、伊朗、印度等。日本主栽砂梨的品种组成为幸水37.4%，丰水22%，长十郎3.3%，新水1.9%，其他褐皮梨12.3%，二十世纪20.9%，其他绿色品种2.2%。韩国栽培最多的是日本的梨品种，其中幸水、丰水分别占比0.7%、0.4%，新高、长十郎、黄金梨分别占比55.3%、20.9%、1.0%，晚三吉、今村秋、秋黄梨分别占比12.9%、3.8%、0.6%。

（三）产业化经营模式

世界各国梨生产中，均向早果、丰产、优质、矮化密植、良种化、机械化、集约化方向发展，并强调适地适栽，按品种特性采取相应的标准化生产技术，以充分利用自然生态及社会经济资源，发挥品种优势，形成高产、优质、低成本的产业化经营模式。

国外西洋梨的矮化栽培发展迅速，以法国为最早、德国为最快，已全部为矮化栽培，美国、意大利、英国、波兰、丹麦、俄罗斯等国都在发展。目前，以Angers中选出的EMA和BA29为最广泛应用的矮化砧木。美国以OH×F（故园×法明德尔）无性系的9、51、333、267、217等矮化或半矮化砧木应用最广。一般，以Beurre、Hardy、old Home、Cure等为中间砧。西方多数国家采用的栽植密度为110～600株/亩（1亩≈666.7m²，后文同），以纺锤形和圆柱形为主，部分采用篱壁形。

在修剪技术方面，欧洲栽培的西洋梨，由于采用圆柱形或纺锤形树形，修剪量较少，多采用拉枝长放技术，使主枝角度开张，形成单轴延伸并结果。关于东方梨的修剪，日本、韩国主要是棚架栽培，整形和修剪量较大，冬季剪截较多，春夏季绑枝工作量较大，但由于是棚架整形结果，容易实现精准量化。

在施肥方面，各国都根据叶分析、土壤分析来确定施肥种类和数量。一般认为丰产梨树叶片中以含氮 2.0%～2.5%、磷 0.15%～0.3%、钾 1.2%～1.6% 为宜。日本在对梨树产前、产后叶分析和土壤分析的基础上，根据一株树的果实生产量和每 100kg 土壤消耗的氮、磷、钾数量，生产出符合各个品种需要的配方肥料，使梨树施肥更加科学合理。

欧美和日本等发达国家十分重视果品安全问题。充分利用生物和物理防治技术。例如，利用昆虫性引诱剂捕杀食心虫、利用杀虫灯诱杀鳞翅目害虫等。在化学防治上，所用农药几乎都是低毒、低残留、高效、专一性强的，保证了果实安全性。

（四）采后商品化处理

在果品采后商品化处理领域，欧美及日本等发达国家和地区普遍采用机械化设备，严格进行果品的分级和包装，使用冷藏库或气调库进行储藏，鲜果处理量约占 80%。分级技术已从传统的翻板式发展到今天的托盘式。分级指标由过去的直径到果实重量，再发展到如今的重量、色泽和糖度等的自动化分析分级。目前，生产分级设备使用较多的国家主要有日本、德国、西班牙等。国外基本根据品种不同按照果实直径大小进行分级，每级差约为 1cm。梨果包装规格因品种和产地不同而有较大差异，但都是按梨果的个数或重量来设计包装箱。包装箱以纸质箱为主，果实重量有 5kg、10kg、20kg 等多种包装方式，按梨果个数设计包装箱时主要有 6 个、12 个、20 个等多种规格。

二、中国梨生产概况

中国梨树栽培历史悠久，据文献记载已有 3000 余年栽培历史。中国梨资源极为丰富，除西洋梨外，梨的其他栽培种均原产于中国，我国生产上应用的前 10 个主栽品种均为中国品种。中国梨的种植范围广，东起黄海之滨、西至天山南北，南起广东、北到黑龙江，除港澳地区之外，中国 32 个省（自治区、直辖市）均有梨树的栽培。栽培范围之广，为其他多种果树所不及。

（一）面积和产量

根据 FAO 2021 年统计数据，中国梨的栽培面积、产量、出口量分别为 86.50 万 hm²、1600.00 万 t、53.94 万 t，分别占世界总量的 66.9%、69.6%、19.8%，均居世界首位。

根据国家统计局 2020 年数据（https://data.stats.gov.cn/index.htm），2019 年我国梨栽培面积超过 3.33 万 hm² 的省份依次为河北、辽宁、四川、新疆、河南、云南、贵州、陕西、安徽、江苏、山西、山东、湖南。其中，河北是我国梨的生产大省，2019 年栽培面积为 11.79 万 hm²，占全国梨栽培总面积的 12.53%；2021 年河北梨的年产量达 366.58 万 t，占全国梨总产量的 19.42%。

（二）栽培种类与品种

中国梨的主要栽培种类有秋子梨、白梨、砂梨、新疆梨和西洋梨5种。由于它们长期经受遗传和自然选择，对气候条件有着特殊的要求，因此形成了与其相适应的栽培区域。秋子梨品种多分布在我国长城以北的冷凉地区，白梨多分布在黄河以北的温暖地区，砂梨多分布在淮河及秦岭以南的长江中下游和华南高温高湿地区，新疆梨多分布在河西走廊、新疆和青海、内蒙古的部分地区，而西洋梨主要分布在西北、胶东半岛和辽南及渤海湾地区。

据《中国梨树志》（李秀根和张绍铃，2020）记载，中国梨的品种结构和比例如下。①晚熟梨的比例从10年前的70%下降到现在的58%，主要栽培品种及其占比：砀山酥梨占25%、鸭梨占12%、南果梨占6%、库尔勒香梨占5%、雪花占4%、金花占4%、其他品种占3%。②中熟品种比例在逐年增加，由10年前的23%上升到现在的27%，主要栽培品种及其占比：丰水占7%、黄花占6%、黄金占6%、黄冠占3.5%、湘南占1.5%、其他品种约占3%。③早熟品种比例也在逐年增加，由10年前的不足7%上升到现在的15%，在我国梨熟期结构中上升最快，主要栽培品种及其占比：翠冠约占7%、中梨1号（绿宝石）约占3.5%、早酥占2.5%、雪青占1%、其他品种约占1%。

我国栽培梨的常用砧木有杜梨（*Pyrus betulifolia*）、豆梨（*P. calleryana*）两种，前者特别耐干旱、耐瘠薄、耐盐碱，与秋子梨、白梨、砂梨、西洋梨的嫁接亲和力强，是我国北方梨产区的主要砧木，长江流域亦有应用。后者则具有耐水湿、耐瘠薄、耐高温的特点，抗梨树腐烂病，对西洋梨的火疫病、衰退病的抵抗力亦强，耐寒性不及杜梨，与中国梨和西洋梨的亲和力强，是西洋梨的优良砧木，为华中、华东地区梨的主要砧木。

（三）栽培区域及产业优势

目前，中国梨产区划分为8个区。其中，华北白梨产区、西北白梨产区、黄河故道白梨和砂梨产区、长江流域砂梨产区为优势产区，东北秋子梨、渤海湾西洋梨、新疆库尔勒香梨和西南红梨为具有地域特色的优势栽培品种。

华北白梨产区：主要包括冀中平原、运城盐湖区及晋中平原，该区域属于温带季风气候，光照条件好，热量充足，降雨适度，昼夜温差较大，是晚熟梨的优势产区。该产区是我国梨传统主产区，栽培技术和管理水平整体较高，区域内科研、推广力量雄厚，有较多出口和加工企业，产业发展基础较好。目前，该产区梨产量、出口量分别占全国的37%、54%。

西北白梨产区：主要包括陕西黄土高原、甘肃陇东和甘肃中部。该区域海拔相对较高，光热资源丰富，气候干燥，昼夜温差大，病害少，土壤深厚、疏松，易出产优质果品。该产区梨栽培面积、产量分别占全国的15%、9%，是我国最具有发展潜力的白梨生产区。

黄河故道白梨和砂梨产区：主要包括山东南部、江苏北部、安徽北部、河南中部，地处华北平原南缘地带，该区域介于南方温湿气候和北方干冷气候之间，光照条件好，热量充足，降雨量适中，是白梨和砂梨混合分布的优势产区。该产区是我国梨传统主产区，栽培技术和管理水平相对较高，区域内科研、推广力量雄厚，有较多出口和加工企业，产业发展基础较好。目前，该产区梨产量、出口量分别占全国的37%、54%。

长江流域砂梨产区：主要包括长江及其支流流域的四川盆地、渝中山地、湖北江汉平原、江西北部、浙江中部等地区，气候温暖湿润、有效积温高、雨水充沛、土层深厚肥沃，是我国砂梨的集中分布区。该产区同一品种的成熟期较北方产区提前15～30天，季节差价优势明显，具有较好的市场需求和发展潜力。目前，该产区梨栽培面积和产量均占全国的20%。

东北特色梨产区：包括辽宁南部鞍山和辽阳的南果梨产区，延边朝鲜族自治州延吉市、图们市、龙井市苹果梨产区。南果梨为秋子梨的知名品种，苹果梨属于秋子梨与白梨的杂交品种，其风味独特、品质优良、适宜加工，在国内外享有较高的声誉。

渤海湾特色梨产区：包括河北秦皇岛、胶东半岛地区，属于暖温带湿润季风气候，冬季温和、夏季凉爽，光热资源充足，昼夜温差显著。该区域是我国西洋梨的重要产地，梨果肉质细腻、柔软多汁、香甜可口，有较强的市场竞争优势。

西北特色梨产区：包括新疆库尔勒和阿克苏，属于暖温带大陆性干旱气候，日照时数长，年平均降雨量少、蒸发量大，病害较少。该产区是我国库尔勒香梨的特色产区。库尔勒香梨因其品种独特、栽培历史悠久，国内外知名度高，为我国梨果主要出口产品。

西南特色梨产区：包括云南泸西和安宁、四川金川等红色砂梨特色区域。云南红梨系列品种颜色鲜艳，成熟期较早，风味独特，货架期长，出口潜力大，有较强的市场前景。

（四）梨园管理现状

我国栽培的绝大多数为东方梨。世界上栽培东方梨的国家除我国外，还有日本、韩国、朝鲜等。东方梨的矮化栽培技术比较落后，利用矮化砧进行矮化栽培非常少见，少量所谓的矮化密植梨园，也是采用人工致矮技术所进行的乔化密植。

在整枝方面，我国多采用传统的疏散分层延迟开心树形，部分采用纺锤形、开心形或"Y"形。1990年以后，随着日本技术的引进，棚架树形的采用在我国经济发达地区发展较快，使我国梨果产量跃上了一个新台阶。由于受树形多样化和栽培者素质参差不齐的影响，我国梨的修剪技术高低不同。多数果园修剪技术较低，但部分果园达到了精准栽培的要求。传统的梨树整形修剪方式为大冠稀植，三主枝疏散分层形，结果晚、产量低。管理不仅费工费时，而且技术难度大、不易掌握，一般人员不经过8～10年的学习和实践是修剪不好的。即便掌握了修剪技术，一名熟练的技工每人每天只能修剪5～8棵树，特别是在劳动力成本越来越高的情况下，为了降低生产成本、简化修剪管理技术，使之早结果、早丰产，必须对传统的管理方法进行变革。

生长调节剂的应用促进了梨树生产的发展。它主要用于疏花疏果，增加坐果率，抑制生长［聚对苯撑苯并二噁唑（PBO）、多效唑（PP333）、矮壮素］，促进花芽分化、果实膨大和成熟（赤霉素涂布剂）等方面。

近年来，我国梨果套袋技术发展迅速。普通纸袋（三层）或专用纸袋（两层）套袋后在不同程度上影响果实品质，内层涂钙的纸袋不影响果实的可溶性固形物浓度、果皮颜色以及果皮总 N、P、K、Mg 含量，但是果皮可溶性钙含量在套袋 75 天后开始增加，从而增加了果实的硬度。套袋栽培虽然可改变其外观，但在某种程度上降低 1% 的含糖量。因此，应根据果实皮色选择不同的果袋。

绿色梨果是指遵循可持续发展原则，按照特定方式生产，经专门机构认定，许可使用绿色食品标志，无污染，安全，优质，营养型梨果。农业部（现为农业农村部）果品及苗木质量监督检验测试中心编制并发布了农业行业标准《绿色食品　鲜梨》（NY/T 423——2000），该标准规定，我国的绿色梨果分为 AA 级、A 级。AA 级绿色梨果是指产地环境技术条件符合《绿色食品　产地环境技术条件》（NY/T 391——2000）要求，生产过程中不使用化肥、农药及其他对环境和人体健康有害的物质，按有机生产方式生产，产品质量符合绿色梨果标准的果实。A 级绿色梨果的生产必须严格按照《绿色食品　农药使用准则》（NY/T 393——2000）和《绿色食品　肥料使用准则》（NY/T 394——2000）要求执行，在生产过程中，允许使用规定的农药和化肥，并严格按照规定的用量和方法使用。严禁使用基因工程产品及制剂，严禁使用高毒高残留或具有致癌、致畸、致突变的农药，禁止使用硝态氮肥。尽量防止对生态环境的破坏和对生产资料的浪费。

近年，我国梨果采后商品化处理得到各产区的重视，在梨产区私人、集体或企业建造分级和包装车间的采后商品化处理越来越多。但目前全国梨果采后商品化处理、储藏、加工比例较小，产业的整体效益没有得到充分的发挥。主要表现在梨果分级技术不完善，商品化处理程度不高，储藏保鲜技术不完善，储藏设施和技术难以保证果品质量。此外，加工技术水平较低，加工产品种类较少，制约了梨果附加值的提高。据统计，目前中国梨的加工比例不足 5%，主要是传统的、简单的梨罐头、梨饮料和梨酒等产品。

（五）存在的主要问题与发展趋势

当前，我国经济发展进入新常态，农业发展的内外环境都在发生深刻的变化，梨产业发展也面临着新的问题，主要表现为：品种结构不合理，优质果供给不足；标准化生产体系不健全，规模龙头企业较少；产后处理技术滞后，储藏加工容量偏小；种苗繁育门槛较低，苗木市场较为混乱；自然灾害频繁，影响梨果丰产稳产。

我国梨产业发展将以绿色发展为导向，制定产业发展规划，做到资源与生产相协调、生产与市场相衔接、资金与人才相匹配，建设突出、特色鲜明的产业区域。注重生产与资源的协调发展，病虫统防、肥料统施，加快机械化生产进程的节约发展，梨园生态治理、采后清洁化处理的清洁发展，种养结合、多施有机肥少用化肥、修剪枝条粉碎还田的循环发展，一二三产业融合发展，形成绿色发展模式。通过土地流转等形式，逐步推进梨的现代化、规模化经营，加快适于机械化的栽培模式及栽培管理技术的应用推广，促进农机农艺紧密结合、协调发展，从而逐步调整生产模式，推进传统栽培模式向新型栽培模式转变。同时调整经营方式，扶持梨产业龙头企业、新型经营主体、种植大户及梨协作组织等，逐步构建机械化、现代化、规模化、组织化的新型梨生产体系。

第二节　我国梨有害生物发生与防控现状

一、我国梨产区的主要有害生物

已知全世界梨病害约150种，至2021年我国已报道80余种，为害严重的有30种左右。梨黑星病在梨病害中居首位，尤其在种植有鸭梨、白梨等高度感病品种的梨产区常造成重大损失。梨树腐烂病和梨干腐病在北方梨产区发生严重，以西洋梨病害最重，常造成枯枝死树。轮纹病不仅为害枝干和果实，也引起储藏期大量烂果，感病品种在病害发生严重年份，枝干发病率达100%，采收时病果率可达30%~50%，储藏1个月后几乎全部烂掉。黑斑病、褐斑病是梨树两种主要叶部病害，在国内发生普遍，以南方梨产区发生较重。白粉病近年来有加重趋势，已成为梨树的主要病害。梨炭疽病和白纹羽病原为梨树的次要病害，目前已上升为一些梨产区的主要病害。梨青霉病、霉心病及果柄基腐病是储藏期的主要病害。近年来，我国梨的病毒病也越来越严重，带毒梨树生长衰退、产量下降和品质变劣。梨火疫病是欧文氏杆菌侵染所引起的、发生在梨和苹果上的毁灭性病害，目前已在我国新疆大部梨、苹果产区总体中等发生，局部地区存在偏重发生风险，在甘肃河西走廊的部分果园点片发生，存在向黄土高原优势产区进一步扩散的风险。在浙江西北部、安徽东部、重庆东北部的部分果园零星发生，存在向周边区域进一步扩散的风险。

我国已报道梨害虫有100余种，发生普遍且为害较重的有40多种。为害果实的有梨大食心虫、梨小食心虫、桃小食心虫、梨实象甲、梨冠网蝽等，局部地区梨实蜂时有发生，梨花象甲主要为害花蕾。一般管理粗放、施药较少的地区，食叶性的天幕毛虫、梨叶斑蛾、刺蛾类等毛虫和金龟子类的发生较普遍，为害猖獗。管理较好、施药较多的地区，为害果实和食叶性害虫则少见，但叶螨、蚜虫、介壳虫、木虱、蜡类和梨瘿华蛾等为害较重。枝干害虫类的梨潜皮蛾、金缘吉丁等发生普遍，专食性的梨茎蜂、梨瘿华蛾在局部地区常发生。近年套袋栽培的梨园，梨黄粉蚜、康氏粉蚧为害也较为严重。苹果蠹蛾是杂食性钻蛀害虫，属于鳞翅目卷蛾科，有很强的适应性、抗逆性和繁殖能力，是一类对世界水果生产具有重大影响的有害生物。目前已在我国新疆大部、甘肃中西部、黑龙江中南部、吉林中部和东部、辽宁西南部、河北东北部、天津北部、内蒙古中西部、宁夏中北部的部分苹果园点片发生，存在向未发生区扩散的风险。

目前，我国东北地区、华北地区、西北地区、黄河故道地区、长江中下游及以南地区、西南地区梨的主要有害生物见表1-1。

表1-1　不同生态区域梨的主要有害生物

生态区域	涉及的主要省份	气候特点	主栽品种	主要病害	主要害虫
东北地区	辽宁、吉林、黑龙江	温带季风气候，四季分明，夏季温热多雨，冬季寒冷干燥	南果梨、苹果梨、白梨等	梨树腐烂病、梨黑星病、梨白粉病、梨轮纹病、梨锈病	中国梨木虱、梨小食心虫、梨二叉蚜、康氏粉蚧、苹果蠹蛾

续表

生态区域	涉及的主要省份	气候特点	主栽品种	主要病害	主要害虫
华北地区	河北、山西、北京	典型的暖温带半湿润大陆性季风气候，四季分明，降雨偏少，夏季炎热多雨，冬季寒冷干燥，春、秋短促	鸭梨、黄冠、玉露香、雪花、新梨7号、秋月、酥梨、红香酥梨等	梨黑星病、梨轮纹病、梨树腐烂病、梨黑斑病、梨白粉病、梨根腐病、梨锈病	梨小食心虫、中国梨木虱、叶螨、梨茎蜂、梨二叉蚜、桃蛀螟、康氏粉蚧、梨实蜂、橘小实蝇、绿盲蝽
西北地区	陕西、新疆、甘肃	典型的大陆性气候，夏季炎热，冬季严寒，降雨稀少，终年干旱	砀山酥梨、库尔勒香梨、早酥、黄冠、苹果梨、红早酥等	梨树腐烂病、梨轮纹病、梨白粉病、梨树黑胫病、梨火疫病	梨小食心虫、中国梨木虱、叶螨、苹果蠹蛾、桃小食心虫
黄河故道地区	河南、山东、安徽	位于我国南方与北方分界线处，气候特点介于两者之间，四季分明，光照充足	砀山酥梨、中梨1号、翠冠、黄冠等	梨树腐烂病、梨炭疽病、梨锈病、梨轮纹病、梨锈水病、梨褐斑病	梨小食心虫、中国梨木虱、梨瘿蚊、叶螨、梨二叉蚜、桃小食心虫、橘小实蝇
长江中下游及以南地区	湖北、江苏、江西、福建、广西	暖温带和亚热带季风性湿润气候，夏季高温多雨，冬季温和少雨，雨热同期	翠冠、黄花、幸水、新世纪、鄂梨2号、长十郎、黄金、华梨1号、清香等	梨炭疽病、梨黑斑病、梨轮纹病、梨胴枯病、梨锈病、梨白纹羽病、梨根癌病	梨小食心虫、梨冠网蝽、梨瘿蚊、中国梨木虱、叶螨、梨茎蜂、蚜虫
西南地区	四川、重庆、贵州、云南	地处亚热带，但地形以山地为主，因此雨水和云雾多、湿度大、日照少的亚热带山地气候特征显著	苍溪雪梨、广安蜜梨、黄花、翠冠、丰水、黄金等	梨黑斑病、梨轮纹病、梨炭疽病、梨胴枯病、梨锈病	蚜虫、中国梨木虱、绿盲蝽、梨瘿蚊、二斑叶螨、梨大食心虫、梨小食心虫、果蝇

二、我国梨有害生物防控现状及主要技术

　　由于自然条件、栽培历史和栽培种质及品种的不同，各梨产区的有害生物组成、优势种群、发生动态及流行规律有异，因此，不同区域采用的病虫害防控技术模式与主要措施也有明显的差异。近30年来，随着梨产业的发展和科学技术的进步，各梨产区的病虫害防控技术水平都在不断提升。各梨产区持续严防检疫性病虫害的侵入和蔓延，选育出一批抗病虫品种，农业防治在病虫害防控中的作用持续提升，准确、严格、适时用药，施药质量和农药利用率逐步提高，生物防治与物理防治得到大面积推广应用，除已登记的生物源杀菌剂多抗霉素外，还发现了数十个有明显拮抗效果的生防菌株及多个活性代谢物，害虫天敌、诱捕器和迷向产品及梨病毒检测、脱除技术的研发与产业化推进均取得较大进展，并不断完善梨病虫害的数字化诊断、防控及预警服务，已由原来的单一依赖化学农药防治逐步向综合治理转变，基本形成了农业防治、物理防治、生物防治与科学的化学农药防治相结合的技术体系。为了有效地降低化学农药的施用量和梨果的农药残留量，目前生产上正在大力推行梨园的生态调控和病虫害的绿色防控。

（一）物理防治技术及产品

物理防治是根据害虫的习性，采取机械的方法防治害虫。在梨树上应用最多的是根据害虫的趋光性和趋化性设计的诱捕杀虫法。

瓦楞纸诱虫带：有些梨害虫常在树干翘皮裂缝下、根际土缝中冬眠，这些场所隐蔽、避风，害虫潜藏其中越冬可有效避免严冬及天敌的侵袭，而特殊结构的瓦楞纸诱虫带缝隙则更加舒适安全，加之木香醇释放出的木香气味，对这些害虫具有极强的诱惑力，诱虫带固定场所又是靶标害虫寻找越冬场所的必经之道。因此，果树专用诱虫带能诱集绝大多数个体聚集潜藏在其中越冬，便于集中消灭。具体用法：诱虫带在树干绑扎适期为8月初，即害虫越冬之前。使用时将诱虫带对接后用胶带或绑带绑裹于树干分枝下5~10cm处诱集害虫越冬。待害虫完全越冬休眠后到出蛰前（12月至第二年2月底）解下，集中销毁或深埋，消灭越冬虫源。防治对象：山楂叶螨、二斑叶螨雌成虫，康氏粉蚧、草履硕蚧、卷叶蛾、苹果绵蚜一龄至三龄幼虫。

频振式杀虫灯：利用昆虫的趋光性，运用光、波、色、味4种诱杀方式，近距离用光，远距离用频振波，加以色和味引诱，灯外配以频振高压电网触杀，迫使害虫落入灯下箱内，以达到杀灭成虫、降低田间落卵量、控制危害的目的。具体用法：安装时间为4月中下旬至10月上中旬，安装高度略高于树冠。每天20:00开灯、第二天6:00关灯（一般采用光控），但在雷雨天不开灯。每3天左右清理1次诱捕到的害虫。防治对象：鳞翅目和鞘翅目害虫，特别是对金龟子类、天幕毛虫、黄斑卷叶蛾、梨小食心虫、金纹细蛾的诱杀效果显著。

粘虫板诱杀：粘虫板诱杀害虫是目前农业生产中应用较多的防治和监测方法，主要利用昆虫的趋光性和趋色性。因其具有操作简便、成本低廉且不易受外界因素干扰等优点，目前已经是一种很重要的监测和防治手段，广泛应用于田间和温室，尤其在设施栽培的条件下效果更佳。利用色板诱杀首先需克服对天敌的误杀，其次由于梨园大多不采用保护地栽培，受太阳辐射、降雨、灰尘等因素的影响，其持效期也较设施条件下大大缩短。具体用法：在梨树初花期前，将黄色双面粘虫板悬挂于距离地面1.5~2.0m高的枝条上，每亩均匀悬挂12块，利用粘虫板的黄色光波引诱成虫。防治对象：梨茎蜂、梨小食心虫、梨瘿蚊等。

果实套袋：一是有效提高果实的外观品质；二是对病虫害起到阻隔作用，使果实免遭病虫的直接侵害；三是有效避免农药与果实的直接接触，减少污染，保障果品食用安全。具体用法：纸袋的大小视果实大小而定，一般为14cm×18cm。封口用曲别针或细铁丝扎紧。套袋时期一般在生理落果后或最后一次疏果后进行，不宜太晚，以免把梨黄粉蚜等害虫套入袋内，造成更严重的危害。防治对象：各种食心虫、卷叶蛾等害虫及梨炭疽病、梨轮纹病等。

糖醋液诱杀：利用害虫的趋味性，将糖醋液置于广口容器内诱杀梨小食心虫、多种卷叶蛾、桃小食心虫等的成虫。具体用法：糖醋液的比例为白砂糖∶乙酸∶乙醇∶水＝3∶1∶3∶80。将配好的糖醋液盛入小盆或碗里，制成诱捕器，用铁丝或麻绳将诱捕器悬挂在树枝上。虫口密度大时，每天捡出虫尸；虫口密度小时，隔天捡虫，并及时添加糖醋液。防治对象：梨小食心虫、多种卷叶蛾、桃小食心虫等的成虫。

树干涂白：进入冬季后，给梨树主干刷涂白剂，可有效防御冻害，阻止病虫在主干上越冬，并杀死在主干上越冬的病虫。具体用法：每年寒冬来临前，给梨树主干刷涂白剂。配制比例为生石灰∶硫黄粉∶食盐∶动植物油∶热水＝8∶1∶1∶0.1∶18。防治树干上越冬的病虫以及防止日烧、冻裂。

（二）农业防治措施

农业防治包括所有促进果树生产、高产优质的农事操作。这些农事操作有的可以直接减少病虫危害，有的可以通过增强树势、提高果树对病虫害的抵抗能力或耐害能力来间接控制病虫危害。

土、肥、水管理：合理施肥，尤其是增施有机肥，能促进果树生长，增强树势，提高果树对病虫害的抵抗力。实践证明，树势健壮，叶色浓绿，病害则轻；而树势衰弱，病害则重，如梨干腐病、梨赤衣病、梨树腐烂病等一些弱寄生性病害，在树体衰弱时易发病，使树势更弱，以致成为死树。健壮树对害螨有一定的耐害性，在枝叶繁茂、叶色浓绿的树上，即使有害螨为害，也不致很快落叶。

改善光照：合理修剪、剪除病虫枝是果树生产必不可少的管理措施。修剪除了调节果树营养生长和生殖生长之间的矛盾使壮树多结果，对病虫害防治也有一定的积极作用。在树冠过于郁闭、通风透光不良的果园，病害发生严重。合理疏枝，增加光照和通风，能够恶化病原菌孳生环境，从而减轻病害发生。冬剪时，可剪掉天幕毛虫的卵块、黄刺蛾的越冬茧、蚱蝉产卵的枝条、梨大食心虫的越冬芽、烂果病的病僵果和病果台等。梨树长出新梢后，及时剪除梨黑星病的病梢，对控制病害发展有很大作用。结合疏花疏果，重点疏除梨实蜂产卵的花、幼果和梨大食心虫的虫果。当新梢长至 10cm 以上时，及时剪除梨茎蜂的产卵梢，这项工作可结合夏剪进行。将剪下的病虫枝、叶、果收集起来，带出园外，集中处理，切勿堆积园内或作为果园屏障，以防病虫再次向果园扩散。

改变病虫害生境：梨黑星病、梨轮纹病、梨褐斑病、梨黑斑病等病原菌和中国梨木虱、梨冠网蝽等害虫都在树下的枯枝落叶、病果或杂草中越冬。因此，在梨树落叶后，清扫落叶、病果，带出园外，集中处理，是消灭病虫害经济有效的措施。刨或翻树盘既可起到疏松土壤、促进根系生长的作用，也可将在土中越冬的害虫翻向土表，经风吹日晒促其死亡或被鸟类啄食。这项措施可消灭在土中越冬的桃小食心虫、梨小食心虫、梨实象甲、梨实蜂，以及在土缝中越冬的梨冠网蝽等害虫。

刮治树皮：刮治树皮是消灭梨树病虫害的主要人工措施。可消灭梨叶斑蛾、梨小食心虫、花壮异蝽、山楂叶螨等越冬虫态，清除在树体上越冬的梨轮纹病、梨树腐烂病、梨干腐病的病原菌，还可促进梨树生长。因此，有"想吃梨，刮树皮"的说法，这充分说明了刮树皮在病虫害防治中的重要性。

（三）生物防治技术及产品

生物防治是用生物或生物的代谢产物或分泌物来控制病虫害的措施。梨树病虫害防治用得较多的是利用捕食性和寄生性天敌、害虫性外激素、微生物农药等。

引进释放天敌：目前赤眼蜂人工卵已可进行半机械化生产。在梨小食心虫成虫羽化高峰期1～2天后人工释放赤眼蜂，每3～5天释放1次，连续释放3或4次，每亩释放3万～5万只，可收到良好的防治效果。在小卷叶蛾为害率5%的果园，在第一代卵发生期连续释放赤眼蜂3或4次，可有效控制其为害。有的果园采用玻璃罐加盖纱网来饲养草蛉，效果较好。小花蝽是果园里的重要天敌，它对蚜虫、叶螨的控制作用十分明显。在国外，已经可以进行商品化生产。在国内，赤眼蜂大量饲养技术已基本成型，但尚未形成商品。

性诱剂：目前，利用最多的是人工合成的昆虫性外激素。我国有桃小食心虫、梨小食心虫、梨大食心虫、桃蛀螟和桃潜蛾等害虫的果园利用性诱剂，主要用于害虫发生期监测、大量捕杀和干扰交配。具体防治害虫时，主要采用以下两种方法：一是将性外激素诱芯制成诱捕器诱杀雄成虫，减少果园雄成虫数量，使雌成虫失去交配的机会，产出无效卵，不能孵化出幼虫（性诱芯）；二是将性外激素诱芯直接挂于树上，使雄成虫迷向，找不到雌成虫交配，从而使雌成虫产出无效卵（性迷向丝）。

生物农药：在杀虫剂中，浏阳霉素乳油对梨树害螨有良好的触杀作用，对螨卵孵化亦有一定的抑制作用。阿维菌素乳油对梨园的害螨、桃小食心虫、蚜虫、介壳虫、寄生线虫等多种害虫有防治效果；苏云金芽孢杆菌及其制剂防治桃小食心虫的初孵幼虫，有较好的防治效果；在桃小食心虫发生期，按照卵果率1%～1.5%的防治指标，往树上喷洒Bt乳剂或青虫菌6号800倍液，防治效果良好。杀菌剂中，多氧菌素（多抗霉素）防治梨斑点落叶病和梨褐斑病效果显著；农抗120防治梨树腐烂病具有复发率低、愈合快、用药少、成本低等优点。此外，在桃小食心虫越冬幼虫出土期施用昆虫寄生性线虫如芜菁夜蛾线虫，也取得了较好的效果。

果园生草：在树盘以外行间播种豆科或禾本科等草种，生草后土壤不耕翻，能减轻土壤冲刷，增加土壤有机质含量，改良土壤理化性状，提高果实品质和减少病虫为害。但年降雨量不足500mm且无灌溉条件的地区不宜生草。

（四）科学的化学防治技术

化学药剂防治病虫害常用的方法有喷雾、涂干、地面施药（喷雾或撒粉）。在进行化学防治以前，首先确定防治对象，并对其发生期进行预测，以确定合适的防治时期；然后再根据病虫害的防治指标，选择用药种类；最后根据病虫害的发生规律，做到合理使用农药。

预测预报：①确定主要病虫害种类。不同地区不同梨园由于地理环境和病虫害防治历史与现状及防治水平的差异，主要病虫害种类会有所不同。因此，必须首先调查每个果园病虫害的种类，确定哪些是常发性病虫害，哪些是偶发性病虫害，哪些病虫害需要经常防治，哪些病虫害需要季节性防治，这样才能有的放矢地围绕主要病虫害种类制定综合防治措施。②开展病虫害预测预报。主要病虫害种类确定后，要对各种病虫害进行发生期和发生量的预测，根据病虫害的发生规律找出它们在不同地区的具体发生时期和有利于防治的关键环节，确定最佳的防治措施。③确定防治指标。涉及因素包括水果产量、病虫发生密度、防治成本等。我国在梨树病虫害的防治实践中总结出符合大部分地区的几种主要害虫的防治指标，各地应依据果树管理情况和自身的经济承受能力，灵活运用。

化学防治关键时期：正确的施药时期是针对病虫生活史中的脆弱环节及其对药剂最敏感的阶段，还应考虑害虫天敌的活动时期。天敌和害虫的发生一般都有跟随现象，即在害虫出现后才有天敌。因此，在害虫发生初期施药要比大量发生期施药对保护天敌更为主动。一般在果树萌芽至开花前施药对天敌杀伤较少，7月以后，各种天敌会大量出现，此时应视害虫发生情况，尽量少用广谱性杀虫剂，以减少对天敌的伤害。

按经济阈值施药：选用化学农药并确定施药时期化学农药的应用原则，即当病虫数量达到或超过经济允许水平，不防治就会造成经济损失时才使用。在使用化学农药时，应考虑到天敌的活动时期，尽量避开天敌活动盛期施药，或选择对天敌伤害较小或无害的化学农药。

挑治：根据害虫的发生和为害习性，选择合适的施药部位对有效地消灭害虫和保护天敌具有重要作用。例如，梨小食心虫在某些地区主要在树干根颈部的土中越冬，可利用此习性进行地面药剂处理。桃小食心虫的地面防治已作为主要防治措施。在害虫发生的夏季，往往伴随着大量天敌的活动，为了保护天敌，可用药剂涂树干，然后包扎，药液随树液向上流动，使害虫中毒死亡，这种方法常用于蚜虫防治。夏季防治花壮异蝽可采用药剂涂抹树洞、消灭群集害虫的方法。

药剂选择：所谓选择性农药，泛指对害虫高毒而对天敌无毒或毒性小的农药，如白僵菌、苏云金芽孢杆菌、除虫脲类杀虫剂等。这些农药对鳞翅目幼虫的防治效果较好，对害螨天敌毒性较低。选择性杀螨剂有噻螨酮、氟虫脲、克螨特、双甲脒等。这些药剂对天敌昆虫较安全，但对捕食螨有一定的杀伤作用。由此看出，选择性农药并非绝对具有选择性，而是通过人为控制，根据害虫发生情况，在用药时期和用药种类上加以选择，达到使用选择性农药的目的。

合理施药：①化学农药的交替使用。农药交替使用的目的是提高药效和避免病虫产生抗药性。主要是作用机制不同的农药或有机合成农药与无机农药交替使用。许多研究证明，有机磷、氨基甲酸酯、拟除虫菊酯等农药交替使用，能延缓害螨或害虫产生抗药性；有机合成杀菌剂与波尔多液交替使用可提高防治效果；拟除虫菊酯类杀虫剂防治果树害虫虽然高效，但切勿连续使用，每年只使用1次，以免害虫迅速产生抗药性。②农药的混配使用。农药混配主要是为了省工和增效。常用的有杀虫剂与杀菌剂混用，杀虫剂与杀螨剂混用，或杀螨剂与杀菌剂混用。由于各种农药的化学性质和作用特点不同，有的农药混用后可起到增效作用，有的农药混用后则减效，甚至出现药害。因此，在农药混用前，必须进行试验。一般农药均不能与碱性物质如石硫合剂、波尔多液混用。③肥药混用。在喷洒化学农药时加入适量速效性化肥，既能达到防治病虫害的目的，又能起到根外追肥的作用。喷肥种类由梨树生长期来决定，一般在梨树生长前期（5～7月）喷施氮肥如尿素等，在果树生长后期（8～9月）喷施磷钾肥，以0.3%～0.5%磷酸二氢钾为主，先将化肥用少量水溶化，之后倒入药液内喷雾。

三、目前产业上存在的主要问题

目前，梨病虫害防治上存在的主要问题是大多数地区对病虫害的发生规律和发生动态了解不够，科学和精准用药欠佳，一些梨园病虫害的防控仍然主要依靠经验进行化学防治，且因梨的生长周期长，有利于有害生物的孳生和累积，病虫害的发生和为害呈现逐年上升的态势，因而生产上化学农药的年施用量也逐年递增。据报道，我国单位面积化学农药使用量是美国的2.3倍、欧盟的2倍，而农药有效利用率仅为30%左右。长期频繁使用化学农药，容易导致环境污染、农产品中的农药残留量超标、有害生物抗药性的产生和杀伤天敌与生物群落及多样性破坏等问题，危及生态和食品安全，增加农业生产成本，严重制约产业的可持续发展。

（一）梨有害生物实用的监测预警技术缺乏

目前，对梨树腐烂病、梨黑星病、梨黑斑病、梨小食心虫、中国梨木虱等常发病虫害，以及梨火疫病、苹果蠹蛾等检疫性病虫害的发生动态与流行规律仍然不够明确，缺乏有效的监测预警技术手段。且我国梨的栽培范围极广，不同生态区域梨病虫害的发生存在明显差异。

（二）梨有害生物绿色防控技术和产品明显不足

梨树登记药剂偏少，防治对象单一，众多有发展潜力的生防菌株及活性代谢物产品仍处于研究或中试阶段，尚未实现登记和商业化应用。新型化学农药和生物农药研发较慢，害虫天敌、诱捕器和迷向产品的研发与产业化应用仍需进一步加强，生物防治、物理防治技术也有待进一步完善。

（三）梨有害生物绿色防控技术的集成与应用亟待加强

现有病虫害防控技术和产品的目标适用性不强，在优势产区的熟化度还不高。区域性病虫害防控技术集成度不够，区域技术模式的带动力还不强。现有的示范样板面积仍偏小，先进技术成果的转化率、到位率和覆盖率仍偏低，距离规模化推广仍有一定差距。

四、梨有害生物防控技术发展趋势

2020年3月26日国务院颁布《农作物病虫害防治条例》，自2020年5月1日起实施。该条例强调农作物病虫害防治必须注重采用绿色防控技术、走绿色发展道路。因此，建立健全梨园主要病虫害的预测和检测系统、提高果农的绿色防控意识、研发并示范推广梨园病虫害绿色防控技术对于推动梨产业的绿色发展具有重要战略意义。

梨病虫害采用绿色防控技术，强调采用农业、物理、生物等方法来替代化学农药的使用，对有害生物的发生和为害进行有效抑制，可明显减少化学药剂使用量，显著降低农产品中的农药残留量，从而保障农产品消费安全及降低土壤和环境污染。通过梨病虫害绿色防控技术研发任务的实施，形成的研究成果得到应用后，可为保障我国梨产品供应安全、提升相关农产品的信任程度和软实力提供技术支撑，并可为国家的脱贫攻坚和相关政策的实施提供实用的技术手段。通过该项技术的示范与推广及辐射带动，可明显减少梨有害生物造成的损失、节约病虫害的防治成本和提高农产品的产量与质量。

未来将针对梨园生态和梨果安全、降低生产成本、促进梨产业可持续发展的问题，着重研究梨树病虫害监测预警与生态治理技术，并针对不同生态区域集成技术模式，建立相应技术规程。未来重点任务如下：①梨主要病虫害成灾机制的研究和新发、突发病虫害的快速精准鉴定；②梨病虫害动态监测预警信息平台的建立与可能流行区域的预测；③通过筛选适宜复合种植的农作物种类，或对害虫及传病媒介有驱避或诱集作用的植物种类，或对天敌有保护作用的植物种类，创新梨的种植模式及改变或优化梨的栽培方式；④开发新的天敌资源与新型生物源活性农药，研发 RNA 干扰防控和免疫调控新技术与新产品，通过细胞工程、基因工程等先进的技术手段研发梨的抗病虫品种，使梨无病毒苗木生产逐步实现产业化与设施化。

撰稿人：王国平（华中农业大学植物科学技术学院）
审稿人：洪　霓（华中农业大学植物科学技术学院）
　　　　刘凤权（江苏省农业科学院植物保护研究所）

第二章

梨 病 害

第一节 梨树腐烂病

一、诊断识别

梨树腐烂病是由黑腐皮壳属（*Valsa*）病原真菌侵染引起的梨树枝干病害，以病害症状特征而得名，又称梨树臭皮病。

（一）为害症状

梨树腐烂病为害梨树主干、主枝、侧枝及小枝的树皮，使树皮腐烂。为害症状有两种类型，分别称为溃疡型、枝枯型（图2-1）。

图2-1 梨树腐烂病为害症状（王国平 拍摄）
A：溃疡型；B：枝枯型；C：子座；D：分生孢子器；E：分生孢子角；F：造成大量死树

1. 溃疡型

开始发病时，多发生在主干、大枝及侧枝分权处的落皮层部位，但与树皮的落皮层有明显区别。初期病部外观呈红褐色，水渍状，稍隆起，用手按压有松软感，多呈椭圆形或不规则形，常渗出红褐色汁液，有酒糟气味。用刀将病部表层削掉，可见病皮内呈黄褐色、湿润、松软、糟烂。在抗病品种上能使落皮层下或边缘的局部白色树皮腐烂、变褐，呈水渍状，但很少烂到木质部，而在感病的品种上常大面积烂到木质部。没有梨树腐烂病的正常落皮层仅限于黄褐色油纸状周皮以上，表层树皮呈黑褐色，质地较硬、较脆但不糟烂，黄色油纸状周皮以下的白色树皮生长正常，上面无褐色病斑。溃疡型病斑发病后期，表面密生小粒点（子座）。与苹果树腐烂病相比，梨树腐烂病的小粒点较小、较稀疏。雨后或空气湿度大时，从中涌出病原菌淡黄色的分生孢子角。在生长季节，病部扩展一段时间后，周围逐渐长出愈伤组织，病部失水、干缩凹陷，色泽变暗、变黑，枝干上病、健组织的交界处出现裂缝。抗病品种或抗病力强的树，病部表皮逐渐自然翘起、脱落，下面又长出新树皮，病部常自然愈合。

2. 枝枯型

衰弱大枝或小枝上发病，常表现为枝枯型症状。病部边缘界限不明显，蔓延迅速，无明显水渍状，很快将枝条树皮腐烂一圈，造成上部枝条死亡，树叶变黄。病部表面密生黑色小粒点（子座），天气潮湿时，从中涌出淡黄色分生孢子角或灰白色分生孢子堆。

（二）病原特征

1. 病原种类

长期以来，国际上对梨树腐烂病的病原菌种类及其归属的认识存在争议。1970年，Kobayashi 认为梨树腐烂病的病原菌与苹果树腐烂病的病原菌均为苹果树腐烂病菌（*Valsa ceratosperma*）。1979年，魏景超和戴芳澜根据病原菌的形态学特征将该病病原菌鉴定为梨黑腐皮壳菌（*V. ambiens*）。1992年，陆燕君等通过比较其和苹果树腐烂病的病原菌在形态学性状、酯酶同工酶谱和致病性方面的异同，认为梨树腐烂病的病原菌为苹果黑腐皮壳菌梨变种（*V. mali* var. *pyri*）。在很长一段时间内，苹果黑腐皮壳菌（*V. mali*）和苹果树腐烂病菌均被作为梨树腐烂病病原菌与苹果树腐烂病病原菌的名称使用。Montuschi 和 Collina（2003）认为梨树腐烂病的病原菌为苹果树腐烂病菌，该病原菌在欧洲、北美洲、南美洲，尤其是亚洲等国家或地区均有分布。Adams 等（2005）指出蔷薇科植物腐烂病的病原菌使用"苹果黑腐皮壳菌"这一名称更合适。王旭丽等（2007）和周玉霞等（2013）研究认为，梨树腐烂病的病原菌与苹果树腐烂病的病原菌分别为苹果黑腐皮壳菌的两个亚种：苹果黑腐皮壳菌梨变种和苹果黑腐皮壳菌苹果变种（*V. mali* var. *mali*）。西北农林科技大学与华中农业大学进一步研究发现梨树腐烂病病原菌和苹果树腐烂病病原菌之间在培养特性、致病性及 rDNA-ITS 核苷酸序列方面均存在明显差异，认为梨树腐烂病的病原菌为梨树腐烂病菌（V. pyri），苹果树腐烂病的病原菌为苹果黑腐皮壳菌（V. mali）。

2. 培养特性、形态特征及序列分析

周玉霞等（2013）从我国 15 个省（市）梨产区采集梨树腐烂病样品并观察其田间为害症状，通过组织分离法分离获得 168 个梨树腐烂病菌分离株，从中选取 72 个进行单孢纯化，共获得 79 个梨树腐烂病菌纯化分离株；观察在马铃薯葡萄糖琼脂（PDA）培养基、25℃黑暗条件下病原菌菌落形态和产孢体形态，并对其在梨树枝条上产生的分生孢子器徒手切片，置显微镜下观察其结构特征和分生孢子形态；采用菌丝块接种法测定梨树腐烂病菌在翠冠离体枝条上的致病力。对部分菌株 rDNA-ITS 进行 PCR 扩增、测序，利用 BLAST 软件和 GenBank 数据库进行序列相似性分析，并用 MEGA 4.1 软件和邻接法构建系统发育树。结果显示，根据梨树腐烂病菌各分离株在 PDA 培养基上的菌落形态特征可分为Ⅰ型、Ⅱ型两种菌落类型（图 2-2），不同梨树腐烂病菌分离株在 PDA 培养基上产生多种类型的产孢体，不同梨树腐烂病菌菌株在离体梨树枝条上的致病力存在差异，我国梨树腐烂病菌的 rDNA-ITS 核苷酸序列一致率为 99.98%～100%，与苹果树腐烂病菌分别聚在同一亚组的两个分支。

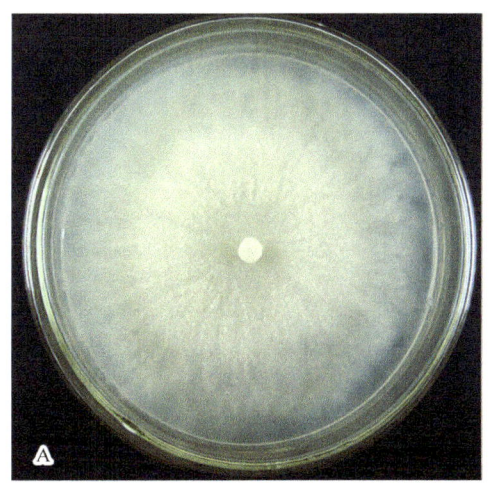

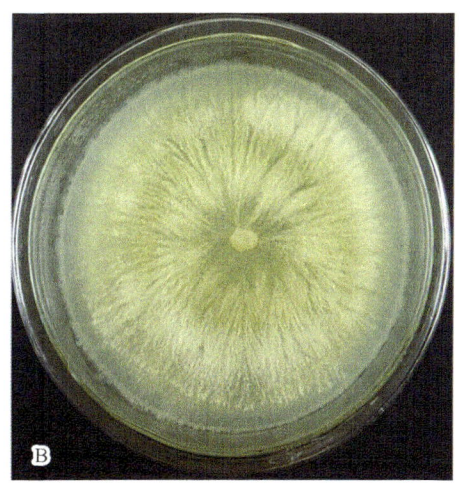

图 2-2 梨树腐烂病菌菌株在 PDA 培养基上培养的菌落形态（王国平　拍摄）
A：Ⅰ型菌落；B：Ⅱ型菌落

梨树腐烂病菌（V. pyri）的有性世代属于子囊菌门球壳菌目黑腐皮壳属，有性世代在自然条件下不容易产生。子座直径为 0.25～3.00mm，内生子囊壳 3～14 个。子囊壳烧瓶状，直径为 270～400μm，壁厚 19～25μm，颈长 350～625μm，底部长满子囊。子囊棍棒状，顶端圆或平截，大小为 36～53μm×7.6～10.5μm，内含 8 个子囊孢子。子囊孢子单胞，无色，腊肠状，大小为 6.9～11.6μm×1.5～2.4μm。

梨树腐烂病菌的无性世代为梨壳囊孢菌（Cytospora carphosperma），属于子囊菌门间座壳目壳囊孢属。子座暗褐色，锥形，先埋生，后突破表皮。子座内有 1 个分生孢子器。分生孢子器多腔室，形状不规则，有一共同孔口，器壁暗褐色，孔口处黑色，通到表皮外。分生孢子器内壁光滑，密生分生孢子梗。分生孢子梗无色，分枝或不分枝，具隔膜。内壁芽生瓶体式产孢。分生孢子无色，单胞，香蕉形，两端钝圆，微弯曲，大小为 4.5～5.5μm×1.0～1.2μm（图2-3）。

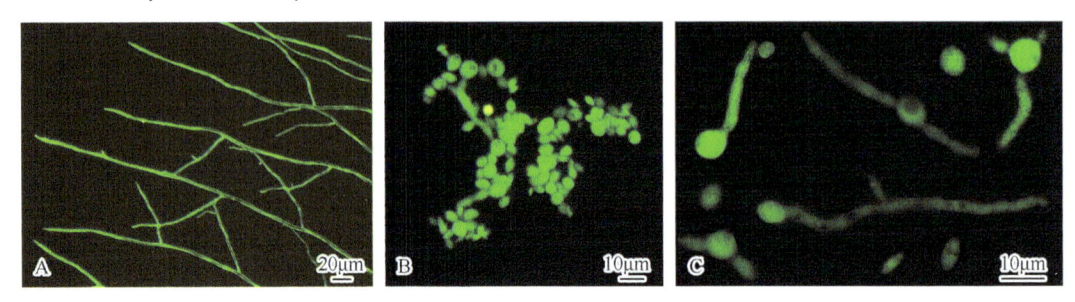

图 2-3 梨树腐烂病菌菌丝与分生孢子的荧光显微观察（王国平 拍摄）
A：菌丝；B：分生孢子；C：分生孢子萌发

梨树腐烂病菌的生长温度为 5～40℃，最适温度为 25～30℃。生长需要营养，在清水中不能萌发，在没有营养的水琼脂培养基上不能生长，在 PDA 培养基、马铃薯蔗糖琼脂（PSA）培养基上生长最好。生长 pH 为 1.5～6.0，以 pH 4 为最适宜，与分生孢子萌发需要的酸碱度范围基本一致。生长能利用多种氮源，其中蛋白胨最好，其次为酵母液、牛肉膏、硝酸钠、谷氨酸、天冬酰胺、硫酸铵、硝酸铵、尿素，对有机氮的利用比无机氮好。能利用多种碳源，其中对葡萄糖、蔗糖、淀粉、麦芽糖的利用较好，对果糖、水解乳糖、甘露糖、阿拉伯糖的利用水平较低，对乳糖、木糖的利用最差。光照对菌丝的生长影响不大。

3. 致病性与致病力分化

（1）不同培养表型菌株的致病性

周玉霞等（2014）通过室内离体枝条接种发现，梨树腐烂病菌和苹果树腐烂病菌均可侵染梨、苹果、海棠、杏、油桃的枝条，但不能侵染杨的枝条。因此，在梨树腐烂病的防治上应兼顾对相邻寄主的保护。梨树腐烂病菌存在致病性分化，但与其培养表型无明显相关性，菌株 F-HN-2a-1 虽然在培养表型上与菌株 F-SD-8 相似，但两者致病性差异明显，菌株 F-HN-2a-1 在供试植物上均表现为弱致病力；菌株 F-BJ-2c-2 和 F-SD-8 培养表型明显不同，但其致病性表现相似，对梨的致病力很强，而对苹果的致病力则相对较弱。来源于苹果树的苹果树腐烂病菌菌株 F-SX-A6 表现出与菌株 F-BJ-2c-2 和 F-SD-8 相反的致病特点。

（2）致病力分化

张美鑫等（2013a）以丰水的离体枝条、叶片、嫩梢和果实为材料，采用不同方法造成伤口后接种梨树腐烂病菌的强致病力菌株 F-AH-3a，在 25℃下保湿培养后观测各处理的发病程度，发现叶片伤口接种，叶面的病斑较叶背的大，分别针刺 6 次、1 次、3 次造成伤口后接种产生的病斑大小之间存在显著性差异；嫩梢和果实伤口接种，不同处理产生的病斑大小之间无显著性差异；枝条伤口接种 3 天后，经打孔、环割、烫打及 10 针刺伤处理的枝条发病率均为100%，而经3针刺伤、烫伤、芽痕处理的枝条发病率分别为55%、40%、15%。打孔、环割、烫打及10针刺伤处理病斑的长度显著大于3针刺伤、烫伤、芽痕处理。研究表明枝条打孔接种法可以用于梨树腐烂病菌致病力的室内快速测定。张美鑫等（2013b）进一步研究发现来源于我国14个省（市）的91个梨树腐烂病菌菌株在5种梨（白梨、砂梨、秋子梨、西洋梨、新疆梨）上的致病力均存在显著性差异，根据各供试菌株在不同梨种上的综合致病力强弱可将其划分为3个类型，其中强致病力菌株16个，占17.6%；中等致病力菌株70个，占76.9%；弱致病力菌株5个，占5.5%。以中等致病力菌株为优势群体。

（3）病菌在梨树叶片组织中的侵染和扩展

贾娜娜等（2015）利用根癌农杆菌介导的遗传转化（*Agrobacterium tumefaciens* mediated transformation，ATMT）方法对梨树腐烂病菌强、弱致病力菌株进行GFP标记，并筛选出与野生型菌株相比在生长速度、培养特性及致病力方面都没有发生显著变化的阳性转化子菌株；利用荧光显微技术观察其在梨树叶片组织中的侵染和扩展，比较强、弱致病力菌株的侵染差异。结果显示，强、弱致病力菌株在叶片上的侵染存在差异。菌丝主要在叶片的上表皮扩展，菌丝扩展前端的叶片组织颜色发生变化，形成一段变色带，强致病力菌株侵染形成的变色带较弱致病力菌株形成的变色带宽，强致病力菌株菌丝在叶片组织上的分布较稀疏。研究表明，梨树腐烂病菌菌丝主要在叶片的上表皮组织扩展；强致病力菌株的侵入能力较强，其在叶片上扩展时菌丝分布较稀疏，扩展前端形成的变色带宽（图2-4）。

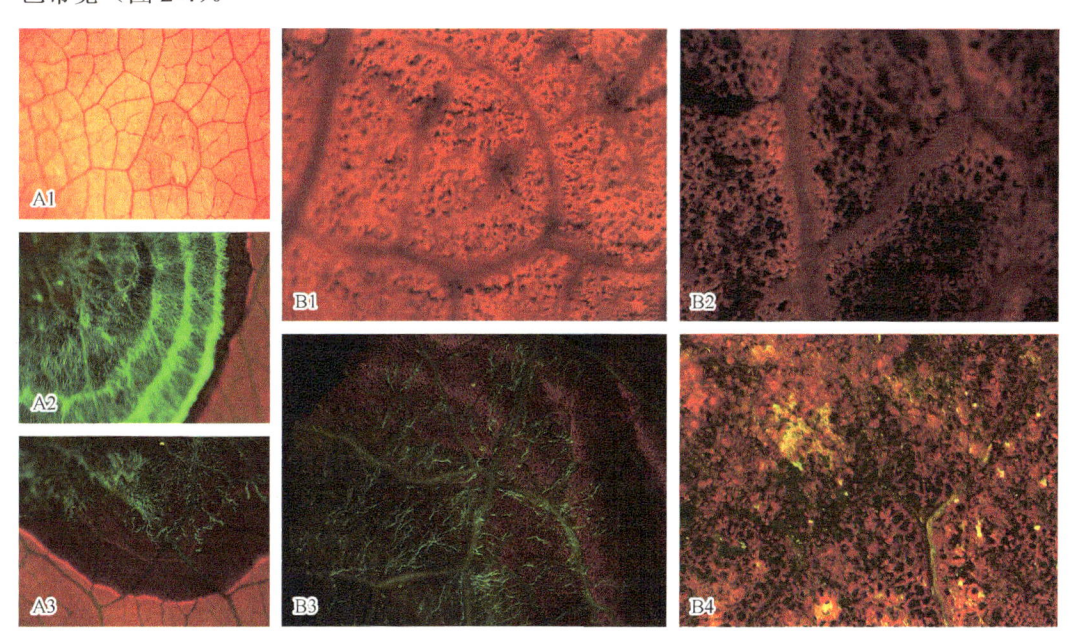

图2-4 梨树腐烂病菌在梨树叶片上的侵染和扩展（王国平 拍摄）

A1～A3：强、弱致病力菌株菌丝在叶片上的扩展；A1：CK 健康叶片；A2：菌株 F-HN-6-1 侵染所形成的病斑边缘；A3：菌株 F-HN-2a-1-4 侵染所形成的病斑边缘。B1～B4：强致病力菌株在叶片上的侵染、扩展；B1：CK 健康叶片上表皮；B2：CK 健康叶片下表皮；B3：病部上表皮；B4：病部下表皮

二、分布为害

(一) 分布

在我国,早在20世纪30年代就有梨树腐烂病的记载,其分布遍及全国,但在寒冷地区发生较重,流行于西北、华北等地,是数十年来肆虐于北方梨产区的主要病害。据20世纪90年代的调查,西北地区酥梨病株率为30%~50%,其中新疆库尔勒香梨病株率达50%~80%;华北地区鸭梨、雪花病株率在30%左右。

(二) 为害

梨树腐烂病具有发病率高、发生区域广、难以控制的特点,发病严重的梨园,树体病疤累累、枝干残缺不全,甚至造成大量死树或毁园。除梨树外,梨树腐烂病还为害苹果、桃、核桃、杨、柳、桑、国槐等多种植物。

近年来,我国梨产区多次出现异常气候天气,如2008年冬季西北、华北、华中地区出现了大面积冰雪、低温灾害,2010年云南、广西等梨产区发生了百年不遇的春季干旱,这些异常气候条件的频频出现,使得梨树腐烂病的发生有进一步加重的趋势。

从我国北方梨产区梨树腐烂病数十年来的流行史可以看出,每逢栽培管理水平下降的年份或梨园,如土壤和肥水管理粗放、密枝密果、片面追求高产、树体负载过重,则导致树体抗病能力减弱,病情急剧加重。而梨树立地条件好,土层厚,有机质含量高,肥水条件好,树皮中储藏营养多,愈伤能力强,周皮形成得好,则发病就轻。此外,梨树腐烂病的流行还受周期性冻害的影响。在北方梨产区,冬季温度过低,或秋季、早春树体活动期突然遭遇低温冻害,树皮被大片冻伤,对梨树腐烂病菌的扩展蔓延失去抵抗能力,造成病害大发生。

三、流行规律

(一) 侵染与传播

梨树腐烂病菌以菌丝体和分生孢子器在病树皮内越冬,也能以潜伏状态的菌丝体在枝条的叶痕、果柄痕等潜伏侵染点越冬。在病皮内越冬的菌丝于第二年春季气温较温暖、树液回流后开始扩展,向周围活树皮上蔓延发病。在病皮上过冬的成熟的分生孢子器,于第二年早春气温超过5℃、空气湿度较大、树皮上有结露或降雨时,分生孢子器内的分生孢子随着分生孢子器内融化的胶类物质膨胀,挤出分生孢子器口,形成鲜黄色的分生孢子角,并在水滴中逐渐融化,随风雨传播。传播距离多为10~20m,着落在树皮上后,在水中萌发,从带有伤口的死组织部位(叶柄痕、果柄痕、冻伤、机械伤等)侵入。如果伤口死组织范围较大,尚有一定水分和营养物质,温度适宜,则梨树腐烂病菌继续扩展、侵染。如果条件不合适,侵入的梨树腐烂病菌则以菌丝状态潜伏。当冬季低温受冻伤或营养、水分不良致枝条饥渴半死时,在枝条的部分叶痕、果柄痕等处潜伏的梨树腐烂病菌活化、扩展,使梨树小枝大量发病、枯死,并向大枝上蔓延。梨树腐烂病菌普遍存在潜伏侵染的现象，只有在侵染点周围的树皮长势衰弱和死亡时，才能扩展发病。因此，保持树势和枝条生长健壮是防病的基础。

夏季，梨树进入旺盛生长期，树皮的愈伤能力增强。随着树皮加厚，树皮表层上的一些部位出现衰老，下面长出周皮，原来的活树皮变成死树皮，并自行翘离、脱落，变成落皮层，即树体上后来普遍存在的老翘皮。在树体比较健壮的条件下，梨树的周皮形成得较完好，能使外面的落皮层自然翘离。在有些品种上，或因肥水管理不善、土壤瘠薄、气候异常等导致树体衰弱，周皮形成得慢、不完整，致使脱下的树皮半死不活地长期连在树体上，诱使原来潜伏在该部位树皮上的病菌活化、扩展并繁殖出大量的菌丝团，病菌分泌毒素和酶的能力增强，形成表层溃疡。晚秋在老翘皮底部油纸状起保护作用的周皮上，出现许多黑褐色的坏死斑点，进而蔓延到下面的白色活树皮上，形成早期的腐烂病斑。在冬季寒冷的北方梨产区，小病斑暂时停止活动；在冬季较温暖的梨产区，小病斑仍缓慢扩展，至第二年春季气温上升、树液回流后，病块面积迅速扩大，达到全年的发病高峰。在梨树的弱枝或弱树上，秋季出现的表层溃疡能继续向深处或边缘的白色活树皮上发展，当年秋季就能出现许多腐烂病块，形成秋季发病高峰。这些是梨树腐烂病一年形成春、秋两次发病高峰期的主要原因。

（二）流行因素

1. 冻害

冬季低温，造成梨树冻伤，皮层组织受损，树势明显衰弱，为梨树腐烂病的发生蔓延创造了条件，也是造成梨树腐烂病发生的主要原因（李学春等，2007）。冬季气温持续下降，梨树主干、主枝受冻造成组织坏死，潜伏病菌容易蔓延扩展，引起梨树腐烂病大流行。根据张士勇等（2004）的调查，金花、秦酥、五九香发生冻害严重，导致梨树腐烂病菌侵入并严重为害。北方梨产区由于冬季温度过低，或秋季、早春树体活动期突然遭遇低温冻害，梨树腐烂病的发生较重。

2. 梨树品种

不同梨树品种间对梨树腐烂病的抗性存在显著差异。中国农业科学院果树研究所对辽宁兴城国家梨树种质资源圃400多个梨树品种梨树腐烂病发生情况的调查结果（王国平等，2011）显示：秋子梨系统基本不发病；白梨、中国砂梨系统发病很轻，病情指数分别为3.9、4；日本砂梨系统发病较重，病情指数为35.7；西洋梨系统发病最重，病情指数高达78.4。在白梨系统的品种中，雪花易发病，病情指数为31.3；其次为金川雪梨、砀山酥梨、油红宵、青龙甜、佛见喜等。在砂梨系统中，苍西梨易发病，病情指数为15；其次为西昌后山梨。在日本砂梨系统中，幸水发病最重，病情指数为60；石井早生、今春秋次之；新世纪、丰水、明月梨发病较轻。西洋梨系统中的油酥、爱见洛、考西亚、新尖角、康佛伦、小伏洋梨等品种发病最重，病情指数均为100。

张美鑫等（2014）采用离体枝条分生孢子悬浮液和菌丝块接种测定了11种梨种质资源共211份材料对梨树腐烂病的抗性。结果显示：不同种质资源对病菌侵入和扩展的抵抗均存在差异，抗侵入的占17.5%，抗扩展的占35.1%；同一种质资源对病菌侵入与扩展的抵抗之间也有差异，对病菌侵入和扩展抵抗一致的占30.3%，不一致的占69.7%；所有供试材料中抗侵入/抗扩展均为高抗（HR/HR）的占1.4%，抗侵入/抗扩展均为抗病（R/R）的占4.7%，抗侵入/抗扩展均为中等（M/M）的占12.3%，抗侵入/抗扩展均为感病（S/S）的占10.9%，抗侵入/抗扩展均为高感（HS/HS）的占0.9%；通过综合抗性评价发现，大香水、杜梨、江岛、康德、龙泉酥、苹果梨、山梨、云红1号、早玉、长十郎为抗病（抗侵入/抗扩展为R/R）材料，新高、武豆9号、荆杜3号为高抗（抗侵入/抗扩展为HR/HR）材料，新星、新黄为高感（抗侵入/抗扩展为HS/HS）材料。

3. 树势

调查结果表明，弱树、老龄树树体抗性差，梨树腐烂病发生严重；幼树或壮树的腐烂病发病轻，这主要与树体本身的抵抗力有关。一些地区的梨园大多数梨树进入生理老龄期，树体抗性差，发病重，梨树腐烂病的发病程度基本符合随着树龄的增加而加重，树龄越大，发病率越高，病情越严重。

梨树腐烂病菌扩展速度的快慢与树皮含水量密切相关。树皮含水量高，扩展慢；含水量低，扩展快。因此，天气干旱、降雨少和土层瘠薄、保水差，梨园梨树腐烂病发病重。

4. 栽培措施

麦麦提亚生（2008）对库尔勒香梨栽培条件的研究表明，20世纪90年代以后，由于片面追求种植效益，生产中以化肥施用为主，而有机肥施用减少，果树生长速度过快，树体木质化程度大大降低，为蛀食性害虫的钻蛀创造了条件，发病程度不断加重；另外，果农将未充分腐熟的农家肥埋施在果树根部，未腐熟农家肥所形成的毒气对根系造成较大伤害，树势严重减弱，造成梨树腐烂病的大面积发生。目前，新疆库尔勒香梨植株发病率为50%～80%。

5. 过量负载

梨园产量过高，树体负载过重，部分果园采收期延长至10月底，造成树体越冬营养积累少，树势衰弱，树体抗逆性下降，从而引起梨树腐烂病大发生。据调查，库尔勒市产量在3000kg/亩以上的梨园第二年梨树腐烂病的发生都比较严重。

四、防控技术

长期以来，各梨产区防控梨树腐烂病的主要措施是：春季在梨树发芽前喷施40%福美胂可湿性粉剂100倍液或福美胂200倍与腐殖酸钠100倍混合液，并及时治疗，入冬前刮除表面溃疡，早春及早检查刮治，刮治后涂福美胂50～100倍液。虽然防控效果较好，但福美胂的长期使用也是造成梨果砷含量超标的重要因素。2002年农业部明令禁止在无公害水果生产中使用福美胂。近年来，各梨产区梨树腐烂病的防治，采取以培养树势为中心，以及时保护伤口、减少树体带菌为主要预防措施，以病斑刮除、药剂涂抹为辅助手段的综合防治方法，收到了很好的防控效果。

（一）栽培防治

通过合理修剪，提高光合效率。根据树龄、树势、土壤肥力情况、施肥水平、灌溉等条件，确定合理的负载量。及时疏花疏果，控制结果量，不但能增强树势，减轻梨树腐烂病，也能提高果品品质，增加经济效益。加强土、肥、水管理，增加土壤的通气性和有机质含量。提高树体营养水平，增强树体抗性。避免间作后期需肥水多的晚熟作物，以保证树体正常进入休眠期，安全越冬（图2-5）。

图2-5 通过栽培管理防治梨树腐烂病（王国平 拍摄）
A：栽培管理好的梨园梨树腐烂病发生轻；B：栽培管理差的梨园梨树腐烂病发生重

（二）树干涂白

落叶后对树干及主枝向阳面进行涂白（图2-6），防止冻伤与梨树腐烂病菌的侵入。配制比例为生石灰∶硫黄粉∶食盐∶动植物油∶热水＝8∶1∶1∶0.1∶18。

图2-6 通过树干涂白防治梨树腐烂病（王国平 拍摄）

(三) 剪锯口保护与病斑刮治

提倡改"冬剪"为"春剪",以避免低温对剪口造成的冻伤。对较大剪口、锯口进行药剂保护,可用甲硫萘乙酸或腐殖酸铜涂抹。

发现病斑及时刮除,病斑刮净后,涂抹甲硫萘乙酸或腐殖酸铜。刮面要大于病斑面积,边缘切面要平滑,并与枝干垂直,以利于伤口愈合(图2-7)。病斑刮治时间越早越好。

图2-7 病斑刮治后的愈合状(李红旭 提供)

王杰君和孙红艳(2004)及李学春等(2007)对库尔勒香梨的研究表明,及时刮治,涂药保护,刮治做到"刮早、刮小、刮了","冬春突击、常年坚持,经常检查"。刮治的最好时期是春季。刮治方法:用快刀将病变组织及带菌组织彻底刮除,深约2cm。不但要刮净变色组织,而且要刮去0.5cm健康组织。刮成梭形,表面光滑,不留毛茬。刮后涂药保护。张学芬(2008)利用刮斑治疗法治疗梨树腐烂病取得了较好的效果,刮斑后涂抹腐殖酸铜剂、甲基硫菌灵、腐必清、甲霜铜等治疗效果较好,治愈率高。

(四) 科学用药

发芽前(3月初)和落叶后(11月底)各喷施一次杀菌剂,分别选用代森铵或5°Be石灰硫黄合剂(简称石硫合剂)。生长季分别于5~6月、8~9月降雨前后,对树干均匀喷药2或3次,药剂可选择丙环唑(或三唑醇)与嘧菌酯(或丁香菌酯)交替使用。

王秀琴（2008）通过不同药剂防控库尔勒香梨的效果表明，25%丙环唑乳油、50%甲硫·百菌清悬浮剂、高效螯合态微肥斯德考普3种药剂可防控库尔勒香梨腐烂病。李学春等（2007）的研究结果表明，可用9281植物增产强壮素500倍液，均匀喷洒于树干、枝条或全树喷洒。每年春季3~4月和秋季8~10月是梨树腐烂病高发期，也是药剂防控的最佳时期。库尔勒香梨收获后用300倍药液喷洒一次果园。春季3~4月，开花之前再喷一次，可使花芽饱满，坐果率高，同时起到枝条消毒的作用。

撰稿人：王国平（华中农业大学植物科学技术学院）
审稿人：洪　霓（华中农业大学植物科学技术学院）

第二节　梨黑星病

一、诊断识别

梨黑星病是由黑星菌属（*Venturia*）病原真菌侵染引起的梨病害，以病害症状特征而得名。

（一）为害症状

梨黑星病可侵染梨树所有绿色幼嫩组织，为害果实、果梗、叶片、叶柄和新梢等，以叶片、果实为主。最典型的症状是在病部产生黑色霉层（图2-8）。

图2-8　梨黑星病为害症状（王国平　拍摄）
A：病叶；B：病果

1. 叶片症状

发病初在叶背主、支脉之间呈现圆形、椭圆形或不整齐形的淡黄色斑，不久病斑沿主脉边缘长出黑色霉状物。发病严重时，许多病斑互相愈合，整个叶背布满黑色霉层。叶脉受害，常在中脉上形成长条状的黑色霉斑。

2. 果实症状

发病初生淡黄色圆形斑点，逐渐扩大，病部稍凹陷。条件适合时，病斑上长满黑色霉层，为病菌的分生孢子梗和分生孢子；条件不适合时，病斑上不长霉层，病斑绿色，称为"青疔"，病部生长停止。之后病斑木栓化、坚硬、凹陷并龟裂。幼果因病部生长受阻碍，变成畸形。果实成长期受害，则在果面产生大小不等的黑色圆形病疤，病斑硬化，表面粗糙，果实畸形。

3. 果梗、叶柄和新梢症状

果梗受害呈黑色椭圆形的凹斑，其上长黑霉。叶柄上症状与果梗相似，由于叶柄受害影响水分及养料运输，往往引起早期落叶。新梢受害，初生黑色或黑褐色椭圆形病斑，后逐渐凹陷，表面长出黑霉，最后病斑呈疮痂状，周缘开裂。

（二）病原特征

我国梨黑星病病原菌的无性世代为梨黑星孢菌（*Fusicladium pyrinum*），属于子囊菌门黑星菌目黑星孢属。分生孢子梗暗褐色，单生或丛生，从寄主表皮的角质层下伸出，呈倒棍棒状，直立或弯曲，多不分枝，孢痕多而明显。分生孢子单胞，淡褐色，卵形或纺锤形，两端略尖，大小为 $7.5～22.5\mu m×5.0～7.5\mu m$，萌发前少数生有一横隔。

我国梨黑星病病原菌的有性世代为东方梨黑星病菌（*Venturia nashicola*），国外为西洋梨黑星病菌（*V. pirina*）。在我国北方梨产区至今尚未发现梨黑星病菌的有性世代，以往仅在陕西关中地区和江苏徐淮地区有产生有性世代的报道，即在树盘浅层的病落叶上能形成子囊壳。病落叶的叶面、叶背也均产生子囊壳，以叶背居多，常聚集成堆。子囊壳扁球形或近球形，黑色，颈部较肥短，有孔口，周围无刚毛，壳壁黑色，革质，由 2 或 3 层细胞组成，大小为 $52.5～138.7\mu m×50.5～150.0\mu m$，平均为 $111.2\mu m×91.0\mu m$。子囊棍棒状，无色透明，聚生于子囊壳底部，长 $35～60\mu m$，内含 8 个子囊孢子。子囊孢子鞋底形，淡黄褐色，双胞，上胞较大，下胞较小，大小为 $10～15\mu m×3.8～6.3\mu m$。

二、分布为害

梨黑星病是梨的重要病害之一，在世界各梨产区均有发生，尤其在种植鸭梨、白梨等高度感病品种的梨产区，病害流行频繁，造成重大损失。目前，梨黑星病仍然是河北、辽宁、山东、陕西等北方梨产区的重点防治对象。在长江流域及云南、贵州、四川等多雨、潮湿地区，感病品种发病严重，也需重点防治。南方砂梨系统品种栽植区和近些年北方局部地区发展的日韩梨品种（砂梨系统），一般黑星病发生不重，但也要注意防治，以免造成较大经济损失。

三、流行规律

（一）侵染循环

梨黑星病病原菌的越冬及初侵染源：我国梨黑星病病原菌主要在芽鳞或芽基部的病斑上以菌丝体越冬。越冬后，一种情况是芽基部病斑上直接产生分生孢子，侵染新长出的幼嫩绿色组织；另一种情况是芽鳞病斑中的菌丝侵染长出的新梢基部幼嫩组织，在新梢基部白色部位长出黑色霉层，形成雾芽梢，产生分生孢子，再侵染新长出的叶片和果实。至于部分地区越冬后形成的子囊壳所产生的子囊孢子，从地面飞散的距离非常近，产孢量也少，所以在病害的发生中不起主要作用。

梨黑星病病原菌的传播与再侵染：梨黑星病是梨树生长期再侵染次数较多的流行性病害。病菌的分生孢子在有 5mm 以上的降雨时即能传播、侵染。在生长期，病部不断形成分生孢子，不断侵染发病。

（二）流行因素

梨黑星病的发生轻重取决于越冬病菌的数量、当年降雨的早晚、雨日天数、果园内的空气湿度及品种的抗性。

1. 越冬病菌

梨园内病菌越冬基数大，冬季气候适宜病菌越冬，芽内的越冬菌丝或芽基病斑上的菌丝存活率高，第二年落花后则能出现较多雾芽梢，或雨水适宜能产生大量分生孢子侵染幼嫩组织。病菌在病叶上越冬的梨产区，上一年病叶量大，冬季温湿度适宜，第二年春季形成的子囊孢子量大，春季气候适宜，将会有较多花器、嫩叶发病，形成较多初侵染。而越冬病菌的数量，在北方梨产区又与上一年秋季梨芽被感染的数量有关。春季梨园内病菌基数大，当年的夏秋季降雨较频繁，园内湿度较大，气温偏低，则往往成为病害的流行年。如果上一年病菌量少，越冬基数低，或者 4~5 月较干旱，当年春季发病很轻，夏秋季相对湿度较低或气温较高，则成为梨黑星病轻发生年。

2. 降雨和湿度

在北方梨产区梨黑星病流行的各环节中，通常 5 月的降雨和湿度尤为重要，降雨多，降雨频，园内湿度高，当年春季发病就重，当年前期会形成较多病源。

3. 树势

病害发生轻重还与树势、果园地形及果园栽植密度、留枝量有关。树势弱，梨园地势低洼、窝风或栽植密度过大，留枝量多，通风透光差，造成树冠内湿度大，叶、果表面形成水膜时间长，有利于病菌的形成、侵染与发病。

4. 品种

在病害的发生条件中，品种的抗病性也是发病的重要因素，在我国梨的品系中，西洋梨最抗病，日本梨（砂梨系统）次之，中国梨的白梨系统易感病。

5. 施肥

梨黑星病的发生与施肥也有一定关系，试验结果表明，随着氮肥用量的增加，叶片中的钙含量相对减少，诱使梨树更易感染梨黑星病，病叶率、发病程度和分生孢子量增加。

在上述几项流行因素中，田间越冬菌源量和当年气候条件是决定梨黑星病是否流行的主要因素。

四、防控技术

关键是做到预防为主，以做好果园卫生、清除越冬菌源为基础，以科学用药为重点，以加强栽培管理为辅助措施。

1. 清除病源

1）清除越冬病源：梨树落叶后，认真清扫，落叶、落果集中烧毁；冬季修剪时注意剪除带有病芽的枝梢；在北方以病芽梢为初侵染源的梨产区，在梨树落花后20～45天多次认真检查抽生的新梢基部，发现病芽梢时及时从基部剪除，带到果园外销毁；在以芽鳞上病斑或子囊孢子越冬的梨产区，开花前后发现病花丛、叶丛时应及时剪除销毁。

2）摘除病果、病梢：梨树生长期及时检查，摘除病果及发病的秋梢。

3）采用药剂杀灭树上越冬病菌：在花期开始发病的地区，应在梨树发芽前对梨树喷洒1～3°Be石硫合剂或45%晶体石硫合剂80～100倍液或50%代森铵水剂1000倍液，或者在梨树发芽后开花前对梨树喷洒12.5%烯唑醇可湿性粉剂2000～3000倍液，以杀灭病部越冬后产生的分生孢子。

2. 科学用药

1）喷药时间：在北方以病芽梢为初侵染源的广大梨产区，应在梨树落花后反复检查清除病芽梢的基础上进行树上喷药，每隔10～15天喷施1次，连续喷施3或4次。夏季气温高，病势暂时停止时可暂不喷药，秋季天气渐凉后再喷施3或4次。在以芽鳞上病斑和分生孢子越冬或以落叶上子囊孢子越冬的梨产区，应重点在开花前和落花后喷药，连续喷施3或4次，秋季再喷施3或4次。在冬季比较温暖的云南、贵州、四川梨产区，可在幼叶、幼果开始发病时进行第一次喷药，连续喷施3或4次，秋季多雨年份再喷施2或3次。各地喷药次数应视病情而定，发病重的年份应适当多喷，发病轻的年份少喷。

2）喷药种类：防治梨黑星病的药剂品种较多，经常使用的保护性杀菌剂有80%代森锰锌可湿性粉剂800倍液，50%克菌丹可湿性粉剂400~600倍液，1：(2~2.5)：240波尔多液。常用的内吸性杀菌剂有50%多菌灵可湿性粉剂600~700倍液，70%甲基硫菌灵可湿性粉剂800~1000倍液，12.5%烯唑醇可湿性粉剂2000~2500倍液，25%腈菌唑乳油4000~5000倍液，40%氟硅唑乳油8000倍液。常用的预防性治疗剂有62.25%腈菌唑·锰锌600倍液等。在使用中应注意内吸性杀菌剂与保护性杀菌剂交替使用。波尔多液在梨的幼果期和多雨、阴湿梨园慎用，以防产生药害。

3）注意喷药质量：喷药需均匀、周到，叶面及叶背、新梢及果面都应均匀着药，才能充分发挥每次喷药的药剂防治效果。

3. 加强栽培管理

1）科学使用化肥，增施有机肥：梨果采收后或春季梨树发芽前，在梨树树冠外围投影处挖环状沟，或以树干为中心挖里浅外深的6~8条放射状沟，施入腐熟的有机肥，按每产0.5kg果施肥0.5~1kg，施后覆土，有灌溉条件的施后尽可能灌透水。

2）种草和覆草：梨园行间较宽、有空地时，应尽可能种草，品种可选毛苕子、三叶草、紫花苜蓿等多年生草种。各地雨季不同，可选择在雨后撒播或条播，幼苗期注意拔除杂草，适当撒施氮肥和灌水，草长高后进行刈割，放在树盘下，上面适当压层土。管理好的草，每年可割3~5次，果园可不再施用有机肥。梨树多栽植在地势较差的山区，往山上运有机肥很困难，但山区相对土地较多，草源丰富，果园种草和覆草较容易。

3）改善土壤通透性：在南方红壤或北方丘陵山地果园，多数果园土壤板结黏重或土层很浅，应有计划地逐年开展活化根系附近土层工作，改善根系附近土壤的通透性，增加保水保肥和熟化土壤矿质营养的能力。

4）保持树冠内通风透光良好：对栽植过密的梨园，在延长枝生长互相交叉后应适当间伐。树冠内留枝量多的应逐年改形去大枝。对中小枝条和结果枝组过密的应适当疏除。

撰稿人：李朝辉（江苏省农业科学院植物保护研究所）
审稿人：刘凤权（江苏省农业科学院植物保护研究所）

第三节 梨黑斑病

一、诊断识别

梨黑斑病是由链格孢属（*Alternaria*）病原真菌侵染引起的梨树病害，以病害症状特征而得名。

（一）为害症状

梨黑斑病主要为害梨的叶片和果实。

1. 叶片发病（图2-9A～C）

最先在嫩叶上产生圆形针尖大小的黑色斑点，以后斑点逐渐扩大成近圆形或不规则形病斑，中间灰白色，周缘黑褐色，病斑上有时稍显轮纹。潮湿时病斑表面密生黑色霉层，为病菌的分生孢子梗和分生孢子。叶片上病斑较多时，常互相融合成不规则形大病斑，叶片畸形，容易早落。

图2-9　梨黑斑病为害症状（王国平　拍摄）
A：叶片黑斑；B：叶片病斑融合；C：发病严重时病斑布满叶面；D：果实黑斑；E：果实病斑融合

2. 果实发病（图2-9D 和 E）

幼果发病，在果面上产生1至数个圆形针尖大小的黑色斑点，逐渐扩大后呈近圆形或椭圆形，病斑略凹陷，表面密生黑霉。由于病、健部位发育不均，果实长大后出现畸形，果面发生龟裂，严重时裂缝可深达果心，在缝隙内也会产生很多黑霉，病果往往早落。长成的果实感病时，前期症状与幼果发病相似，病斑较大，黑褐色，后期果实软化、腐败而落果，重病果常数个病斑融合成大斑，使大部分果面呈深黑色，表面密生黑色至黑绿色霉状物。西洋梨多在果实基部发病。果梗染病后产生黑色不规则形斑点，易落果。绿色嫩枝发病，形成圆形黑色病斑，病斑扩大后，表面粗糙，疮痂化，与健部交界处产生裂缝。

（二）病原特征

1. 病原种类

梨黑斑病病原菌为链格孢属真菌（*Alternaria* spp.），属于子囊菌门格孢腔菌目格孢腔菌科无性型真菌（anamorphic fungi）。1920年Nagano报道了梨黑斑链格孢（*A. gaisen*），1933年Tanaka报道菊池链格孢（*A. kikuchiana*）为日本梨黑斑病的病原菌。此后，各国学者都将菊池链格孢作为梨黑斑病病原菌的学名。魏景超（1979）认为菊池链格孢和梨黑斑链格孢是梨黑斑病病原菌的两个不同种。Simmons和Roberts（1993）从东亚地区和美国的部分州采集大量梨黑斑病样品，共分离获得500多个链格孢菌株，根据平板计数琼脂（PCA）培养基产孢表型将所有菌株分为6个组，用寄主转化型毒素对其进行检测，证明第二组的绝大多数菌株对梨产生寄主专化型毒素。进一步观察产孢表型后发现，产生寄主专化型毒素菌株的产孢表型与梨黑斑链格孢相同。因此，Simmons和Roberts（1993）将梨黑斑病病原菌的学名定为梨黑斑链格孢，而将菊池链格孢作为它的异名。

互隔链格孢（*A. alternata*）是世界普遍分布的种，在各国进出口贸易中没有被列为检疫性有害生物，而梨黑斑链格孢对梨的危害更大，该病原主要分布在亚洲的日本、韩国和中国，常被欧美诸国列为进境检疫对象。目前，世界各国从梨果实上分离到的链格孢共有9个种（Simmons and Roberts，1993）。而在我国发现的有4个种，分别为互隔链格孢（*A. alternata*）（宋博等，2016）、梨黑斑链格孢（*A. gaisen*）（常有宏等，2008）、细极链格孢（*A. tenuissima*）和侵染链格孢（*A. infectoria*）（刘新伟等，2009），美国从我国出口的鸭梨上分离出2个种，分别为鸭梨链格孢（*A. yaliinficiens*）（Roberts and Rodney，2005）、猪笼草链格孢（*A. ventricosa*）（Roberts and Rodney，2007）。

为明确我国梨主产区引起黑斑病的链格孢属（*Alternaria*）真菌种类，华中农业大学近年从我国梨主产区采集黑斑病病样进行组织分离，并利用形态学和分子生物学相结合的方法对获得的菌株进行种类鉴定和致病性验证。通过组织分离和纯化，并根据其菌落形态特征从我国14个省（自治区）梨产区共获得405个链格孢属菌株。形态学观察和多基因（ITS、*GAPDH*、*Alt a1*、*TEF1*、*endoPG*、*His3*）系统发育分析的结果显示，这些菌株分别属于链格孢属的6个种。其中，263个菌株为细极链格孢（*A. tenuissima*），119个菌株为互隔链格孢（*A. alternata*），14个菌株为乔木链格孢（*A. arborescens*），6个菌株为梨黑斑链格孢（*A. gaisen*），2个菌株为棉链格孢（*A. gossypina*），1个菌株为长柄链格孢（*A. longipes*）。将6个种的代表菌株在离体叶片上进行有伤接种的结果显示，它们均可使翠冠致病，但其致病力之间存在差异，均可使桃（*Prunus persica*）和中华猕猴桃（*Actinidia chinensis*）致病，但均不能使柑橘（*Citrus reticulata*）致病。结果表明，引起我国黑斑病的病原菌有细极链格孢、互隔链格孢、乔木链格孢、梨黑斑链格孢、棉链格孢和长柄链格孢6种链格孢属真菌，其中细极链格孢、互隔链格孢为优势种，分别占总分离菌株数的65.9%、28.4%。

2. 生物学特性与致病机制

（1）菌落形态

在 PDA 培养基上对分离纯化得到的链格孢属菌株菌落形态的观察结果显示，所有菌株的菌丝初生无色，后期逐渐变为墨绿色到深灰褐色，菌落边缘整齐，且在培养后期均能产生黑色素和大量绒毛状气生菌丝。不同菌株的菌落形态存在一定的差异，但不能依据菌落形态的变化将这些菌株进行分组。HB-36、SX-28 等部分菌株的产孢量较大，分生孢子着生在气生菌丝上。

（2）在 PCA 培养基上的产孢表型

细极链格孢：分生孢子梗单生或者多根簇生，直立；多直链，少分枝，主链 4～12 个分生孢子，支链 1～3 个分生孢子。链格孢：分生孢子梗的上部形成具有分枝的孢子链，主链较长，大多在 10 个分生孢子以上；支链一般 1～3 个，长 1～5 个分生孢子。乔木链格孢：产生矮树状分枝的分生孢子短链，在一根分生孢子梗上形成具有多次分枝的分生孢子链，且分枝较短。分枝的分生孢子具有 2 至多个产孢顶端，每个顶端都能产生 1 至多个分生孢子。棉链格孢：不分枝的分生孢子链，成熟的分生孢子深褐色、呈梨形。长柄链格孢：不分枝的分生孢子链，分生孢子颜色较浅，呈纺锤形。梨黑斑链格孢：不同的菌株产孢表型不同。CQ-7 等菌株产生矮树状分枝的分生孢子短链；G-6 等菌株产生分生孢子单生、分生孢子梗不分枝的孢子链；CQ-35 等菌株产生不分枝的分生孢子链（图 2-10）。

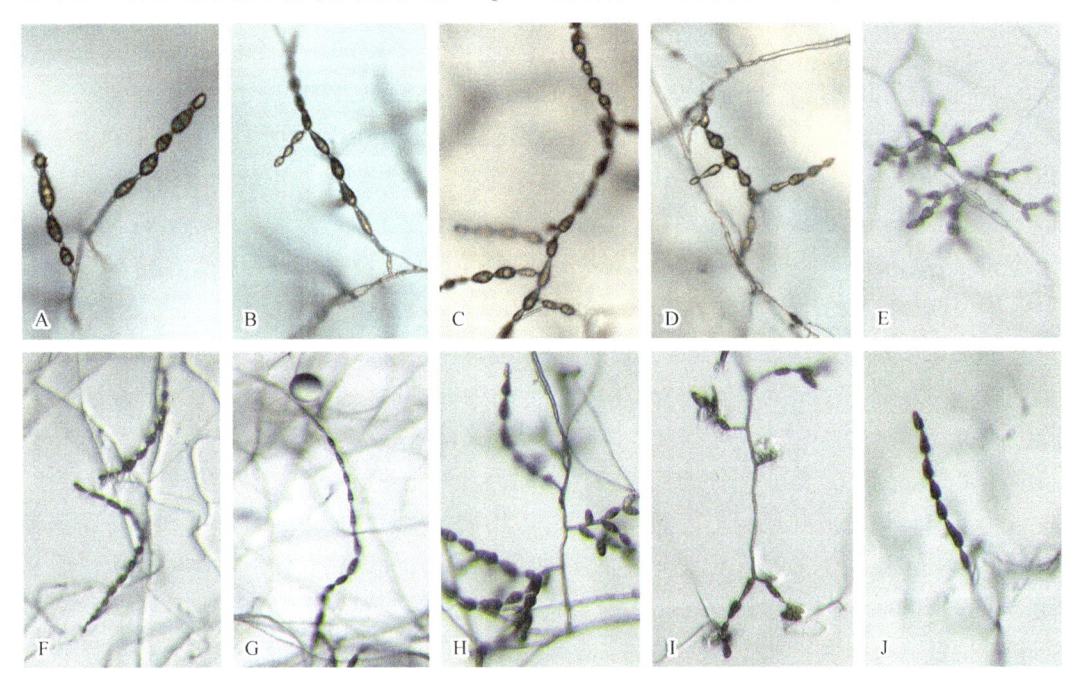

图 2-10 在 PCA 培养基上 6 种链格孢的产孢表型（王国平 拍摄）
A 和 B：细极链格孢（菌株 SX-1、GS-18）；C 和 D：链格孢（SX-2、CQ-3）；E：乔木链格孢（XJ-5）；
F：棉链格孢（SC-5）；G：长柄链格孢（SC-10）；H～J：梨黑斑链格孢（CQ-7、G-6、CQ-35）

（3）分生孢子形态

在 PCA 培养基上对 6 种链格孢代表菌株分生孢子形态的观测结果显示，6 种链格孢的分生孢子大小、分生孢子的横隔数和纵隔数无明显差异，但不同种的分生孢子形状略有差异。链格孢和细极链格孢的孢子主要呈倒棒状或倒梨形，棉链格孢主要呈近球形或椭圆形，长柄链格孢主要呈倒梨形，乔木链格孢主要呈卵形，梨黑斑链格孢主要呈阔倒棒状或倒梨形（图 2-11）。

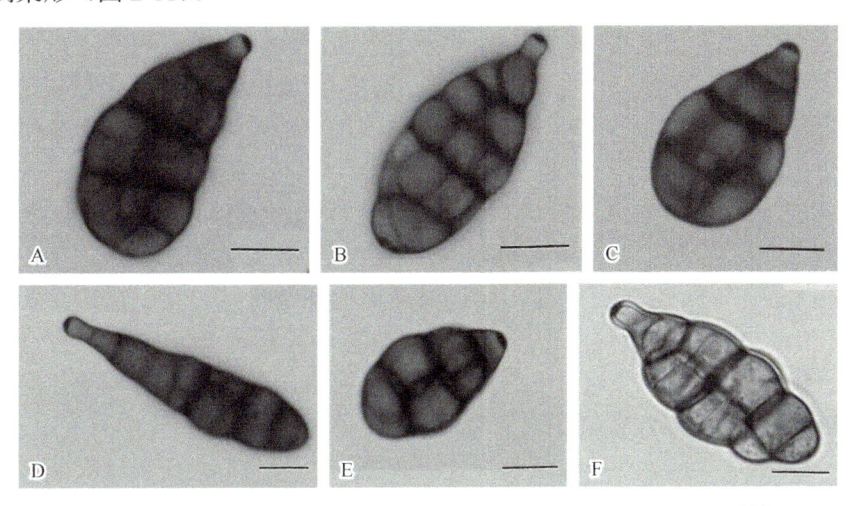

图 2-11　在 PCA 培养基上 6 种链格孢的分生孢子形态（王国平　拍摄）
A：链格孢（CQ-3）；B：细极链格孢（GS-18）；C：棉链格孢（SC-5）；D：长柄链格孢（SC-10）；
E：乔木链格孢（XJ-5）；F：梨黑斑链格孢（CQ-35）。比例尺为 20μm

（4）培养性状

梨黑斑病菌在 PDA 培养基上生长良好，菌丝生长茂盛，开始时乳白色，不久呈灰绿色，有黑色色素沉积。生长最适温度为 25～30℃，最高温度为 36℃，最低温度为 10～12℃。最适 pH 为 5.9。在 5℃左右病菌也能缓慢地生长，所以梨果在储藏期病斑也能缓慢发展。分生孢子形成的最适温度与菌丝发育的最适温度基本相同，荧光灯照射可促进产孢。分生孢子萌发的最适温度为 28～32℃。5℃经 5～10min 病菌失去萌发能力。分生孢子萌发对 pH 的适应范围较广，在 pH 1～13 时均可萌发，当 pH 7～10 时萌发率最高；pH 12 后萌发受到抑制，pH 14 时分生孢子完全受到抑制，不能萌发。在 PSA 培养基上培养的梨黑斑病菌日平均生长速率为 0.4～1.28cm/d，培养 20 天后产孢量为 1.00×10^4～1.01×10^7CFU/mL。

（5）致病机制

1982 年 Nakashima 等从梨黑斑病菌菊池链格孢（*Alternaria kikuchiana*）中分离到寄主专化性毒素（AK-toxin），2000 年 Aiko 研究了控制 AK 毒素合成的基因结构和功能。目前，研究已经证明，AK 毒素可以导致寄主细胞质膜生理和超微结构的损害。当 AK 毒素作用于梨细胞后，先从胞间连丝的作用位点侵入，使细胞质膜发生凹陷，膜对 K^+、

Na$^+$的渗透性增大，膜电势降低；随后毒素作用于核仁、高尔基体、线粒体等细胞器，并发生胞饮作用，同时诱导细胞产生大量糖类，增加细胞的胞外分泌和内吞作用。2002年，Taskeshi等研究发现互隔链格孢（*A. alternata*）日本梨致病型与寄主植物交互作用以及用AK毒素处理感病的梨树叶片，均产生大量活性氧（ROS），表明病菌和寄主细胞相互作用时活性氧的产生可能与感病基因表达有关。

二、分布为害

（一）分布

梨黑斑病是一种世界性病害，尤其在亚洲的日本、韩国和中国南方梨产区发生十分严重，造成梨大量早期落叶、提早落果及果实腐烂。日本于1933年首次报道了梨黑斑病，我国于1935年发现该病。此外，希腊、法国等也有梨黑斑病的报道。阮承莲（2015）在对福建建宁县的梨黑斑病调查时发现，2010~2014年梨黑斑病在各梨园发生偏重，特别是感病的翠冠病叶率达10%，病叶大面积黄化、脱落。在秋季果实采摘后导致梨树发生二次开花，不仅降低了梨树的抗病能力，还严重影响梨树下一年的产量。2003~2004年，中国鸭梨因为发现检疫性梨黑斑病病原菌而被美国和加拿大拒绝进口（Roberts and Rodney，2005）。

（二）为害

梨黑斑病在我国栽培的砂梨（*Pyrus pyrifolia*）、白梨（*P. bretschneideri*）、西洋梨（*P. communis*）和新疆梨（*P. sinkiangensis*）上均有发生，尤以南方梨产区包括湖北、四川、江西、福建、安徽等省份栽培的砂梨品种发病范围和为害程度最重，导致大量早期落叶和果实腐烂。在甘肃、陕西等省份栽培的白梨品种上，梨黑斑病主要为害叶片。而在山东等省份栽培的西洋梨品种上，梨黑斑病则主要为害果实。梨黑斑病在新疆栽培的库尔勒香梨上发病较轻，仅零星发生。

三、流行规律

（一）侵染与传播

梨黑斑病菌以分生孢子及菌丝体在病枝梢、病芽及芽鳞、病叶、病果上越冬。第二年春季产生分生孢子，借风雨传播。分生孢子在水膜中或空气湿度大时萌发，芽管穿破寄主表皮，或经过气孔、皮孔侵入寄主组织内，造成初侵染发病，以后新老病斑上不断产生分生孢子，造成多次再侵染、发病。

呼丽萍等（1995）对花柱的开放程度与黑斑病的侵染率进行了研究，随着花瓣的逐渐开放，侵染率也在相应增加，病原菌能从开放的花瓣侵入。李永才（2000）对苹果梨黑斑病潜伏性侵染途径的研究发现，链格孢在花期和果实发育期均可造成侵染，梨黑斑病菌随着苹果梨花朵的开放逐渐侵入花柱；在果实发育阶段可以通过果皮组织侵入苹果梨而潜伏，在苹果梨上集中侵染部位随着果实发育阶段而不同，初期主要集中于萼端，果梗端最少，到采收期，梗端果皮的带菌率急剧增加，高于萼端和中部，这可能与初期果实萼端朝上、后期果实增重萼端下垂不易黏附露水有关。

一般年份在4月下旬至5月初，平均温度13～15℃时，田间叶片开始出现病斑，5月中旬开始增加，6月多雨季节病斑急剧增加。5月上旬果实开始出现病斑，6月上旬病斑渐多，6月中旬以后果实开始龟裂，6月下旬病果开始脱落，7月下旬至8月上旬病果脱落最多。

（二）流行因素

1. 温度和降雨量

同一地区不同年份之间，梨黑斑病的严重程度常常有明显差异，分析诸气候因素与病情波动的关系，以降雨的影响最为显著。温度和降雨量与梨果发病率密切相关，一般情况下，气温24～28℃，同时连续阴雨，有利于黑斑病的发生与蔓延；气温30℃以上，并连续晴天，病害则停止蔓延。

2. 树势

树势弱、树龄大，则发病重。叶龄小，易感病；叶龄大，潜伏期长；叶龄超过1个月，基本不再感病。叶背比叶面易发病。病菌孢子在叶面的水滴中比在蒸馏水中芽管伸展得长，萌发快，这与叶片上的渗出物，特别是糖分高有密切关系。5月下旬至6月上旬疏果后，在田间20℃条件下，往果实上接种4h后，即可出现小黑点症状，经48h后即可形成分生孢子。果实套袋前如果果面上有很小的病斑，则套袋后病斑扩大缓慢，到6月中旬之后，病斑逐渐开裂，形成裂果和畸形果。此外，果园地势低洼、通风不良、缺肥及偏施氮肥，则发病重。

3. 品种

刘永生等（1995）调查发现金水2号、江岛、今村秋、德胜香、长十郎、黄花、蒲瓜、湘南表现为抗病，柠檬黄、金花、二宫白、金水1号表现为中抗，土佐锦、青云、安农1号表现为感病。李国元（1998）调查发现黄花抗性较强，金水1号、金水2号、晚三吉为中抗。胡红菊等（2002）对368份梨种质资源进行抗性评价，提出杜梨对梨黑斑病的抗性最强，其次为豆梨和砂梨，白梨居中，西洋梨最弱，并筛选出高抗品种德胜香，抗病品种有云绿、回溪梨、松岛、短把早、金水1号、柳城凤山梨、安农1号、杭青。张玉萍（2003）报道日本砂梨品种真寿抗梨黑斑病。盛宝龙等（2004）对80个梨品种进行田间抗性调查，发现砂梨的抗性强于白梨，我国一些传统的梨品种如苍溪梨、富源黄等较感病，而培育的梨新品种如华酥、中翠、黄花等均有较强的抗性。蔺经等（2006）对引进的85份砂梨种质资源进行田间鉴定，筛选出高抗品种奥萨二十世纪和金二十世纪，抗病品种华酥、德胜香、黄花、早美酥、喜水、丰水、寿新水、秋荣、新世纪、黄金、秋黄、圆黄、华山等13个。刘仁道等（2008）对17个梨品种的田间抗性进行研究，提出砂梨系统中早熟品种的抗性相对强于中熟和晚熟品种；白梨系统品种的抗性与熟期呈负相关，早熟品种抗性弱，而晚熟品种抗性相对较强。刘邮洲等（2009）采用田间自然发病和人工接种鉴定方法对16个梨品种进行抗性鉴定，筛选出4个高抗品种，即华酥、黄花、早美酥、丰水。

四、防控技术

梨黑斑病的发生和流行与品种感病性、越冬菌源、气候条件等密切相关，因素复杂。因此，需采取综合防治措施，在加强栽培管理、提高树体抗病能力的基础上，结合清园消灭越冬菌源，生长期结合病情及时喷药，防止病害蔓延成灾。

（一）清园

在梨树萌芽前，剪除树上有病枝梢，清除果园内落叶、落果，集中深埋或烧毁，消灭越冬菌源（图2-12）。

图2-12　清除梨园内的落叶、落果（胡红菊　提供）

（二）栽培抗病品种

在发病重的地区，应避免栽培二十世纪、土佐锦、青云、安农1号等感病品种，可栽培奥萨二十世纪、金二十世纪、华酥、德胜香、黄花、早美酥、喜水、丰水、寿新水、秋荣、新世纪、黄金、秋黄、圆黄、华山等抗病品种。

（三）栽培防治

各地根据具体情况，在果园内间作绿肥，或进行树盘内覆草。增施有机肥，促进根系和树体健壮，增强树体抗病能力。合理使用化肥，果树生长前期以追施氮肥和复合肥为主，中后期控制氮肥施入量，以磷钾肥和全元复合肥为主。对于地势低洼的果园，应做好开沟排水工作。对于历年黑斑病发生严重的果园，冬季修剪时应适当疏枝，增强树冠内通风透光能力，结合夏季修剪做好清除病枝、病叶、病果工作。

（四）果实套袋

落花后 25～40 天，果实套袋可以保护果实免受病菌的侵害，减少黑斑病的病果率。但黑斑病菌的芽管能穿透一般纸袋，所用纸袋应该混药或用石蜡、桐油浸渍后晾干再用（图 2-13）。

图 2-13　果实套袋（王国平　拍摄）
A：纸袋；B：膜袋

（五）生物防治

近年来，由于病原菌抗药性以及农药残留等问题的影响，人们开始寻找安全高效型的生物制剂来防治黑斑病，枯草芽孢杆菌 B-916 菌株与低毒的药剂嘧霉胺进行复配对田间的黑斑病防治效果达 58.26%（常有宏等，2010）。枯草芽孢杆菌 JR-C 菌株可抑制梨黑斑病菌菌丝的正常生长，使其菌丝愈发致密、短粗，分枝也明显减少（杨晓蕾等，2014）。

（六）科学用药

1. 铲除越冬病菌

春季梨树萌芽前，枝干上喷洒 10% 甲硫酮（果优宝）100～150 倍液或 3～5°Be 石硫合剂，杀灭树上的越冬病菌。

2. 喷药时期

在长江流域发病较重的果园，在梨树落花后至梅雨季节结束前，每隔 10～15 天喷药 1 次，共喷 7 或 8 次；在河北省、山东省、北京市日韩梨栽培较多的地区，结合防治其他叶果病害，在梨树落花后和梨果套袋前喷洒杀菌剂 2 或 3 次；之后，在 6 月中下旬及 7~9 月降雨较多时再喷药 3 或 4 次，防治叶部病害。

3. 常用药剂

常用药剂有 10% 宝丽安（多抗霉素）可湿性粉剂，50% 扑海因（异菌脲）可湿性粉剂 1000~1500 倍液，80% 代森锰锌可湿性粉剂 800~1000 倍液，65% 代森锌可湿性粉剂 500 倍液，3% 多抗霉素 400~500 倍液，50% 腐霉利（速克灵）可湿性粉剂 1000~1200 倍液。

撰稿人：王国平（华中农业大学植物科学技术学院）
审稿人：洪　霓（华中农业大学植物科学技术学院）

第四节　梨轮纹病

一、诊断识别

梨轮纹病是由葡萄座腔菌属（*Botryosphaeria*）病原真菌侵染引起的梨树病害，以病害症状特征而得名，又称为"粗皮病"或"轮纹烂果病"。

（一）为害症状

梨轮纹病在梨叶片和果实上均产生轮纹症状，而在梨枝干上则产生轮纹和干腐两种不同的症状（图 2-14）。

1. 叶片轮纹

在叶片上形成近圆形或不规则形病斑，病斑颜色深浅不一，褐色与浅褐色交错形成同心轮纹状，后逐渐变为灰白色，并长出黑色小颗粒（分生孢子器），当叶片上发生许多病斑时，常使叶片焦枯、脱落。

2. 果实轮纹

多在成熟期或储藏期的果实上表现出症状。果实皮孔稍许增大，皮孔周围形成黄褐色或褐色小斑点，有的周围有红色晕圈，微凹陷。病斑扩大后，表皮外观形成颜色深浅相间的同心轮纹，并渗出红褐色黏稠状汁液，皮下果肉腐烂成褐色果酱状。在室内常温下，烂得非常快，几天内果实全部烂掉，流出茶褐色黏液，发出酸腐气味，最后干缩成僵果，表面密生黑色小粒点（分生孢子器）。

3. 枝干轮纹

开始时多在 1~2 年枝条的皮孔上出现症状，皮孔表现为微膨大，隆起。第二年春季，皮孔继续增大，形成小瘤状，同时周围树皮呈现红褐色坏死，微有水渍状，并稍深入表皮下的白色树皮。夏季高温期，病部失水，凹陷，颜色变深，质地变硬，停止扩展。

第二章 梨 病 害

图 2-14 梨轮纹病为害症状（王国平 拍摄）
A：叶片轮纹；B：果实轮纹；C：枝干轮纹；D：枝干瘤皮；E：枝干粗皮；
F：干腐褐色条斑；G：干腐黑色条斑；H：干腐病部龟裂

秋季后病斑继续向周围和深层活树皮上扩展、蔓延，并在春季发病坏死的树皮上出现稀疏的小黑点（分生孢子器）。第三年春季，气温回升后，坏死树皮上的病菌又继续扩展，病斑范围进一步扩大加深，病瘤进一步变大、增厚，一些病斑互相融合，形成粗皮，降雨或空气湿度大时，在病瘤周围的病皮上的小黑点出现裂缝，从中涌出白色的分生孢子团。病部底层出现黄褐色木栓化愈伤组织，病、健树皮交界处出现裂缝，边缘开始翘皮。之后，病皮周围愈伤组织形成不好的部位继续扩展，发病范围继续扩大，并继续互相融合，树皮更为粗糙，明显削弱树势。病皮上的小黑点不断增多。发病七八年后，树体生长明显受阻，严重时枝条枯死。

4. 枝干干腐

在苗木、幼树、土层薄的砂石山地等根系发育不良的梨园，枝干树皮上出现黑褐色、长条形病斑。初期表面略湿润，病皮质地较硬，暗褐色，扩展很快，多烂到木质部。后期病部失水凹陷，周围龟裂，病皮表面密生黑色小颗粒（子座）。当病斑超过枝干茎粗一半时，上面的枝叶萎蔫、枯死。

（二）病原特征

1. 病原种类

迄今为止，许多葡萄座腔菌属（*Botryosphaeria*）真菌被报道能够侵染梨树，导致病害（Crous et al.，2000；Zhou et al.，2001；Slippers et al.，2007；Tang et al.，2012）。在日本、韩国和中国，导致梨轮纹病、梨干腐病的病原菌被认为分别是贝格莱葡萄座腔菌（*B. berengeriana*）、贝格莱葡萄座腔菌梨专化型（*B. berengeriana* f. sp. *piricola*）（Koganezawa and Sakuma，1984；陈策，1999）。然而，在南非、澳大利亚、巴西和阿根廷，类似症状的病害被称为白腐病（white rot disease），其病原被认为是茶藨子葡萄座腔菌（*B. dothidea*）（Melzer and Berton，1988；Jones and Aldwinckle，1990；Kim et al.，2001；Slippers et al.，2004）。有研究表明，茶藨子葡萄座腔菌和贝格莱葡萄座腔菌的分子特征是一致的，因此它们应该是同物异名（Slippers et al.，2004；Tang et al.，2012）。钝形葡萄座腔菌（*B. obtusa*）主要分布在热带和温暖的温带地区（Drake，1971），能够引起梨叶片灰斑病、果实黑腐病和枝干溃疡病（Crous et al.，2000；Biggs and Miller，2004）。另外的研究表明，帕尔瓦葡萄座腔菌（*B. parva*）和玫瑰醛葡萄座腔菌（*B. rhodian*）也可导致梨果实腐烂、枝干溃疡枝枯症状，其中，帕尔瓦葡萄座腔菌仅在印度被报道（Gabr et al.，1990；Shah et al.，2010，2011），而玫瑰醛葡萄座腔菌主要分布在欧洲和美国（Slippers et al.，2007；McDonald et al.，2009；Shen et al.，2010）。

由于葡萄座腔菌属真菌在自然和人工培养条件下均很难观察到有性形态，所以鉴定和分类该属真菌主要根据分生孢子器和分生孢子形态（Slippers et al.，2004；Crous et al.，2006）。随着分子生物学技术在真菌种类鉴定中的使用，越来越多的真菌保守基因组序列被用于鉴定病原真菌种类，如 rDNA 转录间隔区（ITS）序列、β-微管蛋白（β-tubulin）、延伸因子 1α（EF-1α）、肌动蛋白基因（actin gene）等，分子生物学结合生物学和形态学被广泛用于真菌物种鉴定（Zhou et al., 2001; Phillips et al., 2007; Tang et al., 2012; Xu et al., 2015）。

在中国多数梨和苹果主栽区，导致梨和苹果轮纹病与干腐病的病原菌被认为是茶藨子葡萄座腔菌（Tang et al., 2012）。该病菌在湿润条件下引起苹果轮纹症状，而在干旱条件下引起苹果干腐症状。Zhai 等（2014）系统研究了我国梨上的葡萄座腔菌属病原菌种类的多样性及其接种后所表现出的症状间的相关性。从我国 20 个省（市）梨主栽区采集表现轮纹或干腐症状的病斑组织，通过组织分离法共得到 243 份原始菌株，将其中 129 份经过单菌丝纯化后得到 131 株纯化菌株。根据菌株的形态学特征并结合其 ITS、β-微管蛋白和 EF-1α 序列分析，可将上述纯化得到的葡萄座腔菌属真菌分为茶藨子葡萄座腔菌（*B. dothidea*）、帕尔瓦葡萄座腔菌（*B. parva*）、玫瑰醛葡萄座腔菌（*B. rhodian*）、钝形葡萄座腔菌（*B. obtusa*）4 种。通过分析菌株的种类来源与其分布的关系，发现除来源于新疆和甘肃的样品上没有分离得到葡萄座腔菌属真菌外，其他地区的样品均分离得到了该属真菌，但数量和分类上存在差异，其中茶藨子葡萄座腔菌为梨上的优势种类，而且北至吉林，南至云南均有分布，显示出其对不同地理环境的适应性。而且菌株的分类与其症状之间也存在相关性，在表现轮纹症状的病斑上只分离得到了茶藨子葡萄座腔菌，而在表现干腐症状的病斑上却分离得到了茶藨子葡萄座腔菌、帕尔瓦葡萄座腔菌、玫瑰醛葡萄座腔菌、钝形葡萄座腔菌。选取茶藨子葡萄座腔菌、帕尔瓦葡萄座腔菌、玫瑰醛葡萄座腔菌、钝形葡萄座腔菌的代表菌株分别接种梨 1 年枝条，结果表明，接种茶藨子葡萄座腔菌菌株的枝条表现干腐症状和疣状突起症状，而接种其他 3 种菌株的枝条只表现干腐症状，这些不同种类菌株对梨枝条的侵染条件也存在差异，其中，茶藨子葡萄座腔菌和帕尔瓦葡萄座腔菌的菌株无伤接种与有伤接种均能导致接种部位产生症状，而玫瑰醛葡萄座腔菌和钝形葡萄座腔菌的菌株只能通过伤口侵染使接种部位表现症状。当上述菌株接种离体梨成熟果实时，帕尔瓦葡萄座腔菌、玫瑰醛葡萄座腔菌、钝形葡萄座腔菌菌株所造成的病斑显著大于茶藨子葡萄座腔菌菌株所产生的病斑。因此，葡萄座腔菌的侵染途径与不同种病菌对梨的危害可能存在差异。

2. 菌落和分生孢子形态

茶藨子葡萄座腔菌为梨轮纹病和梨干腐病常见的病原菌，而帕尔瓦葡萄座腔菌、玫瑰醛葡萄座腔菌、钝形葡萄座腔菌则仅引起梨干腐病。4 种葡萄座腔菌的培养特性和形态特征存在明显差异（图 2-15）。

（1）茶藨子葡萄座腔菌（*B. dothidea*）

Ⅰ型菌株在 PDA 培养基上具有较短的、密集的气生菌丝，且气生菌丝在培养基表面呈轮纹状。其菌落在培养初期为白色，5 天后从菌落的中间产生墨绿色的色素，而后向边缘扩展，整个菌落逐步变成黑绿色，培养 30 天后，菌落背面呈深黑色，气生菌丝为灰白色。Ⅰ型菌株的分生孢子器形成慢且稀少，孢子器黑色，多为单生，分生孢子少见泌出，少数菌株能够从孢子器顶端单孔泌出乳白色的点状孢子角。分生孢子呈纺锤形或梭形、透明、单胞。分生孢子长 13.21～33.57μm，宽 4.28～9.51μm。

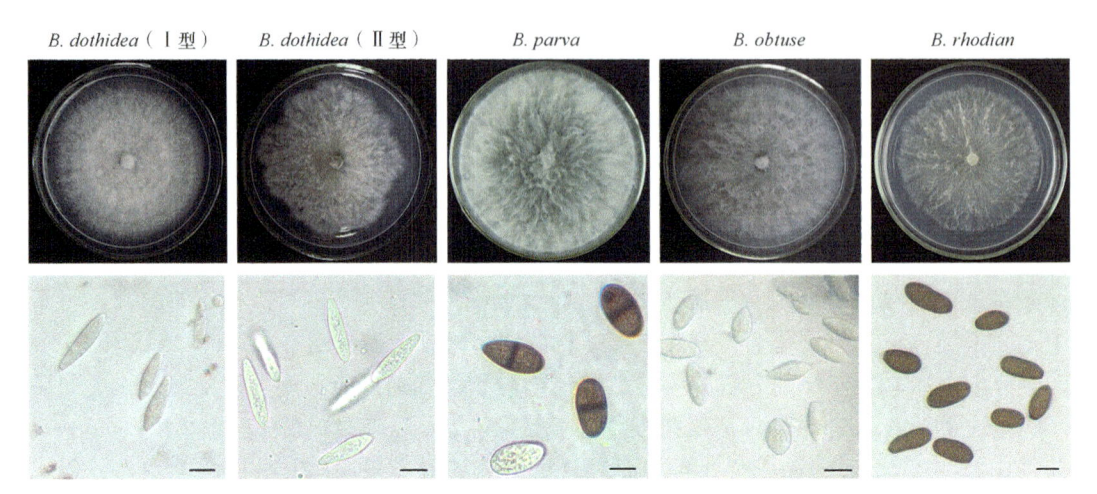

图 2-15　4 种葡萄座腔菌的菌落与分生孢子（王国平　拍摄）

第二排分生孢子图的比例尺为 10μm

Ⅱ型菌株菌丝在 PDA 培养基表面呈向外放射状排列，气生菌丝较Ⅰ型菌株的气生菌丝长，但较为稀疏。菌落为浅灰色，菌落边缘有缺刻，呈不整齐生长，培养 3 天后从菌落的中间产生墨绿色的色素，而后向边缘扩展，整个菌落逐步变成黑绿色，培养 30 天后，菌落背面呈深黑色，气生菌丝为灰色。菌株分生孢子器的形成较Ⅰ型菌株的分生孢子器时间快且数量多，孢子器黑色，多个分生孢子器聚生成团。能够从孢子器顶端单孔或多孔泌出乳白色的点状分生孢子角，分生孢子呈纺锤形或梭形、透明、单胞。分生孢子长 13.76~28.00μm，宽 3.87~8.37μm。

（2）帕尔瓦葡萄座腔菌（*B. parva*）

菌株在 PDA 培养基上的气生性最强，气生菌丝白色，浓密呈束状，直立放射状生长。菌落生长快，接种后 2 天就能长满 PDA 培养基平板，气生菌丝尖端已接触培养皿盖，有些菌株在培养基中心能产生浅黄色或黄绿色色素，培养 30 天后，菌落背面呈黑色、正面呈深灰色，但气生菌丝尖端仍为白色。该组菌株的分生孢子器位于培养基表面，平板中间分布较少且单生，平板边缘则多个孢子器聚生，成熟的孢子器能泌出乳白色的分生孢子角。分生孢子的顶端圆形，基部平截，初期无色透明，无隔膜，呈椭圆形，成熟后变成深褐色，在分生孢子中间形成一横隔，并且在表面形成纵纹，此纵纹能够连接分生孢子横隔及两端。分生孢子长 17.12~31.70μm，宽 11.41~18.45μm。

（3）钝形葡萄座腔菌（*B. obtuse*）

菌株在 PDA 培养基上气生菌丝呈束状直立生长，但气生性较帕尔瓦葡萄座腔菌菌株弱。培养 2~3 天菌丝尖端已接触培养皿盖，开盖后气生菌丝易倒伏。菌落初期白色，放射状，后期变成灰白色，菌落背面变黑。分生孢子器均产生在培养皿的边缘，孢子器黑色，少数埋生，能够泌出乳白色的分生孢子角。分生孢子透明，无隔膜，椭圆形，孢子顶端圆弧形，基部平截。分生孢子长 11.00~28.31μm，宽 4.82~9.46μm。

（4）玫瑰醛葡萄座腔菌（*B. rhodian*）

菌株在 PDA 培养基上气生性最弱，开盖后气生菌丝极易倒伏，以至于看不到气生菌丝。菌落初期白色，呈放射状生长，后期气生性消失，菌落正面和背面均为黑色。分生孢子器小而多，在培养基表面 7 天左右就可以形成，多埋生，分生孢子角不易泌出。分生孢子椭圆形，无隔膜，红褐色，顶端钝圆，基部平截。分生孢子长 12.10～26.27μm，宽 6.63～14.70μm。

3. 培养性状

病原菌在 PSA 培养基上生长良好，生长温度为 15～32℃，最适温度为 27℃左右。菌丝白色至青灰色，后变成黑灰色，菌丝茂盛。在培养基上形成分生孢子器的最适温度为 27～28℃，用 360～400nm 短光波的荧光灯连续照射 15 天左右，可产生大量分生孢子器和分生孢子，而在无光照条件下，很难形成分生孢子器。

4. 分生孢子的萌发条件

病原菌的分生孢子在清水中可萌发。萌发率与温度有关，25～30℃时，2h 后萌发率为 17%～20%，28℃萌发最快；其次为 30℃和 25℃；25℃以下时，萌发率逐渐降低，15～20℃时 2h 不萌发。分生孢子在 1% 葡萄糖液中可促进萌发。分生孢子液一旦干燥，萌发率则明显降低，6h 后可降低 1/2，经 1h 日光照射后约降低 1/3。在分生孢子萌发过程中，一般在孢子的一端或两端各长出一个芽管，有时在孢子的腹部还能长出一个芽管。

二、分布为害

（一）分布

梨轮纹病在各梨产区均有发生，其中以山东、江苏、浙江、上海、安徽、江西、云南、四川、河北、辽宁等地发生较重，近年来各地发病有加重的趋势，日本梨品种发病尤为严重。20 世纪 70 年代以来，随着富士和金冠等优质、感病品种的推广，轮纹病造成的大量烂果已成为生产上的突出问题。河北鸭梨及雪花产区，曾几度严重发生梨轮纹病，损失惨重。该病除为害梨外，还可为害苹果、桃、杏、花红、山楂、枣、核桃等多种果树。

梨干腐病多在北方梨产区发生，尤以土质瘠薄、干旱山坡沙石地的梨园发生较重。干腐病也为害梨果实，造成果实腐烂，症状同梨轮纹病。

（二）为害

梨轮纹病和梨干腐病是我国梨产区的重要病害。长期以来，在我国梨产区，这两种病害地域分布和症状特征不同，梨轮纹病可为害梨的叶片、枝干和果实，在我国南、北方梨产区均常发生，而梨干腐病很少为害梨的叶片，主要发生在北方梨产区，一直被认为是两种不同的病害。目前研究已证实，这两种病害实际上是由同一种病原菌所致，为同一病害的两种不同症状表现。两者为害梨枝干所显现出的症状明显不同，但两者为害果实造成的症状相同。

为害梨枝干的轮纹病也称为梨粗皮病、梨瘤皮病，为害梨果实的轮纹病也称为梨果实轮纹病、梨轮纹烂果病。枝干发病后，造成树皮皮孔增生，形成病瘤，病瘤和周围树皮坏死，极为粗糙，有的深达木质部，影响树体的养分和水分运输及储藏功能，明显削弱树势，重者造成死枝死树。为害果实时，造成梨果腐烂，不能食用。感病品种在病害发生严重年份，采收时的病果率可达30%～50%，储藏1个月后基本没有健果，几乎全部烂掉。

三、流行规律

（一）侵染与传播

1. 病原菌越冬及分生孢子的释放

病原菌以菌丝体和分生孢子器在病部越冬，为第二年的初侵染源。在上海梨产区，一般在3月下旬田间开始散发分生孢子，4月中下旬散发量增多，5～7月散发量最多。在山东莱阳梨产区，4月下旬至5月上旬降雨后就开始散发分生孢子，6月中旬至8月中旬为散发盛期。

（1）分生孢子散发时间

一般情况下，当树皮上积水使其表层充分湿润后，病菌即可释放分生孢子。天气干旱时，田间很少能收集到分生孢子。在田间，枝干上的新病皮和旧病皮上的分生孢子器开始散发分生孢子的时间不同，旧病皮上的分生孢子器散发分生孢子时间早，新病皮上的分生孢子器散发分生孢子时间晚。

（2）分生孢子散发数量

发病2～3年的病枝孢子器产孢量最多，发病5年病枝的产孢量其次，9年病枝还能产孢，13年以上旧病枝上的分生孢子器不再产生分生孢子。降雨量在2～3mm时，孢子释放量与降雨时间无关，分生孢子都很少；一次性降雨7mm以上时，降雨时间越长，散发的分生孢子越多。降大雨时，雨水中的孢子数量反而减少，当一次性降雨达100mm以上时，雨水中反而没有分生孢子。因此，每次的降雨量和雨日数是影响孢子释放量的两个决定性因素。小雨、连阴雨的天数多，病菌的释放总量也多。

2. 病原菌的传播与侵入

田间散发的分生孢子随风雨传播，传播距离多为5～10m，10m以上明显减少，在风雨较大时，也可传播到20m以上。因此，在病重梨园下风向新建梨园，离病株越近的树发病越重。随风雨传播的分生孢子，着落在有水膜的幼嫩枝条和果实上，在合适的温度下经过一定时间后萌发，从枝条或果实的气孔及未木栓化的皮孔侵入。采用果实套袋分期暴露方法的试验结果表明，轮纹病菌多从落花后2周左右开始侵入果实，至7月中旬为侵染率较高时期，7月下旬至8月中旬渐少，8月中旬后很少再有侵染。病菌侵入后在皮孔的周皮中以菌丝形态潜伏，待果实近成熟时才开始扩展发病。

新梢的侵染时间从5月开始至8月结束，以腋芽附近为多。侵入后经90～120天的潜伏，自9月上旬侵入部位开始出现膨大，10月下旬膨大停止。膨大部分树皮组织细胞增生，细胞间充满菌丝，之后增生组织死亡。病原菌主要通过皮孔侵染枝干，一般认为，病菌侵入寄主组织后，诱发症状需要较长时间，具有潜伏侵染的特点。茶藨子葡萄座腔菌如何诱导植物组织产生疣状症状？Guan等（2015）认为与病菌侵染途径及侵入后与寄主的相互作用有密切关系，皮孔和伤口是该病菌侵入的重要途径。张高雷等（2011）的组织学研究表明，苹果轮纹病菌侵染枝条后引起寄主皮层细胞增生从而形成病瘤，病瘤外围细胞木栓化，最终导致病、健交界处开裂，产生马鞍状翘起，形成典型的枝干轮纹症状。顾雪迎等（2015）研究认为苹果果实表面的皮孔和微伤口与茶藨子葡萄座腔菌的侵入密切相关。Tang等（2012）的研究表明，茶藨子葡萄座腔菌在湿润条件下引起苹果轮纹症状，而在干旱条件下引起苹果干腐症状。

叶片多从5月开始发病，以7～9月为多。以往叶片发病很少，受害较轻，近些年叶片发病有明显增多趋势。

（二）流行因素

1. 品种

西洋梨品种最感病，砂梨品种居中，秋子梨品种较抗病。在中国梨中，白梨、京白梨、鸭梨、酥梨、南果梨等品种发病较重，严州雪梨、莱阳梨、苹果梨、三花梨等发病较轻，秋子梨中的花盖梨及库尔勒香梨、金花4号等很少发病。在日本梨中，果实发病重的品种有八云、幸水、云井、君塝早生、石井早生、新世纪、早生赤、长十郎、二十世纪、晚三吉，博多青发病较轻，今春秋较抗病。西洋梨系统的许多品种及杂交后代发病相当严重。

2. 树势

树势强发病轻，树势弱发病重。果园土壤瘠薄、黏重、板结、有机质少，根系发育不良，负载量过多，偏施氮肥等，均可导致枝干轮纹病严重发生。

3. 雨水

在北方梨产区春季和秋季干旱时，枝干干腐病常大量发生，降透雨后发病停止。苗木和幼树新根未发育好时干旱，常造成大量死苗。土壤黏重和土壤瘠薄的果园发病重。

四、防控技术

（一）清除病源

1. 清园

春季梨树萌芽前结合清园扫除落叶、落果，剪除病梢、枯梢，集中烧毁。刮除枝干病斑；枝干用药，休眠期喷施铲除性药剂，直接杀灭枝干表面越冬的病菌，可明显降低果园菌量；常用药剂有95%索利巴尔、40%石硫合剂结晶、5°Be石硫合剂等；清理枯死枝。

2. 剔除带病苗木

梨轮纹病菌分生孢子自然传播距离有限，应在远离病株的地方育苗，减少苗木带菌概率。在栽树前，应对苗木严格检查，剔除带病苗木。

（二）栽培防治

梨轮纹病菌是一种弱寄生菌，在树体生活力旺盛时，枝干病害很轻，因此要加强梨园的土、肥、水管理，科学使用化肥，适当结果，保持树体健壮，提高抗病能力。

在生长高档果的梨园，梨树生理落果后，可对果实进行套袋，对减少梨轮纹病效果明显，同时能减少梨果的农药残留。

（三）科学用药

萌芽前，全树喷洒10%果康宝膜悬浮剂100～150倍液，或3～5°Be石硫合剂。从梨树落花后开始，根据降雨情况及时喷药。采收前喷药，生产中主栽品种在采收前很少发病，病菌在皮孔周围潜伏，采收前使用1～3次高浓度的内吸性药剂，有可能铲除部分皮孔中潜伏的梨轮纹病菌，降低采收后的发病率。比较有效的配方是85%疫霜灵400倍液+50%多菌灵可湿性粉剂500倍液+助杀或害立平1000倍液。果实套袋落花后喷施1～3次80%大生M-45或80%喷克等，同时进行疏果、定果，定果后实行果实套袋，减轻梨轮纹病的效果明显，同时能减少梨果的农药残留。

（四）枝干干腐防控

1. 梨园干旱时浇水

没有浇水条件的果园，应加强土壤保水保肥能力，深翻树盘，活化根系层土壤，增加有机质含量，多施有机肥，翻压绿肥。

2. 病皮部位涂抹药液

由于梨树抗病能力较强，干腐病多限于树皮表层，可采取不刮皮，直接对病皮部位涂抹10%果康宝膜悬浮剂20倍液，使病皮自然脱皮、翘离，下面自动长出好皮的方法进行防治。

撰稿人：王国平（华中农业大学植物科学技术学院）
审稿人：洪　霓（华中农业大学植物科学技术学院）

第五节 梨炭疽病

一、诊断识别

梨炭疽病是由刺盘孢属（*Colletotrichum*）病原真菌侵染引起的梨病害，以病原菌类群而得名。

（一）为害症状

梨炭疽病主要为害梨的叶片和果实，在叶片和果实上均可产生两种不同的症状，即轮纹状坏死斑症状和黑点症状（图2-16）。梨炭疽病的症状表现常因发生年份、发生地区及品种的不同而异，但有时在田间一片叶片或一个果实上同时存在这两种症状。

1. 果实发病

（1）轮纹状坏死斑症状

发病初期，果面上出现淡褐色水渍状小圆点，后逐渐扩大，色泽加深，软腐凹陷。病斑表面颜色深浅相同，具明显同心轮纹。病皮下形成无数小粒点，略隆起，初褐色，后变黑色，排成同心轮纹状，为病菌的分生孢子盘。在温暖潮湿条件下，分生孢子盘突破表皮，涌出粉红色黏质物，为病菌的分生孢子。病斑不断扩大，从果肉烂到果心，烂果肉呈圆锥形腐烂。烂果肉褐色，有苦味。烂果常落果，或大半个果烂掉，在树上干缩成病僵果。一个病果上面病斑数量不等，少则一两个，多则十来个。

（2）黑点症状

病斑直径≤1mm，随后斑点数量不断增多，但斑点大小不变。

2. 叶片发病

（1）轮纹状坏死斑症状

在叶面产生褐色圆形病斑，后变成黑色，常具同心轮纹，严重时互相融合，成为不规则形褐色斑块，上生黑色小粒点，天气潮湿时，产生红色黏液。

（2）黑点症状

发病初期，叶片上出现黑色针尖状斑点，病斑直径≤1mm，之后斑点数量不断增多，但斑点大小不变，后期病叶褪绿、黄化，且出现"绿岛效应"，4～5天叶片脱落。

（二）病原特征

1. 病原种类

梨炭疽病（pear anthracnose）是由刺盘孢属真菌（*Colletotrichum* spp.）引起的病害。

图 2-16 梨炭疽病为害症状(王国平 拍摄)
A：叶片黑点症状；B：叶片轮纹状坏死斑症状；C：轮纹状坏死斑与分生孢子盘；D：造成大量早期落叶；
E：果实轮纹状坏死斑症状；F：病部产生粉红色黏质物；G：果实黑点症状

起初，关于梨炭疽病害的研究比较匮乏，而且多依赖形态学或 ITS 序列进行病原鉴定。Kim 等（2007）通过形态学和培养特性分析，认为引起亚洲梨炭疽病的病原是尖孢刺盘孢（*C. acutatum*）。吴良庆等（2010）通过对病原菌的 ITS 序列分析并结合形态学和致病性，认为我国酥梨炭疽病的病原为胶孢刺盘孢（*C. gloeosporioides*）。刘邮洲等（2013）对我国江苏丰县果园的炭疽病进行调查采样，通过对病原菌进行形态学观察和致病性测定，认为胶孢刺盘孢为当地炭疽病的病原。

近些年，随着多基因系统学被用于刺盘孢属真菌的分类中，极大地提高了鉴定的准确性和可靠性。Damm 等（2012）和 Weir 等（2012）基于多基因系统发育分析并结合形态学特征，明确了砂梨和西洋梨上炭疽病的病原有 6 种，分别是胶孢刺盘孢复合种（Gloeosporioides，使用正体拉丁文表示复合种）中的隐秘刺盘孢（*C. aenigma*）和果生刺盘孢（*C. fructicola*），尖孢刺盘孢复合种（Acutatum）中的尖孢刺盘孢、松针刺盘孢（*C. fioriniae*）、*C. pyricola* 和杨柳刺盘孢（*C. salicis*）。Li 等（2013）和 Jiang 等（2014）通过多基因系统发育分析并结合形态学特征等方法鉴定，明确引起我国砀山酥梨的炭疽病病原为果生刺盘孢。Zhang 等（2015）从我国福建 30 个梨园采集炭疽病病害样品，通过 ITS、*ACT*、*TUB*、*CHS-1*、*GAPDH* 和 *ApMat* 联合的系统发育分析、形态学观察并完成科赫法则验证，明确引起福建砂梨叶片上黑点症状炭疽病的病原为果生刺盘孢。

虽然梨炭疽病的病原鉴定已经取得一些进展，但是以上有关梨炭疽病的研究均缺乏系统性的取样调查和研究，无法对梨炭疽病病原做出明确、全面的结论。而炭疽病一直制约梨产业的发展，因此急需对我国梨炭疽病病害进行系统性的取样调查，明确其所致田间症状类型、病原种类及优势种，为梨炭疽病病害的田间诊断及防治提供重要依据。Fu 等（2019）在 2014~2016 年从我国 7 个省的主要梨产区采集表现炭疽病症状的样品，通过组织分离法和单孢分离法共获得 488 个刺盘孢菌株。根据初步的形态学观察及 ITS 序列分析，并结合其田间症状表现及来源的地区与梨种的不同，选取其中的 90 个作为代表菌株进行多基因（*ACT*、*TUB2*、*CAL*、*CHS-1*、*GAPDH* 和 ITS）系统发育学和形态学分析，结果显示这些菌株分别归属于刺盘孢属的 12 个种，其中隐秘刺盘孢、松针刺盘孢、果生刺盘孢、胶孢刺盘孢 4 个种为已知种，金水刺盘孢（*C. jinshuiense*）和砂梨刺盘孢（*C. pyrifoliae*）2 个种为新报道种，梨为 *C. citricola*、*C. conoides*、喀斯特刺盘孢（*C. karstii*）、*C. plurivorum*、暹罗刺盘孢（*C. siamense*）、无锡刺盘孢（*C. wuxiense*）这 6 个已知种的新寄主。田间症状系统观察结果显示，我国梨产区炭疽病的症状表现大致可分为 5 种不同类型，包括果实黑点和轮纹状坏死斑，叶片轮纹状坏死斑、灰斑和黑点。研究发现，在不同地区和不同梨种上引起炭疽病的病原种类组成有异，砂梨和白梨上果生刺盘孢为优势种，其在除山东以外的所有调查省份均有分布；西洋梨上暹罗刺盘孢为优势种，主要分布于山东。从以上 12 种炭疽病菌中选取 13 个代表菌株，以离体翠冠叶片和黄冠果实为接种材料进行致病性实验，结果显示有伤接种均能致病，而无伤接种多数菌株发病较晚或不发病，表明刺盘孢属真菌多数为弱寄生菌并存在典型的潜伏侵染特性，且不同种的潜伏期有异。此外，果生刺盘孢菌株 PAFQ31 在接种叶片和果实上产生黑点，而菌株 PAFQ32 在接种叶片和果实上形成凹陷坏死斑，表明果生刺盘孢存在两种不同致病类型的菌株。进一步选取 43 个代表菌株，以黄冠果实为接种材料进行致病力评估，结果显示刺盘孢属种间的致病力明显不同，同种的不同菌株其致病力亦有差异。这表明来源于我国不同地区和梨种的炭疽病菌之间存在明显的致病力分化。

2. 多基因系统发育分析

Fu 等（2019）从 295 份具有炭疽病发病症状的梨样品中共分离得到 488 个刺盘孢属分离株。根据分离株在 PDA 培养基平板上的菌落特点、分生孢子形态，并结合 ITS 分子鉴定结果，将所有分离物分成 6 个组群。其中，包含 404 个分离株的组群一属于胶孢刺盘孢复合种（Gloeosporioides），大部分分离株菌落的颜色从灰色至黑褐色，生长迅速，且产生圆柱状、两端钝圆的分生孢子（Weir et al., 2012）；有 52 个分离株产生梭状的分生孢子，这个特征是尖孢刺盘孢复合种（Acutatum）中许多种的典型特征，菌落颜色为红色，生长较缓慢，被划分到组群二中（Damm et al., 2012）；组群三包含 20 个分离株，菌落土黄色，分生孢子基部有疑似脐状突起，这是柏林刺盘孢复合种（Boninense）的典型特征（Damm et al., 2012）；组群四只有 5 个分离株，其分生孢子形态为弧状，菌落颜色为墨绿色至黑色，生长较缓慢；组群五包含 2 个分离株，菌落颜色棕色至深棕色；剩余的 5 个分离物被划分到组群六，菌落颜色灰绿色至墨绿色。基于菌株的形态学特征、ITS 序列鉴定结果、田间症状表现及来源的地区与梨种的不同，选取了 90 个代表菌株，并分别扩增了其 *ACT*、*TUB2*、*CAL*、*CHS-1*、*GAPDH* 和 ITS 序列，并从 GenBank 数据库下载 181 株刺盘孢属真菌（其中 113 株为模式种）的相应序列作为参考序列进行多基因系统发育分析。结果显示，本研究中刺盘孢属真菌聚集到 5 个刺盘孢复合种（Gloeosporioides、Acutatum、Boninense、Dematium、Orchidearum）和 1 个单独分类群中。

（1）胶孢刺盘孢复合种

对初步鉴定为胶孢刺盘孢复合种（Gloeosporioides）的 50 个菌株，分别扩增了 *ACT*、*TUB2*、*CAL*、*CHS-1*、*GAPDH* 和 ITS 序列，选择 61 个刺盘孢属真菌的相应序列作为参考序列，按顺序（*ACT-TUB2-CAL-CHS-1-GAPDH*-ITS）将其 6 个基因序列首尾相连进行拼接（Weir et al., 2012），以柏林刺盘孢（*C. boninense*）菌株 CBS 123755 作为外群，进行多基因系统发育分析。6 个基因合并的数据集共有 2163 个碱基（包含比对产生的空缺），其中有 1530 个保守碱基位点、372 个可变位点、261 个简约信息位点。在贝叶斯系统发育分析中，对以上 6 个基因分别确定各自的最佳核苷酸替代模型。其中，ITS 和 *CAL* 基因选用 GTR+I+G 模型，*ACT*、*GAPDH*、*TUB2*、*CHS-1* 基因分别选用 GTR+G、HKY+G、SYM+G、K80+I 模型。结果表明，50 个菌株属于胶孢刺盘孢复合种的菌株聚成 6 个分化支。其中，14 个菌株与果生刺盘孢成群聚集；分别有 11 个菌株与隐秘刺盘孢、胶孢刺盘孢和暹罗刺盘孢成群聚集；1 个菌株与 *C. conoides* 聚合；2 个菌株与无锡刺盘孢的亲缘关系最近，但是两者在遗传距离上存在一定的差异。为明确本实验两个菌株（PAFQ53 和 PAFQ54）与无锡刺盘孢的亲缘关系，挑选本实验确定为胶孢刺盘孢复合种的 15 个代表菌株和 42 个参考菌株进行 *ApMat* 和 *GS* 基因联合的系统发育分析。基于 *ApMat* 和 *GS* 基因的系统发育分析结果，菌株 PAFQ53 和 PAFQ54 与 CGMCC 3.17894 成群聚集，表明其为无锡刺盘孢。各菌株聚类结果与六基因的系统发育分析结果基本一致，但暹罗刺盘孢分类群中菌株的聚类却比较混乱。可以看出属于暹罗刺盘孢的菌株分成两个单独的分化支，表明其为两个种，但 Liu 等（2015）基于谱系一致性系统发育识别准则和多种方法，证明暹罗刺盘孢为单一物种。因此，*ApMat* 和 *GS* 基因尚不能对所有属于胶孢刺盘孢复合种的菌种进行准确鉴定。

（2）尖孢刺盘孢复合种

对初步鉴定为尖孢刺盘孢复合种（Acutatum）的 15 个菌株，分别扩增了 *ACT*、*TUB2*、*CHS-1*、*GAPDH* 和 ITS 序列，选择 36 个刺盘孢属真菌的相应序列作为参考序列，按顺序将其 5 个基因序列首尾相连进行拼接，以 *C. orchidophilum* 菌株 CBS 632.80 作为外群，进行多基因系统发育分析。基因合并的数据集共有 1618 个碱基，其中有 1229 个保守碱基位点、192 个可变位点、197 个简约信息位点。在贝叶斯系统发育分析中，对以上 5 个基因分别确定各自的最佳核苷酸替代模型。其中，*GAPDH* 和 *TUB2* 基因选用 GTR+G 模型，ITS、*ACT*、*CHS-1* 基因分别选用 GTR+I、HKY+G、SYM+G 模型。根据 Damm 等（2012），松针刺盘孢的菌株可聚集成两个亚分化支（subclade Ⅰ 和 subclade Ⅱ）。本研究 13 个菌株聚集在 subclade Ⅱ，但菌株 PAFQ49 和 PAFQ50 进一步形成一个单独的分支，被视为 subclade Ⅲ。

（3）柏林刺盘孢复合种

对初步鉴定为柏林刺盘孢复合种（Boninense）的 14 个菌株，分别扩增了 *ACT*、*TUB2*、*CAL*、*CHS-1*、*GAPDH* 和 ITS 序列，选择 27 个刺盘孢属真菌的相应序列作为参考序列，按顺序将其 6 个基因序列首尾相连进行拼接，以胶孢刺盘孢 IMI 356878 作为外群，进行多基因系统发育分析。基因合并的数据集共有 1932 个碱基，其中有 1327 个保守碱基位点、314 个可变位点、291 个简约信息位点。在贝叶斯系统发育分析中，对以上 6 个基因分别确定各自的最佳核苷酸替代模型。其中，*GAPDH*、*TUB2* 和 *CAL* 基因选用 HKY+I 模型，ITS、*ACT*、*CHS-1* 基因分别选用 SYM+I+G、HKY+G、GTR+I 模型。结果表明，13 个菌株与喀斯特刺盘孢聚集，1 个菌株与 *C. citricola* 聚集。

（4）其他复合种

对初步鉴定为 Dematium、Orchidearum 或系统发育关系接近胶孢刺盘孢复合种的 11 个菌株，分别扩增了 *ACT*、*TUB2*、*CHS-1*、*GAPDH* 和 ITS 序列，选择 67 个刺盘孢属真菌的相应序列作为参考序列，按顺序将其 5 个基因序列首尾相连进行拼接，以 *Monilochaetes infuscans* 菌株 CBS 869.96 作为外类群，进行多基因系统发育分析。基因合并的数据集共有 1832 个碱基，其中有 815 个保守碱基位点、177 个可变位点、840 个简约信息位点。对于贝叶斯系统发育分析，以上 5 个基因分别确定各自的最佳核苷酸替代模型。其中，*ACT*、*GAPDH* 和 *TUB2* 基因选用 HKY+I+G 模型，ITS 和 *CHS-1* 基因选用 GTR+I+G 模型。结果表明，菌株 PAFQ65 与 *C. plurivorum* 聚集；属于 *C. dematium* 复合种的 5 个菌株未能与该复合种中已报道的炭疽菌种聚为一类，单独聚集成群形成一个分化支，命名为金水刺盘孢（*C. jinshuiense*），其亲缘关系与未定义种的菌株 CGMCC

3.15172最近。另5个菌株也聚集成一个分化支,命名为砂梨刺盘孢(*C. pyrifoliae*)。分析表明,砂梨刺盘孢不属于任何一个刺盘孢复合种,为单系物种,其亲缘关系与胶孢刺盘孢复合种和柏林刺盘孢复合种最近。

3. 培养特性与形态特征

我国梨炭疽病的病原优势种为果生刺盘孢和暹罗刺盘孢,前者在田间可产生无性和有性世代,常导致黑点症状;后者在田间则仅产生无性世代,常导致轮纹状坏死斑症状。

（1）果生刺盘孢

菌落特征：菌落突起且边缘完整。气生菌丝浓密,棉絮状。菌落正面中央灰绿色,边缘白色;背面中央灰绿色至黑色,边缘白色,常形成同心环纹,且由中央向边缘颜色递减。菌株间的色素量及分布存在差异。28℃下5天的菌落直径为64～80mm。形态特征：在PDA培养基平板上可见有性态。18天左右形成成熟的子囊壳,埋生或半埋生于培养基中。子囊壳近球形或梨形,深棕色,大小为56～195μm×53～145μm,顶部具孔口。子囊棍棒状,大小为58.0～59.5μm×10.5～11.5μm,单层壁,含8个子囊孢子。子囊孢子透明、无隔膜,梭状,弯曲,大多不含油球（少数含1或2个油球）,大小为(12.5～)15.5～18.5(～25.5)μm×(3.5～)4.5～6(～7)μm,长/宽(*L/W*)=3.4。在PDA培养基上可见无性态。营养菌丝透明,光滑,有隔膜,分枝,2～5mm宽。未发现刚毛。分生孢子梗透明至浅灰色,光滑,有隔膜,分枝。分生孢子透明,光滑,无隔膜,圆柱状,两端钝圆,少数一端钝圆一端略尖,大小为(13～)14.5～16.5(～20)μm×(4～)5.5～6(～7.5)μm,*L/W*=2.8。附着胞光滑,浅棕色至深棕色,近球形或椭圆形,极少数不规则,全缘,大小为(6.5～)8～10(～14.5)μm×(5～)6～7(～9.5)μm,*L/W*=1.4（图2-17）。

（2）暹罗刺盘孢

菌落特征：根据菌落形态可将属于暹罗刺盘孢的菌株分为3组。组一包含13个菌株,代表菌株是PAFQ67。在PDA培养基平板上,菌落平整且边缘完整。气生菌丝较密,棉絮状。菌落正面中央灰绿色,边缘白色;背面边缘白色,中央墨绿色至黑色,外部零星分布,近似同心圆。组二包含25个菌株,代表菌株是PAFQ74。在PDA培养基平板上,菌落平整且边缘完整。气生菌丝绸密,棉絮状。菌落正面白色;背面中央暗黄色,外围有时产生辐射状色素,黄绿色,边缘白色。组三仅有1个菌株,即代表菌株PAFQ78。在PDA培养基平板上,菌落突起且边缘完整。气生菌丝蓬松。菌落正面白色;背面淡黄色至白色。28℃下5天的菌落直径为76～83mm。形态特征：未观察到有性态。在PDA培养基平板上可见无性态。营养菌丝透明至浅棕色,光滑,有隔膜,分枝。刚毛褐色至黑色,顶部较尖,基部椭圆状,3隔,67～95μm长。分生孢子梗透明,光滑,有隔膜,分枝。分生孢子透明,光滑,无隔膜,圆柱状,两端钝圆,或一端钝圆一端较尖,大小为(12～)15～17.5(～21)μm×(4～)5.5～6(～7)μm,*L/W*=2.9。附着胞椭圆形或近球形,光滑,大小为(5.5～)6.5～8.5(～12)μm×(4～)5.5～6.5(～9)μm,*L/W*=1.3（图2-18）。

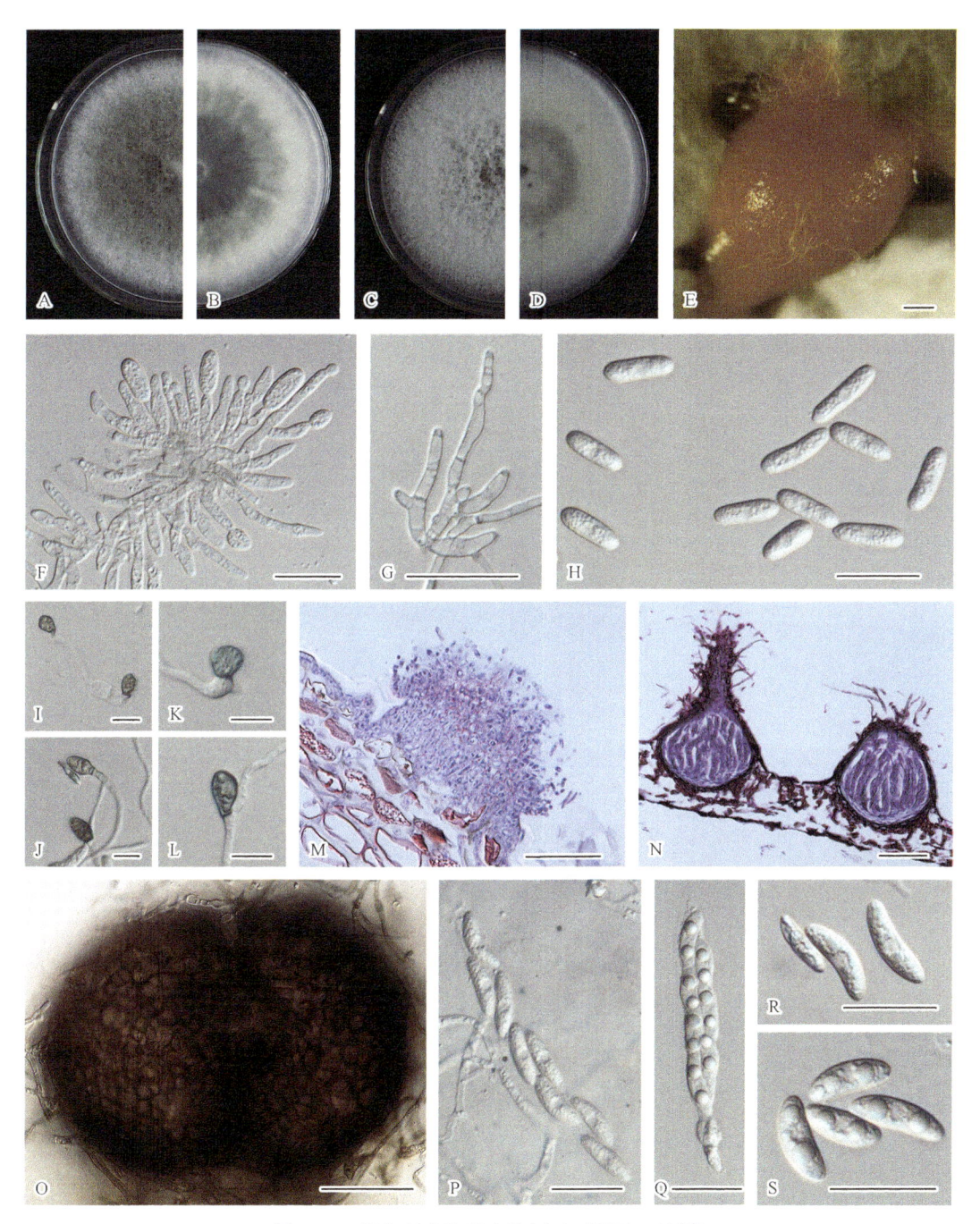

图 2-17 果生刺盘孢形态特征（王国平 拍摄）

A 和 C：在 PDA 培养基平板上培养 6 天的菌落正面形态；B 和 D：在 PDA 培养基平板上培养 6 天的菌落背面形态；E：分生孢子堆；F 和 G：分生孢子梗；H：分生孢子；I~L：附着胞；M：白梨果实（黄冠）表面病斑上形成的分生孢子盘的纵切面；N：砂梨叶片（翠冠）表面病斑上形成的子囊壳的纵切面；O：子囊壳；P 和 Q：子囊；R 和 S：子囊孢子。A，B，H~L，O，Q，R 取自菌株 PAFQ31；C~E，M，N 取自菌株 PAFQ32；P 和 S 取自菌株 PAFQ48；F 和 G 取自菌株 PAFQ30；A~H，O~S 产生于 PDA 培养基。比例尺：E=500μm，F~H 及 P~S=20μm，I~L=10μm，M~O=50μm

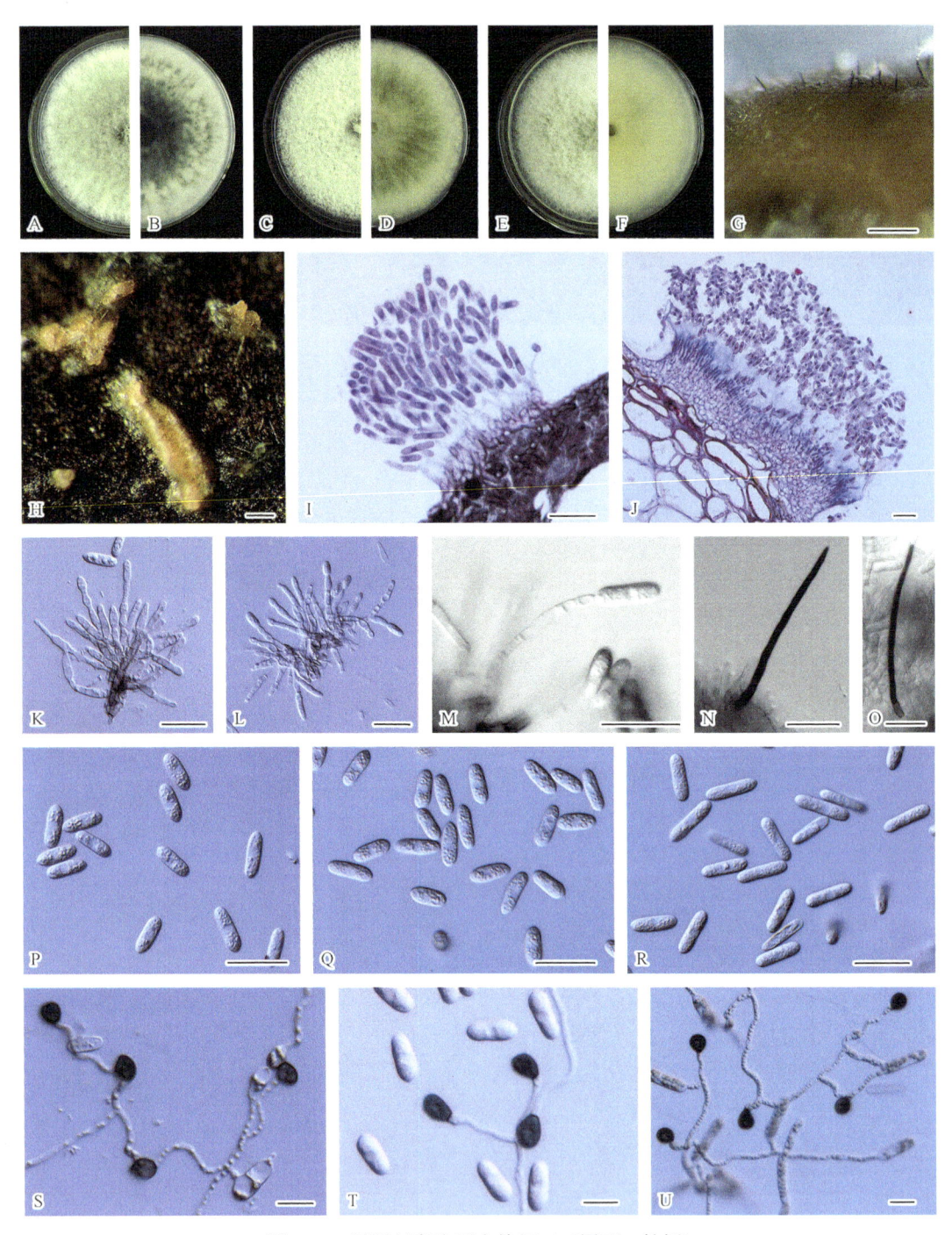

图 2-18 暹罗刺盘孢形态特征（王国平 拍摄）

A，C，E：在 PDA 培养基平板上培养 6 天的菌落正面形态；B，D，F：在 PDA 培养基平板上培养 6 天的菌落背面形态；G 和 H：分生孢子堆；I 和 J：分别为砂梨叶片和白梨果实表面病斑上形成的分生孢子盘的纵切面；K～M：分生孢子梗；N 和 O：刚毛；P～R：分生孢子；S～U：附着胞。A，B，K，P，S 取自菌株 PAFQ67；C，D，G，H，J，L，N，Q，T 取自菌株 PAFQ74；E，F，I，M，O，R，U 取自菌株 PAFQ78；A～G，K～R 产生于 PDA 培养基；H 产生于白梨叶片。
比例尺：G 和 H=100μm，I～R=20μm，S～U=10μm

二、分布为害

（一）分布

世界各梨产区均有炭疽病发生，在热带、亚热带地区，由于高温多湿，炭疽病发生尤为严重。除梨外，还为害苹果、葡萄等许多种果树。

在我国梨产区，2007年以前炭疽病在我国各梨产区零星发生，危害较轻，因此并未引起果农及研究学者的重视。2007年以来，梨炭疽病在我国的发生日渐严重，相继在安徽、江苏和山东等黄河故道梨产区白梨的多个品种上迅速蔓延（王学良等，2008；吴良庆等，2010；刘邮洲，2013；Li et al.，2013；Jiang et al.，2014）。从2009年起，我国长江流域及其以南的砂梨产区也有大面积炭疽病的发生。

（二）为害

白梨上的炭疽病主要发生于果实生长的中后期，主要为害梨果实。发病初期，果面上出现浅褐色水渍状小病斑，随着病害的发生，病斑颜色逐渐加深，并向下凹陷。发病中后期病部会产生许多黑色小粒点，略隆起，初褐色，后变黑色，为病原菌的分生孢子盘。分生孢子盘可在适合的条件下泌出橙色的分生孢子堆。梨叶片受害症状与果实类似，一般在叶面产生褐色圆形病斑，多个病斑可扩展成一个不规则状的大斑；发病后期，病斑边缘黑色，内部褐色或灰白色，使叶片焦枯。据调查，2008年砀山县梨园均存在不同程度的发病，部分发病严重的梨园病果率达70%以上，病叶率达100%，半数以上的梨园绝收，造成的经济损失达10亿元（吴良庆等，2010；罗守进，2013）。

砂梨上的炭疽病主要发生于梨树生长季节，因此主要为害叶片，也可为害果实。该病害可在叶、叶柄、果和果柄等部位上产生小的黑色斑点（病斑直径约1mm）；随着发病时间的延长，病斑数量不断增多，但大小基本不变；发病后期（约15天），叶片褪绿、黄化，叶柄变黄直至脱落。梨异常早期落叶不仅削弱树势，对梨的产量和品质也造成了严重的影响（黄新忠等，2010；陈义挺等，2011）。据黄新忠等（2010）对福建等地早期落叶的调查，发病较轻的地区落叶面积比例达10%~30%，发病较重的则超过50%，造成的经济损失超过2.4亿元。

三、流行规律

（一）侵染与传播

炭疽病菌主要以分生孢子盘、分生孢子、子囊壳、菌丝等形态在病果、病枝、病叶、果柄或土壤中越冬。第二年温度适宜时，产生大量分生孢子，借风雨或昆虫传播。从果、叶表皮直接侵入，引起初侵染，再以病果为中心，呈伞状向下和周围蔓延，以后发病的果都能形成新的侵染中心，不断蔓延，直至采收。炭疽菌能通过多种途径侵染植物的叶、芽、花、果、嫩枝、嫩梢及苗的主茎部位。

黄河故道地区4月底至5月初田间即有分生孢子出现，通过风力或昆虫传播，遇到雨水分生孢子即可萌发。孢子萌发后产生芽管，一般芽管先端形成附着胞，继而形成侵染丝直接穿透植物表皮进行侵染；芽管也可通过气孔、皮孔或伤口侵入，造成侵染。

潜伏侵染在植物炭疽病中是一种较为普遍的侵染形式，潜伏侵染的部位也几乎包括了寄主地面上的各个部分。从春季植物刚展开的嫩叶到秋季落叶，都有炭疽病菌的潜伏侵染现象。关于潜伏侵染的病菌形态，一般认为分生孢子萌发后形成附着胞，继而附着胞上产生侵染丝，穿过寄主角质层或通过表皮的细胞壁进入寄主细胞内，此时病菌通常暂停生长活动，并在长时间内保持着活力。

（二）流行因素

炭疽病的流行与温度、湿度、果园环境、梨树品种、管理水平等有着密切的关系。梨树炭疽病在高温、高湿、植株生长衰弱、园内卫生状况较差及在单一树种的果园中较易流行。4~5月多阴雨，则发病早；6~7月阴雨连绵，则发病重。地势低洼、果园积水、树冠郁闭、通风透光不良及树势弱、病虫防治不力造成落叶等，则梨园发病重。

四、防控技术

（一）清园

炭疽病菌主要以菌丝在病叶、病果、果台及病枝上越冬，因此，秋末冬初清除果园内的落叶、落果，早春萌芽前剪除病枝，是减少其初侵染源的有效措施。冬季结合修剪，剪除干枯枝、病虫为害的破伤枝，清扫病僵果、病落叶，集中烧毁。梨树发芽前结合防治其他病害喷布10%果康宝膜悬浮剂100倍液，或3~5°Be石硫合剂。

（二）栽培防治

1. 改善梨园排水

加深或疏通梨园四周的主排水沟。在雨季到来前，及时加深或疏通梨园四周的主排水沟，使其保持在1m深以上和适当的宽度，从而保证梨园丰水期的地下水位埋深保持在80cm以上。

加深或疏通梨园内的行间排水沟。在雨季到来前，适当加深或疏通梨园行间排水沟，从而避免梨树生长中后期雨后梨树行间土壤积水。

2. 增施有机质肥料

每年每公顷施入饼肥6t或成品生物有机肥9t或腐熟畜禽粪便15t以上，改善土壤理化性状，促进根系更新。

3. 改善树体通风透光和推行避雨设施栽培

选用单层主枝树形整形，常规立式栽培以选择三主枝开心形和两主枝"Y"形为主，树干高80~90cm；棚架栽培以选择"双臂顺行式""单臂顺行式"等简化树形为主，树干高130～140cm。同时，按照单轴直线延伸枝组修剪方法及间距40cm左右的要求，及时培养更新3年以上结果枝组，保持1～2年结果枝组占比达80%以上；冬剪时疏除病虫枝、细弱枝和树冠中下部内膛多年衰败短果枝群；夏剪时及时抹除和疏除伤口枝、竞争枝、树冠中上部及骨干枝背部强旺枝，以及树冠中下部密集枝、弱小枝。

对苏翠1号、新玉等易感炭疽病、早期落叶发生重的品种，可推行顶高、肩高分别达3m、4.2m以上的高拱覆膜大棚避雨栽培（图2-19）。

图2-19 通过大棚避雨栽培防控梨炭疽病（黄新忠 提供）

4. 缩短梢叶持嫩期与控制树体结果数量

4月下旬至5月下旬连续根外喷施2或3次聚对苯撑苯并二噁唑（PBO）等生长抑制剂，加速梢叶老熟，控制枝梢旺长。

盛果期的梨园，5月上旬前按照单果序为主、果距保持20～25cm的要求进行严格的疏果。

5. 外源喷施赤霉素延缓叶片脱落

0.5mg/L和1.0mg/L赤霉素（GA_3）处理均可提高叶片保留率。采果后，每周喷施1次赤霉素，40天后梨树叶片的保留率可以提高60%以上。

（三）科学用药

1. 药剂选用

（1）生长季节

嘧菌酯及其复配剂；氟吡菌酰胺及其复配剂；代森锰锌及其复配剂；苯醚甲环唑、戊唑醇等及其复配剂；波尔多液、喹啉铜及其复配剂；多抗霉素及其复配剂，以及噻霉酮及其复配剂。

（2）冬季休眠期

石硫合剂、代森铵、矿物油等。

2. 防控时期与方法

（1）休眠至萌芽前期

落叶后及时剪除树上病果、病枝、病叶，清除园中枯枝落叶，刮除枝干粗老翘皮，集中深埋或清除出园烧毁。修剪前和花芽萌动期各喷 1 次清园药剂，药剂可用 3～5°Be 石硫合剂或代森铵加矿物油等。

（2）盛花末至采果前 20 天

梨树落花 90% 时喷施 1 次广谱性杀菌剂进行预防，此后至采果前 20 天，每隔 15～20 天喷 1 次药，可选用 25% 嘧菌酯悬浮剂 800～1500 倍液、12% 苯醚·噻霉酮 4000～5000 倍液、1.5% 多抗霉素 75～300 倍液、3% 多抗霉素 150～600 倍液、50% 多抗·喹啉铜 800～1000 倍液、35% 氟菌·戊唑醇 2000～3000 倍液等。

（3）采果后至落叶前

采果后每隔 20～25 天喷施 1 次保叶的药剂，连续喷施 2 或 3 次。药剂以波尔多液、波尔·锰锌等铜制剂为主。

3. 注意事项

每种药剂连续使用不超过 3 次；若喷药后 4h 内遇雨宜进行补喷；6 月中旬后的高温期，每次强降雨前后各增加喷药 1 次。

（四）早期落叶发生后的补救措施

1. 抑制二次萌芽开花

炭疽病导致早期落叶发生后，于落叶率达 50% 之前，喷施 150～300μg/mL 萘乙酸或萘乙酸钠加多元复合叶面肥，每隔 10 天喷施 1 次，连续喷施 3 次；落叶率达 90% 以上时，可用喷白剂进行全树喷白处理（图 2-20）。

喷白剂的配制方法：清水 2 份加入高岭土 1 份充分混匀后，再注入 901 环保胶水。

2. 促进二次梢叶老熟

早期落叶诱发返花、返青严重时，在疏除二次花的同时，对二次梢留 3 或 4 片叶进行摘心，并连续叶面喷施磷酸二氢钾加杀菌剂 2 次，加快二次梢叶的老熟，防止二次梢叶感染炭疽病。

3. 高接花枝增加第二年产量

返花、返青发生严重的梨园或植株，于 12 月底至萌芽前，异地采集发育充实、腋

图 2-20　全树喷白处理（黄新忠　提供）

花芽饱满的 1 年枝条作为接穗，采取切接法将带有单花芽的接穗高接在梨树上，每树可多枝、每枝可多点切接，以增加第二年开花结果数量。

撰稿人：王国平（华中农业大学植物科学技术学院）
　　　　王先洪（华中农业大学植物科学技术学院）
审稿人：洪　霓（华中农业大学植物科学技术学院）

第六节　梨疫腐病

一、诊断识别

（一）为害症状

梨疫腐病主要为害树干基部和果实。

1. 树干症状

在幼树和大树的地表树干基部，树皮出现黑褐色、水渍状、形状不规则的病斑，病斑边缘不太明显。病皮内部也呈暗褐色，前期较湿润，病组织较硬，有些能烂到木质部。后期失水，质硬干缩凹陷，病、健交界处龟裂。新栽苗木和 3～4 年幼树发病，主要发生在嫁接口附近，长势弱，叶片小，呈紫红色，花期延迟，结果小，易提早落叶、落果，病斑绕树干一圈后，造成死树。大树发病，削弱树势，叶发黄，果小，树易受冻。

2. 果实症状

多在膨大期至近成熟期发病。果面出现暗褐色病斑，表层扩展快，边缘界限不明显，病斑形状不规则。深层果肉烂得较慢，微有酒气味。后期果实呈黑褐色湿腐状。落地病果在地面潮湿时，果面常长出白色菌丝丛（图2-21）。

图2-21 梨疫腐病为害果实症状（王国平 拍摄）
A：果实呈黑褐色湿腐状；B：病部产生白色菌丝丛

（二）病原特征

梨疫腐病病原的无性世代为恶疫霉（*Phytophthora cactorum*），属于卵菌门霜霉目疫霉科疫霉属。病果和病枝上的白色霉层为病原菌的菌丝、孢囊梗和孢子囊。孢子囊无色，顶生，椭圆形，在其顶端有乳头状突起，大小为51.4～52.7μm×33.4～37.5μm，孢子囊在水中能释放大量的游动孢子。在菌丝中部还可产生存活时间更长的厚垣孢子。恶疫霉的有性世代产生卵孢子，球形，无色或略带褐色，直径为27～30μm。恶疫霉在茄汁培养基、V8培养基和PDA培养基上适宜生长，速度快，形成的菌丝较厚，结构较紧密。病菌发育的最适温度为23～25℃，最低温度为10℃，最高温度为30℃，在35℃以上情况下经较长时间即失去活力。pH 3～10都能生长，其中以pH 5～6最适生长。恶疫霉对果糖、麦芽糖、蔗糖等碳源的利用好于其他碳源，对酵母膏、天冬酰胺、牛肉膏等氮源的利用好于其他氮源。

二、分布为害

梨疫腐病又称为梨疫病、梨树黑胫病、干基湿腐病，造成梨树树干基部的树皮腐烂，有的年份还大量烂果。主要发生在甘肃、内蒙古、青海、宁夏等灌区梨树及云南省呈贡区、会泽县梨产区。其中甘肃发生较重，一些梨园发病率达10%～30%，重病梨园病株率高达70%以上。

三、流行规律

病菌以卵孢子、厚垣孢子和菌丝体在病组织或土壤中越冬，靠雨水或灌溉水传播，从伤口侵入。病害发生和田间土壤湿度关系密切。例如，5~20cm 深土层水分饱和 24h 以上，地表下 5cm 湿度再持续饱和 7~8h 甚至更长时间，则 3 天后在嫁接口处可见到初发的病斑。地势低洼、土质黏重、灌水后易积水的园片发病重。栽培操作时嫁接口埋入土中的发病重，接口在地表以上则发病轻，接口距地面越高，发病越轻。田间灌水时，大水漫灌、泡灌、树之间串灌，发病重。树干周围杂草丛生，或间作作物离树干太近，易发病。4 年以上的大树，树皮较健壮，发病很少。树干基部冻伤、机械伤、日烧伤，易引起发病。

四、防控技术

1. 农业防治

①选用杜梨、木梨、酸梨做砧木：采用高位嫁接，接口高出地面 20cm 以上。低位苗浅栽，使砧木露出地面，防止病菌从接口侵入，已深栽的梨树应扒土，晒接口，提高抗病力。灌水时树干基部用土围一小圈，防止灌水直接浸泡根颈部。②梨园内及其附近不种草莓，减少病菌来源。③灌水要均匀，勿积水：改漫灌为从水渠分别引水灌溉。苗圃最好高畦栽培，减少灌水或雨水直接浸泡苗木根颈部。④及时除草，果园内不种高秆作物，防止遮阴。

2. 药剂防治

树干基部发病时，对病斑上下划道，间隔 5mm 左右，深达木质部，边缘超过病斑范围，充分涂抹 843 康复剂原液，或 10% 果康宝膜悬浮剂 30 倍液。果实膨大期至近成熟期发病，见到病果后，立即喷 80% 三乙膦酸铝可湿性粉剂 800 倍液，或 25% 甲霜灵可湿性粉剂 700~1000 倍液。

撰稿人：李朝辉（江苏省农业科学院植物保护研究所）
审稿人：刘凤权（江苏省农业科学院植物保护研究所）

第七节　梨白粉病

一、诊断识别

（一）为害症状

梨白粉病主要为害叶片，多在秋季为害老叶。梨白粉病因病原种类不同危害特点略有差异。梨白粉病主要为害成龄梨树叶片，先发生在枝条中下部叶片，逐步向上部新叶扩展。从 6 月下旬至 7 月下旬开始，叶背出现一块块大小不等的近圆形或不规则形白粉斑，随着霉层的扩大，病斑数量增多，叶背被白粉全面覆盖，叶面未发现白粉。幼果期的果实也会感染白粉病，成熟之后果实会出现铜绿现象。枝条感染白粉病后，枝条顶端的叶片和果实失水干枯。从 8 月中下旬开始，发病部位陆续长出大量扁球形小黄点（闭囊壳），分布相对稀疏均匀，小黄点慢慢长大，后变褐色，最终变成黑色。随着秋季气温降低，露水出现，前期感染的病斑白粉渐渐消退，小黑点随风落入土壤或枝干上，部分残留于叶片。发病严重时，造成早期落叶。早熟品种从8月上旬开始大量落叶，晚熟品种从9月开始落叶（图2-22）。

图 2-22 梨白粉病为害症状（王国平 拍摄）
A：叶背上形成圆形或不规则形白粉斑；B：病部产生黑色闭囊壳

（二）病原特征

目前报道梨白粉病的病原菌有4种，分别为梨球针壳（*Phyllactinia pyri*）、白叉丝单囊壳（*Podosphaera leucotricha*）、隐蔽叉丝单囊壳（*P. clandestina*）（有的也称为蔷薇科叉丝单囊壳 *P. oxyacanthae*）和 *P. paracurvispora*（张艳杰等，2019）。

在我国，梨白粉病的病原菌以梨球针壳为主，属于子囊菌门白粉菌科球针壳属。病菌的闭囊壳呈扁圆球形，直径为224～273μm，黑褐色，无孔口，具针状附属丝。附属丝基部膨大，内有长椭圆形子囊15～21个，每个子囊内有子囊孢子2个。子囊孢子长椭圆形，单胞，无色或淡黄色，大小为34～38μm×17～22μm。

梨白粉病病原菌的无性世代为子囊菌门白粉菌科的拟卵孢霉（*Ovulariopsis* sp.）。病菌的外生菌丝多为永久性存在，很少消失。菌丝有隔膜，并形成瘤状附着器。内生菌丝通过叶片气孔侵入叶肉的细胞间隙。近先端有数个疣状突起，突起生有吸器，穿入叶肉的海绵细胞从而摄取营养。分生孢子梗由外生菌丝垂直向上生出，稍弯曲，单条，无色，内有0～3个隔膜，顶端着生分生孢子。分生孢子瓜子形或棍棒形，单胞，无色，表面粗糙，中部稍缢缩，直径为63～104μm。分生孢子在25～30℃萌发良好，潜伏期为12～14天。

二、分布为害

梨白粉病主要为害叶片，也可为害枝条和果实，发生严重时叶片提早2～3个月脱落，造成梨树生长期二次发芽，对产量和树势影响极大。梨白粉病菌为外生寄生菌，分生孢子很少杀死寄主，只是利用吸器吸取寄主养分，降低其光合作用，增加呼吸和蒸腾作用，削弱梨树生长，降低产量20%～40%。梨白粉病多为害秋天的老叶，在辽宁、河北、陕西、甘肃、山西、山东、河南和南方各梨产区均有发生，近年来有加重趋势，已成为梨上主要病害。例如，2005 年贵州铜仁梨树白粉病发病率为 7.1%；2007～2008 年陕西蒲城地区部分梨园 60% 以上叶片感染白粉病；2010～2012 年辽宁凌源、2015 年河北魏县、2015 年陕西礼泉、2018 年河北中南部等地区均发生了大面积的梨白粉病；2015 年以来山东梨白粉病也有加重的趋势。

三、流行规律

（一）越冬状态及初侵染源

梨白粉病主要以闭囊壳在枝条、枝干上越冬，营养枝、结果枝、主侧枝、芽鳞片上均发现闭囊壳，也有少部分在病叶上越冬。田间调查发现，落地的病叶上闭囊壳随白粉的消退大多脱落，在冬季多被土壤中的微生物消灭掉，但在干燥的土壤中过冬时病菌不消失。

梨白粉病初侵染以子囊孢子感染寄主，再侵染以分生孢子进行，并以后者作为主要侵染方式。因为分生孢子时期占病菌生活史的大部分，所以在适宜的气候条件下再侵染易造成病害流行。梨白粉病发生时期与地区和年份有关，山东省梨产区大多年份 4 月末闭囊壳陆续吸水开裂，释放出子囊孢子，传播到梨树叶片，从气孔侵入完成初侵染。首次发病期从 6 月中下旬开始，二次发病期从 8 月上中旬开始，9～10 月进入全年发病高峰，此期分生孢子繁殖速度快，侵染能力强，可以多次重复再侵染，是全年危害最严重的时期。不同的梨品种发病期不一致。

（二）发生条件

闭囊壳适宜开裂温度为 20～25℃，从闭囊壳释放出的子囊孢子在 20℃的温度下 40～48 天后开始发病。分生孢子形成的适宜温度为 15～25℃，26℃以上生长缓慢，再侵染的潜伏期短，仅为 12～14 天。梨白粉病对湿度的要求特殊，它们喜高湿、耐干旱，害怕积水。分生孢子在高湿条件下萌发较好，在低湿条件下也能萌发，但在水滴中难以萌发，所以梨白粉病在干旱高湿环境及年份发病严重。树冠郁闭、通风透光不良、排水不好均有利于病害发生。梨品种间感病性差异显著，比较感病的品种有黄金、丰水、雪花、三季梨、苹果梨、花盖梨、秋白梨等。

四、防控技术

梨白粉病菌为专性寄生菌，以吸器伸入寄主内部吸取营养，如果防治不力，对梨树叶片的损害很大，影响叶片的光合作用、呼吸作用和蒸腾作用。由于梨白粉病菌主要从叶背侵入，因此防治难度较大。

1. 抗性品种

目前关于梨树种质资源抗白粉病的研究较少，且主要集中在部分品种田间抗病性表现的调查上，重点关注的是易感病品种。由于不同的梨树品种对白粉病的抗病性存在一定差异，引种栽培上一定要选择适宜当地栽植的抗病品种。一般白梨、秋子梨易感病，而西洋梨较抗病。调查表明，秋月、早酥红、圆黄发病较重，雪花、黄冠、新梨七号、红香酥、鸭梨等发病较轻。

2. 栽培管理

加强田间栽培管理措施，合理密植，合理修剪，保证林间通风透光，并且合理松土和灌溉，降低林间湿度和温度。增施有机肥，避免偏施氮肥，增加土壤有机质，增强树势，提高树体抗病能力。集中清理落叶并销毁。在冬季和春季，结合修剪，剪除病枝和病芽，及时摘除病芽和病梢。

3. 药剂防治

采用化学药剂防治要趁早，以预防为主。梨白粉病的防治关键期，一般在梨树发芽前、花前、花后、发病初期和落叶后。由于梨白粉病发生于叶背，因此在喷施药剂时需特别注意由叶背往上喷施，保证叶背着药。防治药剂有50%甲基硫菌灵可湿性粉剂800倍液，50%多菌灵可湿性粉剂1000倍液，50%苯菌灵可湿性粉剂1000倍液，50%退菌特可湿性粉剂600倍液，0.3～0.5°Be石硫合剂等。

撰稿人：孙伟波（江苏省农业科学院植物保护研究所）
审稿人：刘凤权（江苏省农业科学院植物保护研究所）

第八节 梨 锈 病

一、诊断识别

（一）为害症状

梨锈病，又名赤星病、羊胡子病，主要侵染并为害嫩叶、新梢和幼果。

1. 叶片症状

开始在叶面产生橙黄色、有光泽的小斑点，数目不等，后逐渐扩大为近圆形病斑，病斑中部橙黄色，边缘淡黄色，最外面有一层黄绿色的晕，直径为4～5mm，大的可达7～8mm；中期，病斑表面密生橙黄色针头大的小粒点（性孢子器），内生性孢子。天气潮湿时，性孢子呈蜜滴状从性孢子器孔口溢出。这些性孢子通过蜜滴散发出的香味吸引昆虫前来吮吸，从而将性孢子传播到受精丝上进行受精，同时，黏液干燥后，小粒点变为黑色；随后，病斑组织的叶面微凹陷、叶背隆起，在隆起部位长出灰黄色的毛状物，1个病斑上可产生10多条毛状物（锈孢子器）（图2-23）。锈孢子器成熟后，先端破裂，散出黄褐色粉末。之后病斑逐渐变黑，病叶易脱落。

图 2-23　梨锈病侵染叶片典型症状（王国平　拍摄）
A：叶面橙黄色、有光泽的小斑点；B：叶面中部橙黄色，边缘淡黄色的近圆形病斑；
C：叶背灰黄色的毛状物（锈孢子器）

2. 幼果症状

初期病斑与叶片上的相似，病部稍凹陷，病斑上密生橙黄色小粒点，后变成黑色。发病后期，病斑表面生出黄褐色毛状锈孢子器（图2-24）。病果生长停滞，往往畸形早落。

图 2-24　梨锈病侵染果实典型症状（王国平　拍摄）
A：果实表面橙黄色小粒点；B：黄褐色毛状锈孢子器

3. 新梢、叶柄和果梗症状

症状与果实上的大体相同。病部稍隆起，初期病斑上密生性孢子器，以后长出毛状锈孢子器，最后龟裂。新梢发病，常造成病部以上枝条枯死，易折断；叶柄、果柄发病，常造成落叶、落果。

4. 转主寄主桧柏症状

起初在桧柏的针叶、叶腋和嫩枝上形成淡黄色斑点，以后稍隆起，第二年春季3～4月病部表皮逐渐破裂，长出咖啡色或红褐色圆锥形的角状物，单生或数个聚生，为病菌的冬孢子角。小枝上出现的冬孢子角较多，老枝上有时也出现冬孢子角。春天降雨后，冬孢子角吸水膨胀，变为橙黄色舌状的胶状物，内含大量冬孢子，此现象称为冬孢子角胶化。胶化的冬孢子角干燥后，缩成表面有皱纹的污胶物。感病桧柏的针叶、小枝逐渐变黄、枯死、脱落。

（二）病原特征

梨锈病是由亚洲梨胶锈菌（*Gymnosporangium asiaticum*）侵染引起。梨锈病菌包括性孢子、锈孢子、冬孢子、担孢子阶段。性孢子为葫芦形或扁烧瓶形，大小为120~170μm×90~120μm，埋生于病叶叶面表皮下的栅栏组织中，孔口外露，内生许多性孢子。性孢子无色，单胞，纺锤形或椭圆形，大小为8~12μm×3.0~3.5μm。病原菌的锈孢子器丛生于梨叶病斑的叶背，或幼果、果梗、叶柄、嫩梢表面，呈细长筒形，长5~6mm，直径为0.2~0.5mm。锈孢子器内有许多链生的锈孢子，锈孢子球形至近球形，单胞，大小为18~20μm×19~24μm，壁厚2~3μm，橙黄色，表面有疣状细点。锈孢子器早期顶端封闭，成熟后开裂，散出锈孢子。病原菌的冬孢子角初为扁圆形，后渐伸长呈楔形或圆锥形，一般长2~5mm，顶部宽0.5~2.0mm，基部宽1~3mm，干燥时栗褐色，吸水后呈带柄的橙黄色胶冻状。冬孢子纺锤形或长椭圆形，具柄，一般双胞，黄褐色，大小为33~62μm×14~28μm，外表具胶质。在每个细胞的分隔处有2个萌发孔，冬孢子萌发时从萌发孔长出由4个细胞组成的担子（先菌丝）。担子上的每个细胞生有一小梗，各顶生1个担孢子。担孢子卵形，淡黄褐色，单胞，大小为10~15μm×8~9μm。

病原菌的冬孢子角胶化需要有水膜润湿12~30h，最适胶化温度为12.5~20℃；冬孢子萌发温度为8~28℃，最适温度为20℃，冬孢子在最适温度下1h后开始萌发、3~4h后形成担孢子。担孢子萌发温度为15~22℃，担孢子在此温度下1h后开始萌发、5h萌发率达80%、6h后形成附着器、24h完成对梨树组织的侵入。担孢子的抗旱能力很差，生存能力很弱。成熟锈孢子萌发温度为10~27℃，芽管伸长的适温为27℃左右。梨锈病菌为专性寄生菌，不能在人工培养基上培养。

二、分布为害

梨锈病在世界各梨产区均有发生，也是我国各梨树栽培区常见的主要病害之一。该病害一年只发生1次，但严重危害梨产业的健康发展。20世纪80年代以来，特别是21世纪以来，随着城市、道路绿化和梨园面积的快速发展，桧柏及梨树两类寄主的栽植范围和数量逐年增加，梨锈病的为害范围扩大，为害程度明显加重。1987年和1989年北京地区梨锈病大发生，十三陵地区梨园全部受害，病果率高达40%以上，病叶早落，损失严重。2003年3~4月，武汉市东、西湖区持续阴雨，降雨与历年同比偏多30%~70%，加上区域内公路绿化带栽植桧柏，以致部分梨园锈病大发生，导致1400hm²梨园绝收。近两年，贵州、浙江、四川、江苏、安徽等地梨锈病为害呈上升趋势，在个别梨园造成严重危害。该病除为害梨树外，还为害山楂、海棠、棠梨、木瓜等。梨锈病菌的转主寄主除松柏科的桧柏外，还有欧洲刺柏、南欧柏、高塔柏、龙柏、柱柏、翠柏、金羽柏、球柏等，其中以桧柏、欧洲刺柏、龙柏最感病。

三、流行规律

（一）侵染循环

梨锈病菌为转主寄生，在其完整的生活史中包含两类寄主阶段，在桧柏等柏树上完成冬孢子和担孢子阶段，然后转移到梨树等寄主上完成性孢子和锈孢子阶段，而缺少夏孢子阶段，所以梨锈病菌无再侵染，一年只能侵染发病1次，需要在两类寄主上为害才能完成全部生活史。病菌以菌丝体在常见的桧柏等树的病组织中越冬，3~4月气温适宜时开始形成冬孢子角，降雨时冬孢子角吸水膨胀，成为舌状胶质块。冬孢子萌发后产生有隔膜的担子，上面产生担孢子。在梨树展叶、开花至幼果期间，担孢子随风雨传播落在嫩叶、新梢、幼果上，在适宜温度和湿度条件下，萌发产生侵入丝，直接侵入表皮组织内。经过6~10天，叶面出现黄色病斑，潜育期为7天左右。此后形成性孢子器，内生性孢子。性孢子从性孢子器孔口溢出，经昆虫传带到受精丝上进行受精。这个过程需要"+"交配型的性孢子与"-"交配型的受精丝或"-"交配型的性孢子与"+"交配型的受精丝之间进行质配。之后在病斑的叶背或附近形成锈孢子器，内生锈孢子。锈孢子不能继续为害梨树，而是随风传播，侵害一定距离的转主寄主桧柏等松柏科的一些林木，为害其嫩枝和新梢，并在桧柏等林木上以菌丝形态越冬。第二年春季，越冬菌丝又形成冬孢子角，产生冬孢子和担孢子，开始新一轮的侵染为害（图2-25）。

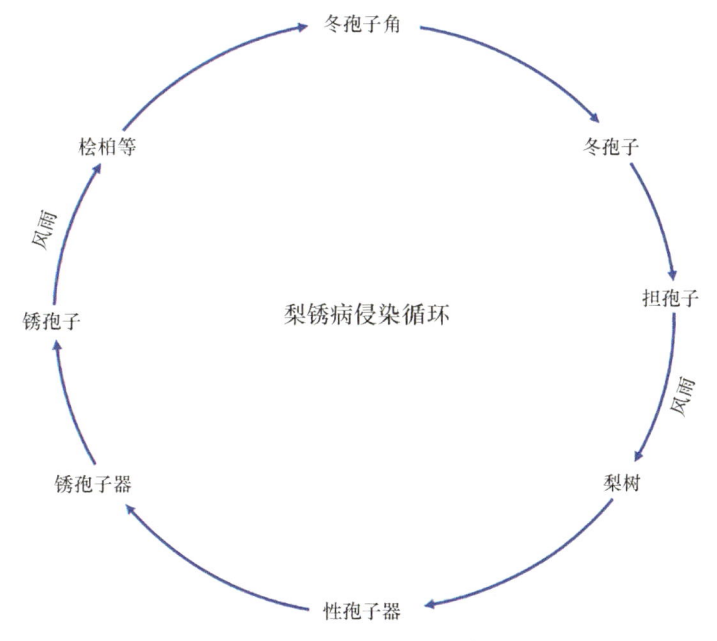

图2-25 梨锈病侵染循环示意图（赵延存 绘制）

（二）传播规律

梨锈病菌为转主寄生。3~4月，在温湿度适宜条件下，发病桧柏等树上形成冬孢子角，其上产生成熟的担孢子，担孢子主要依靠风雨传播到梨树上并完成侵染；在梨树嫩叶、新梢、幼果等上形成性孢子器和性孢子，性孢子借助昆虫、风雨等近距离传播到与其相对配型（"+"与"-"）的受精丝上进行受精；然后在病斑的叶背形成锈孢子器，成熟的锈孢子器释放出锈孢子，锈孢子借助风雨又传播到桧柏等树的新叶和嫩梢上并完成侵染。担孢子和锈孢子的传播距离与其成熟时的风力大小呈正相关，一般可传播2~3km，最远可达5km以上。此外，发病桧柏等绿化苗木的调运是梨锈病菌远距离传播的主要途径。

（三）流行因素

发病与温湿度、叶龄、梨品种、桧柏均有密切关系。在梨树发芽展叶期，温度适宜（15~22℃）、多雨或高湿多雾使梨树幼嫩组织表面结层水膜，有利于担孢子的萌发和侵入，导致发病严重。长出3~12天的叶片发病率最高，叶龄超过17天不再侵染；坐果11天以内的幼果均可被病菌侵染发病，果龄12天以上不再被侵染发病。西洋梨系统品种最抗锈病，新疆梨品种次之，白梨系统品种易感梨锈病。转主寄主桧柏的存在是造成梨锈病发生的根本原因，梨树与桧柏距离越近，发病机会越多，距离越远则发病机会越少。

四、防控技术

1. 清理梨园周边桧柏等转主寄主

在新建梨园时，应考察梨园周边5km以内有无梨锈病菌最敏感的转主寄主如桧柏、欧洲刺柏、龙柏等。若有且数量较多，则不宜建梨园。如果转主寄主数量很少，则可全部清理后再建梨园。

2. 铲除越冬病菌

梨园靠近风景区或绿化区，桧柏等转主寄主不能清除时，要在早春冬孢子角成熟前剪除发病树枝条并销毁，同时在桧柏上喷施杀菌剂，铲除越冬病菌，减少侵染源，即在3月上旬（梨树发芽前）对桧柏等转主寄主喷2~3°Be石硫合剂或15%三唑酮可湿性粉剂1000~1500倍液，抑制冬孢子的萌发。

3. 药剂防治

在梨树开始展叶至梨树落花后20天内，阴雨天时，应在雨前喷药防治。发病前或发病初期可选用44%三唑酮悬浮剂1000~1500倍液、80%代森锰锌可湿性粉剂800倍液等；发病后可选用250g/L嘧菌酯悬浮剂1500~1800倍液、10%苯醚甲环唑水分散粒剂1000~1500倍液等。不同作用机理的药剂交替使用，往年发病严重的梨园可连续用药2或3次。注意开花期不能喷药，以免产生药害。

撰稿人：赵延存（江苏省农业科学院植物保护研究所）

审稿人：刘凤权（江苏省农业科学院植物保护研究所）

第九节 梨胴枯病

一、诊断识别

梨胴枯病是由间座壳属（*Diaporthe*）病原真菌侵染引起的梨树枝干病害，以病害症状特征而得名，又称为"梨干枯病"。

（一）为害症状

梨胴枯病在田间可引起多种发病症状，主要为害枝干、枝梢，常见于芽周围、丫杈处及剪锯口处（图2-26）。

1. 中国梨和日本梨受害

梨胴枯病为害中国梨和日本梨品种的幼树及大树枝干树皮。幼树发病，在茎干树皮表面出现污褐色圆形斑点，微具水渍状，后扩大为椭圆形或不规则形，外观暗褐色，多深达木质部。病部组织略湿润，质地较硬，暗褐色。失水后，逐渐干缩，凹陷，病、健交界处龟裂，表面长出许多黑色细小粒点，为病菌的分生孢子器。当凹陷的病斑超过茎干粗度1/2时，病部以上逐渐死亡。病菌也侵害病斑下面的木质部，木质部呈灰褐色至暗褐色，木质发朽，大风易从病斑部将茎干折断。

大树发病时，大枝树皮上产生凹陷褐色小病斑，后逐渐扩大为红褐色，椭圆形或不规则形，稍凹陷，病、健交界处形成裂缝。病皮下形成黑色子座，顶部露出表皮，降雨时从中涌出白色丝状分生孢子角。

梨胴枯病与梨轮纹病干腐症状的区别：胴枯病的病斑扩展较慢，病斑多呈椭圆形或方形；干腐向上下方向扩展较快，病斑多呈梭形或长条形，色泽也较深，略带黑色。如果用刀片削去病表皮，用放大镜观察，胴枯病的1个子座内仅有1个黄白色小点，而干腐的1个子座内常有2个以上的白点。

2. 西洋梨受害

大树结果枝组受害，在结果枝组基部树皮上出现红褐色病斑，向上扩展，往往造成短果枝的花簇、叶簇变黑、枯死，故称为黑病。常使果枝组基部树皮烂死一圈，造成上部枝叶枯死。2~3年的枝条发病，产生溃疡型病斑，呈条状变黑、枯死。发病严重时，一棵树有许多黑色枯死枝条。1年的新梢发病，秋季枝条表皮出现黑色或紫黑色小斑，大小为1mm左右，稍隆起，第二年春季继续扩大，使枝条枯死。4年以上的枝条则很少发病，病斑一般也不再扩展，病斑底层木栓化，表面多开裂，翘起和脱落。病部表面产生稀疏小黑点，雨后从中涌出白色或乳白色分生孢子角。

图 2-26 梨胴枯病为害症状（王国平 拍摄）
A：枝干干枯；B：凹陷褐色病斑；C：芽干枯；D：砂梨受害状；E：西洋梨受害状；F：分生孢子器；G：分生孢子角

（二）病原特征

1. 病原种类

梨胴枯病病原的有性世代为间座壳属（*Diaporthe*），无性世代为拟茎点霉属（*Phomopsis*）。1930年，由日本学者首次报道梨胴枯病的病原为福士拟茎点霉（*Phomopsis fukushii*）（Tanaka and Endo，1930）。随后，1987年在日本又发现该病原不仅造成梨树枝干坏死，还可以侵染果实引起严重的果腐，对日本梨产业的发展造成严重威胁（Nasu et al.，1987）。近代随着我国梨产业的蓬勃发展，大量引进日本和韩国的梨品种，梨胴枯病也随之而来，首先在长江流域的砂梨主产区大面积暴发。2015年由Bai等鉴定明确了中国梨胴枯病的病原种类，间座壳属真菌的5个种均可引起病害，分别为福士拟茎点霉（*Ph. fukushii*）、榆树间座壳菌（*D. eres*）、桃拟茎点霉（*Ph. amygdali*）、大豆拟茎点霉（*Ph. longicolla*）、*D. neotheicola*。

Guo等（2020）从中国12个省市（重庆、福建、贵州、河北、河南、湖北、江苏、江西、辽宁、山东、云南、浙江）梨产区主栽的砂梨（*Pyrus pyrifolia*）、白梨（*P. bretschneideri*）、秋子梨（*P. ussuriensis*）和西洋梨（*P. communis*）上采集表现胴枯病症状的枝干样品286份，通过组织分离法共获得453个梨胴枯病菌分离株，根据菌落形态特征和ITS序列分析的结果，从中选择113株作为代表菌株进行多基因位点序列（包括ITS、TEF、CAL、HIS、TUB）联合的系统发育分析和形态学（菌落形态、无性态及有性态等）鉴定，结果显示这些分离物分属于19种间座壳菌，其中已知种13个，分别为山核桃间座壳菌（*Diaporthe caryae*）、紫荆间座壳菌（*D. cercidis*）、城固柑橘间座壳菌（*D. citrichinensis*）、榆树间座壳菌（*D. eres*）、梭状间座壳菌（*D. fusicola*）、大麻间座壳菌（*D. ganjae*）、香港间座壳菌（*D. hongkongensis*）、稠李间座壳菌（*D. padina*）、桃间座壳菌（*D. pescicola*）、大豆间座壳菌（*D. sojae*）、桃树间座壳菌（*D. taoicola*）、蜜柑间座壳菌（*D. unshiuensis*）、毡状间座壳菌（*D. velutina*）；新描述种6个，该研究首次将其分别命名为尖锐间座壳菌（*D. acuta*）、重庆间座壳菌（*D. chongqingensis*）、黄褐间座壳菌（*D. fulvicolor*）、小间座壳菌（*D. parvae*）、刺状间座壳菌（*D. spinosa*）、早白酥间座壳菌（*D. zaobaisu*）。19种间座壳菌的代表菌株接种到活体翠冠苗上均产生与田间相同的症状，结果证实这些种均为梨胴枯病的病原菌。但不同地区和不同梨种引起梨胴枯病的病原种类组成存在显著差异，长江流域及其以南地区的病原种类多达19种，而长江以北地区则仅有2种；砂梨和白梨的病原种类分别为15种和7种，西洋梨和秋子梨则各仅有1种。该研究是除榆树间座壳菌（*D. eres*）外的18种间座壳菌引起梨胴枯病的首次报道。

Guo等（2020）的研究表明，中国梨胴枯病的病原具有丰富的种类多样性。分类结果显示，19种病原间座壳菌中的12种分属于榆树间座壳菌、大豆间座壳菌、*D. arecae*三个复合种；形态学特征观测结果显示，病原间座壳菌的不同复合种的菌落色素沉积和α型分生孢子形态存在明显差异；致病力和寄主范围测定结果显示，病原间座壳菌的不同种对不同种质的梨的致病力存在显著差异，梭状间座壳菌和重庆间座壳菌致病力最强，砂梨对病原间座壳菌最敏感，而西洋梨和秋子梨抗性则较强。除梨外，19种病原间座壳菌中的13种还可侵染苹果（*Malus pumila*）、桃（*Prunus persica*）、中华猕猴桃（*Actinidia chinensis*）和柑橘（*Citrus reticulata*）；交配型检测结果显示，19种病原间座壳菌中的13种为异宗配合型菌株，仅大豆间座壳菌为同宗配合型，但蜜柑间座壳菌、香港间座壳菌、紫荆间座壳菌和榆树间座壳菌菌株中既包含同宗配合型又存在异宗配合型。

2. 优势病原种及其培养特性与形态特征

（1）梨胴枯病的优势病原种

Guo等（2020）的研究结果表明，榆树间座壳菌在我国梨产区均有分布，可为害砂梨、白梨、秋子梨和西洋梨，是导致梨胴枯病的优势病原种。

榆树间座壳菌是间座壳属（*Diaporthe*）的代表种。由Nitschke（1870）在德国榆树上采集并描述。榆树间座壳菌作为病原菌，内生菌或腐生菌，其分布及寄主范围较广，可以引起多种植物病害（Udayanga et al., 2014）。有研究认为应将 *D. biguttusis*、*D. camptothecicola*、*D. ellipicola*、*D. longicicola*、*D. mahothocarpus* 和 *D. momicola* 视为榆树间座壳菌（*D. eres*）的同义词（Fan et al., 2018; Yang et al., 2018）。Guo等（2020）的研究结果与上述一致。大量分离株聚集在榆树间座壳菌中。Bai等（2015）确定该物种与梨胴枯病有关，一些先前鉴定为福士拟茎点霉（*Ph. fukushii*）的分离物已被重新鉴定为榆树间座壳菌。

（2）菌落与形态特征

在PDA培养基上，菌落初期白色，气生，绒毛菌丝体，菌落中心有灰黑色色素沉积；在28℃下放置3天后菌落直径为70~73mm。在燕麦琼脂（OA）培养基上菌落形态略有差异，初期白色，气生菌丝较PDA培养基上的少，后期灰黑色色素略浅，菌落形成同心轮纹。在苜蓿茎上观察到无性态，未观察到有性态。分生孢子器球形，单生或聚集，包裹菌丝，在苜蓿茎表面着生，灰色至黑色，直径为1843~3624μm，淡黄色的分生孢子堆从孔口泌出。分生孢子梗透明，光滑，无分枝，壶形，大小为11.5~19.5μm×2~3μm；产孢细胞圆柱形，大小为11~17μm×2~3μm，顶端略细。α型分生孢子纺锤形，单胞、无色透明、无隔，两端各有一个油球，大小为5.5~8.0μm×2.0~2.5μm，L/W=2.9（重复次数 n=50）；β型分生孢子丝状，钩形或直线形，无色透明、无隔，大小为20~38μm×1.0~1.5μm，L/W=22（n=50）。γ型分生孢子透明，多油球状，梭形至圆柱形或中部弯曲，具尖锐或圆形的顶端，大小为9~12μm×1.5~2.0μm，L/W=5.4（n=10）（图2-27）。

二、分布为害

梨胴枯病近几年在我国广泛流行，江苏、河北、河南、山东、山西、云南、浙江、辽宁、吉林等省份均有发生和危害（王焕英等，2011）。该病害于1988年在吉林延边普遍发生，发病率达16.9%（赵成范等，1995）。在浙江的黄花、新世纪等梨品种上危害严重，发病率为5%~10%，最严重的梨园发病率高达20%左右（黄窈军等，1999）。随后

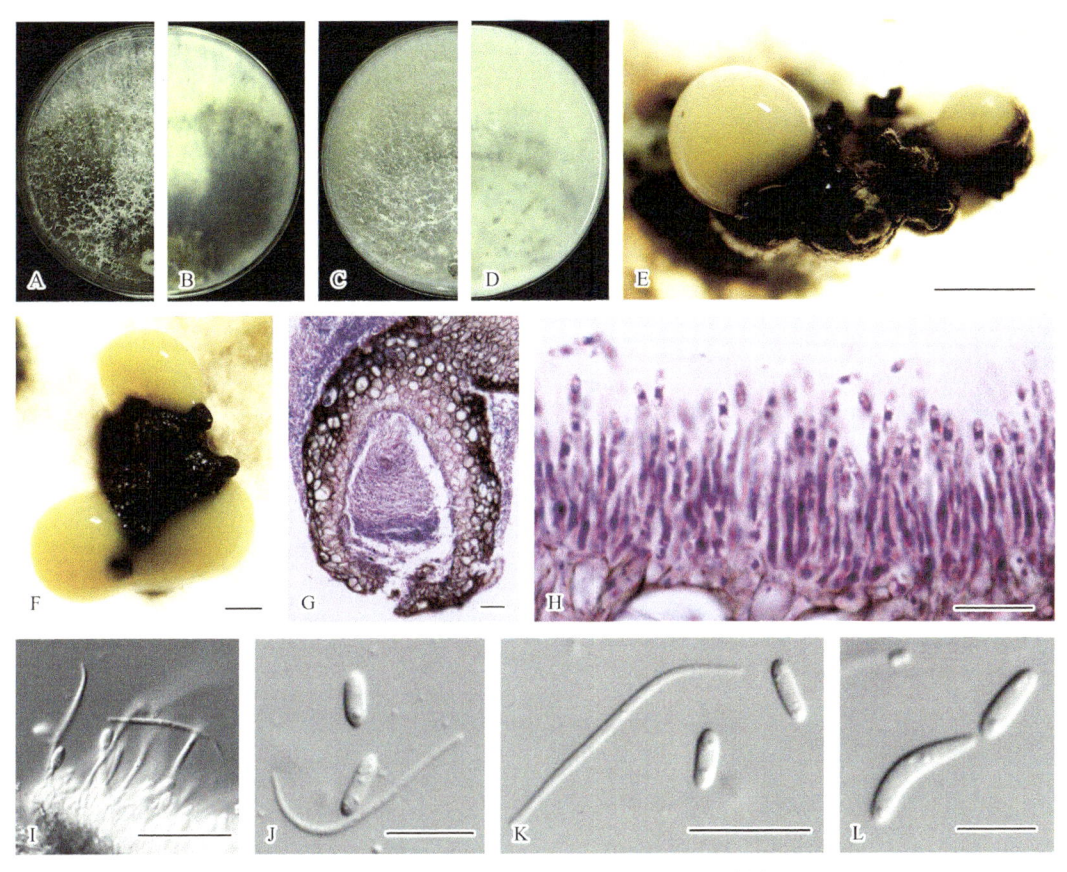

图 2-27　榆树间座壳菌形态特征（王国平　拍摄）

A~D：在 PDA、OA 培养基平板上菌落的正面和背面形态；E 和 F：分生孢子器；G：分生孢子器横切面；H 和 I：分生孢子梗；J 和 K：α 型和 β 型分生孢子；L：α 型和 γ 型分生孢子。比例尺：E=1mm；F=500μm；G, I, J=20μm；H, K, L=10μm

在江西（黄冬华等，2014）、河北（唐小宁，2010）、吉林（丁丽华等，2006）、湖北等地均有梨胴枯病发生的报道。

胴枯病在西洋梨上同样造成较严重危害，尤其以巴梨受害最重，并在西洋梨上形成黑褐色病斑（唐小宁，2010）。

三、流行规律

（一）侵染与传播

梨胴枯病以菌丝体及分生孢子器在发病的枝干上越冬，第二年春季在温度、湿度适宜条件下泌出分生孢子，并借助风雨、昆虫进一步传播，从新芽、自然伤口或人为造成的剪口处侵入，从而引起初侵染。遇高湿环境，侵入的病原菌又产生新的分生孢子，引起再侵染。梨胴枯病通常在 5~6 月扩展速度较快，当年秋季在枝干上可见大面积坏死病斑（王焕英等，2011）。

在西洋梨上，胴枯病以菌丝在枝条溃疡病斑及芽鳞内越冬，也能以分生孢子器和子囊壳在病部越冬。越冬后的旧病斑，于第二年 4~5 月气温上升到 15~20℃时开始活动，盛夏季节扩展暂停，秋季又继续扩展。在黄河故道地区，分生孢子器和子囊壳内的孢子多在7～8月成熟，借风雨传播，经伤口和芽基周围裂口侵入，当年形成小病斑。在山东烟台地区，4月下旬至6月上旬和8月中旬前后有2次发病高峰。

（二）流行因素

梨胴枯病具有潜伏侵染现象，病害发生与树势强弱有密切关系，树势强，发病轻，树势弱，发病重。土质瘠薄、肥水不足、结果过多则发病重。地势低洼、排水不良、修剪过重、伤口过多及遭受冻害后的梨树，发病也重。品种与发病也有一定关系。在日本梨系统中，幸水易感病，丰水、新水次之，长十郎、二十世纪等较抗病。在洋梨系统中，巴梨受害最重，茄梨次之，磅梨较抗病。中国梨系统较抗病。

四、防控技术

（一）选栽抗病品种的无病苗木

在新建梨园时，注意选择抗梨胴枯病的品种。栽植时要严格挑选无胴枯病的梨苗木，防止梨胴枯病通过苗木传播扩散。

（二）栽培防治

结合冬剪，剪除病枯枝，集中烧毁，减少梨胴枯病的初侵染源。对长势弱的梨树应加强肥水管理，增强树势，提高抗病能力，减轻梨胴枯病的危害。

（三）科学用药

1. 划道或刮除病斑后涂药

对已形成但尚未大面积扩散的病斑，可采取划道或刮除处理，然后涂抹2%农抗120水剂80～150倍液、农用抗生素20～25倍液、3～5°Be石硫合剂（王焕英等，2011）或70%甲基硫菌灵可湿性粉剂50倍液，或者涂9281药剂5倍液或843康复剂10倍液或402抗菌剂50倍液（唐小宁，2010），均已证实有较好的防治效果。

2. 梨树发芽前喷药

对发病重的小树，可在春天梨树发芽前，对其茎干部位或大树短枝结果枝组部位喷洒10%果康宝膜悬浮剂或30%腐烂敌100倍液或3～5°Be石硫合剂。

撰稿人：王国平（华中农业大学植物科学技术学院）
　　　　王先洪（华中农业大学植物科学技术学院）
审稿人：洪　霓（华中农业大学植物科学技术学院）

第十节 梨褐斑病

一、诊断识别

（一）为害症状

梨褐斑病又称梨斑枯病、梨白星病。该病害主要为害叶片，初期呈灰白色、直径为1～2mm的点状斑，边缘清晰，以后逐渐扩大发展成圆形或近圆形病斑，中央灰白色，周围褐色，病斑上密生小黑点，为病原菌的分生孢子器。发病严重时，多个病斑合并为不规则褐色大斑块，外层呈黑色，病叶容易脱落（图2-28）。也可侵染果实，发病症状与病叶相似，随着果实的发育，病斑稍凹陷，颜色变褐。

图2-28 梨褐斑病为害症状（王国平 拍摄）
A：前期症状；B：后期症状

（二）病原特征

梨褐斑病病原的无性世代为梨生壳针孢（*Septoria piricola*），属于子囊菌门类壳菌纲壳针孢属。分生孢子器埋生于叶组织内，孔口露于表皮外，球形或扁球形，直径为80～150μm，暗褐色，无分生孢子梗，产孢细胞无色，全壁芽生式产孢。分生孢子丝状，无色，一端稍细，多弯曲，有3～5个横隔，大小为50～83μm×4～5μm。

梨褐斑病病原的有性世代为梨球腔菌（*Mycosphaerella sentina*），属于子囊菌门球腔菌目球囊菌科球腔菌属。春季在落叶叶背形成子囊壳，球形或扁球形，呈黑色的小点粒，直径为50～100μm，藏于叶表皮下，孔口露出。子囊棒槌状或长卵形，大小为45～60μm×15～17μm，内含8个不规则排列的子囊孢子。子囊孢子纺锤形或圆筒形，稍弯曲，两端细，双胞，中央有隔膜，大小为27～34μm×4～6μm。

二、分布为害

梨褐斑病是梨树上的常见病害，在我国主要分布于辽宁、河北、山东、河南、四川、安徽、江苏、浙江、湖南等省。该病主要侵害梨树叶片，一般病叶率为20%～40%，严重时超过60%，造成大量落叶，树势衰退，不仅影响当年梨果产量和质量，还影响花芽分化和第二年产量。

三、流行规律

（一）侵染循环

病原菌以子囊壳或分生孢子器在病叶上越冬。第二年春季雨后产生孢子，成熟后借风雨传播，附着在叶片上，环境适宜时孢子萌芽侵入叶片，引起初侵染。侵染叶片潜育期一般为5～12天，最长45天。条件适宜时，初侵染的病斑上产生分生孢子，通过风雨传播再次侵染叶片。在整个生长季节，病原菌进行多次再侵染，造成叶片不断发病。

（二）发生规律

主要依靠风雨带动成熟孢子进行中近距离传播。自梨树展叶开始至落叶为止，整个生长季节都可见褐斑病发生。长江中下游梨产区，一般在4月中下旬开始发病，5月中下旬大发生，发病重的在5月下旬就开始落叶，7月中下旬至8月梨园落叶最严重；在黄河故道和华北梨产区，5～6月发病严重，造成8～9月梨园大量落叶；在辽宁梨产区，一般7月上旬开始发病，7～8月为发病盛期，造成梨树大量落叶（谢志刚等，2017；毕秋艳等，2019）。

（三）流行因素

1. 品种抗病性差异显著

不同的品种对褐斑病的抵抗力不同，一般来说，西洋梨品种最易感病，日本梨次之，中国梨大部分品种抗病能力较强，但少数品种也易感病；白梨系统的雪花发病最严重。

2. 高温多雨

高温多雨是梨褐斑病流行的主要条件，雨季湿度大，温度高，有利于孢子萌发和侵染，容易诱发梨褐斑病。

3. 果园郁闭

梨园基本上都采用密植栽培，加之果农在整形修剪中留枝过多过大、不重视夏剪等原因，导致果园郁闭，通风透光条件差，园内长期处于高湿环境，造成褐斑病严重发生，特别是内膛叶片。

4. 施肥不合理

生产中果农追求短期梨园产量最大化，大肥大水，偏施氮肥，忽视磷钾肥和有机肥的投入，不但造成梨果品质下降，还严重削弱了树势和树体抗病性，加重了褐斑病的发生。

四、防控技术

1. 清除菌源

梨树落叶后至入冬前，彻底清理地面枯枝落叶，集中深埋或烧毁，杜绝越冬菌源。在梨树生育期，及时清理褐斑病引起的地面病叶，并结合喷药防治。

2. 加强栽培管理

梨果采收后，深施腐熟有机肥，增施磷钾肥，作为基肥的化肥占全年化肥施肥量的60%～70%；开春萌芽后，根据梨树需肥特征，推行配方施肥和水肥一体化，控制氮肥施用量、合理疏花留果。做好休眠期整形修剪和夏季修剪，保持园内通风透光，增强树势。做好园内排水沟，及时排出园内积水，降低园内湿度。

3. 药剂防治

早春梨树萌芽露白期，喷施 3～5°Be 石硫合剂；梨树落花，在发病前或发病初期，结合其他病害防治，可选择 80% 大生 M-45 可湿性粉剂 800 倍液、70% 甲基硫菌灵可湿性粉剂 800 倍液、10% 苯醚甲环唑水分散粒剂 1500～2000 倍液、倍量式波尔多液（硫酸铜 1 份、生石灰 2 份、水 150 份）等。在发病梨园，采收果实以后，要根据病害发生情况，继续用药防治，保护树势，降低越冬病菌基数。

撰稿人：赵延存（江苏省农业科学院植物保护研究所）
审稿人：刘凤权（江苏省农业科学院植物保护研究所）

第十一节　梨叶灰霉病

一、诊断识别

（一）为害症状

梨叶灰霉病发病初期，嫩叶上出现水渍状小圆点，之后迅速扩大产生水渍状褐色斑块。雨天病斑扩展快，边缘不明显。一般叶面上为圆形较大病斑，叶边缘为半圆形病斑。晴天干燥，病部往往出现皱缩现象，病叶呈扭曲状。夏、秋季出现的病叶病斑扩展较慢，病斑边缘明显，有红色晕圈。潮湿时病叶上产生大量灰色霉层。

（二）病原特征

梨叶灰霉病病原菌有性世代为子囊菌门柔膜菌目核盘菌科的富氏葡萄孢盘菌（*Botryotinia fuckeliana*），无性世代为柔膜菌目核盘菌科的灰葡萄孢（*Botrytis cinerea*）。菌丝灰白色至灰褐色，较粗壮，直径为8.5～10.5μm。分生孢子梗发达，大小为200～300μm×12～16μm，顶端集生椭圆形（或卵圆形）、无色、单胞的分生孢子，大小为6.5×8.5μm×10.8～14.3μm。20℃条件下培养4天后产生疏松不规则黑色菌核，一般大小为4～10cm×0.1～0.5cm。子囊盘2或3个束生于菌核上，直径为1～3mm，柄长2～10mm，稍有毛，淡褐色；子囊圆筒形或棍棒形，大小为100～130μm×9～13μm；子囊孢子卵形或椭圆形，无色，大小为8.5～11.0μm×3.5～6.0μm。病菌在15～30℃均能生长，但以20～25℃时生长最快、最好（冯福娟等，2004）。

二、分布为害

梨叶灰霉病已知发生在浙江省云和县梨产区。据2002年调查，长田梨园发病株率达100%，重河湾梨园发病株率达65%，严重影响叶片的光合作用能力，削弱树体生长势，影响梨产量。

三、流行规律

病原菌以菌丝、菌核、分生孢子附着在病残体上或遗留在土壤中越冬，成为第二年的主要初侵染源。由于灰霉病的菌核和分生孢子的抗逆性较强，灰葡萄孢又是一种寄主范围很广的兼性寄生菌，多种水果、蔬菜及花卉都发生灰霉病，再加上分生孢子在病残体上可存活4～5个月，因此病害初侵染源非常广泛。病菌靠风雨、气流、灌水或农事操作等传播蔓延。越冬菌核在第二年春季温度回升至15℃以上，遇降雨或湿度大时即可萌动产生新的分生孢子，经气孔或伤口侵入梨嫩叶。潜育期较短，从侵入到发病只需1周左右。条件适宜可进行再侵染。

病害发生与湿度、温度关系密切，梨树开花展叶期，天气晴朗则发病较轻，空气湿度大则发病重。病害的发生与小气候关系密切，在云和的长田雪梨基地，由于地下水位高且小山环绕，气流不畅，空气湿度大，梨叶灰霉病发病株率达100%，发病重的地段梨叶发病率高达95%。重河湾基地由于地势相对开阔，空气流动通畅，其梨叶灰霉病的发病株率为65%，梨叶发病率在10%以下。

该病害在黏性、酸性重的红黄壤梨园发病重；沙壤土、壤土或坐北朝南的梨园发病轻。管理粗放、杂草丛生、树冠郁闭、偏施氮肥的梨园发病重；精细管理、生草栽培和通风透光的梨园发病轻。该病害一年中以3～4月为害最重，9～10月次之，高温季节不发病。

四、防控技术

1）加强栽培管理，改善树体通风透光条件，增强树体抗病能力。

2）早春喷洒 70% 甲基硫菌灵可湿性粉剂 1000 倍液，或 40% 福星乳油 8000 倍液，或 50% 退菌特可湿性粉剂 600 倍液，或 50% 扑海因可湿性粉剂 800 倍液。

撰稿人：孙伟波（江苏省农业科学院植物保护研究所）
审稿人：刘凤权（江苏省农业科学院植物保护研究所）

第十二节 梨煤污病

一、诊断识别

（一）为害症状

果实发病，在快成熟时开始发生。果面上覆盖一层灰黑色霉层，似煤烟状，用湿布蘸小苏打可以轻轻擦掉。霉层上散生黑色圆形小亮点，为病菌的分生孢子器。新梢和叶片上也产生黑灰色煤状物（图 2-29）。

图 2-29 梨煤污病为害症状（王国平 拍摄）

（二）病原特征

用解剖针挑取煤污病果面上的小黑点，放到载玻片上的水滴中，用盖玻片压碎，显微镜下观察。病菌的分生孢子器半球形，黑色，直径为 66～175μm。分生孢子无色，圆筒形至椭圆形，双胞，两端尖，壁厚，大小为 3.0～9.2μm×1.2～1.4μm。病菌的无性世代为子囊菌门的仁果黏壳孢（*Gloeodes pomigena*）。病菌萌发和菌丝生长温度为 15～30℃，最适温度为 20～25℃。

二、分布为害

梨煤污病污染果实、枝条和叶片，影响梨外观等级，在近成熟时，我国东部和中部湿度大的梨产区较常见。

三、流行规律

病菌以分生孢子器在梨树和其他多种阔叶树上越冬，第二年气温上升时，分生孢子传播到有养分的果面、枝、叶面、芽，产生霉层，形成煤污病。若果园低洼、湿度大、通风透光不良，则发病多。

四、防控技术

（一）栽培防治

冬季及时清除发病枝叶，集中烧毁以减少越冬菌源。生长期间修剪，采用合理树形，使果园通风透光；加强果园排水，降低果园湿度。

（二）科学用药

1. 在发病初期，喷施杀菌剂防病

可选用 50% 甲基硫菌灵可湿性粉剂 600~800 倍液、70% 代森锰锌可湿性粉剂 500~800 倍液、77% 可杀得微粒可湿性粉剂 500 倍液、50% 多菌灵可湿性粉剂 600 倍液等，7~10 天喷施 1 次，交替使用，共喷施 2 或 3 次。

2. 防虫控病

该病病原为弱寄生菌，以昆虫在梨树上的分泌物为营养源，控制中国梨木虱、龟蜡蚧等易诱发煤污病的害虫数量，减少煤污病发病机会。

撰稿人：王国平（华中农业大学植物科学技术学院）
审稿人：洪　霓（华中农业大学植物科学技术学院）

第十三节　梨褐腐病

一、诊断识别

（一）为害症状

梨褐腐病在梨果近成熟期发病，果面上产生褐色圆形水渍状小斑点，扩大后中央长出灰白色至灰褐色绒球状霉层，排列成同心轮纹状，下面果肉疏松，微具弹性，条件适宜时 7 天左右可使全果烂掉，表面布满灰褐色绒球，以后变成黑色僵果（图 2-30）。果实在储藏期互相接触可传染发病。

图 2-30 梨褐腐病为害症状（王江柱 拍摄）

（二）病原特征

落地的病僵果，在潮湿条件下形成菌核，长出子囊盘。菌核黑色，形状不规整。梨褐腐病病原菌的有性世代为果生链核盘菌（*Monilinia fructigena*），属于子囊菌门柔膜菌目核盘菌科链核盘菌属。子囊盘漏斗形，外部平滑，灰褐色，具盘梗，直径为 3～5mm。子囊盘梗长 5～30mm，色较浅。子囊圆筒形，无色，内含 8 个子囊孢子，子囊间有侧丝。子囊孢子无色，卵圆形，大小为 10～15μm×5～8μm。无性世代为仁果褐腐丛梗孢（*Monilia fructigena*），属于子囊菌门柔膜菌目核盘菌科丛梗孢属。分生孢子梗直立，分枝。分生孢子椭圆形，单胞，无色，大小为 12～34μm×9～15μm。

二、分布为害

梨褐腐病又称为梨菌核病，在梨果近成熟期和储藏期造成腐烂，是一种常见病害，在西北、西南、东北、华北梨产区均有发生。秋雨多的年份，烂果率可达 10% 以上。

三、流行规律

病菌主要以菌丝团在病果上越冬。第二年产生分生孢子，由风雨传播，经伤口或果实皮孔侵入，潜伏期5~10天。在果实储藏期病菌通过接触传播，由碰压伤口侵入，迅速蔓延。发病温度为0~25℃，高温高湿有利于病菌繁殖和发育。

果园管理粗放，果实近成熟时，多雨、湿度大、采摘后果面碰压伤多，有利于发病。不同品种发病有所差别，黄皮梨、麻梨、秋子梨较抗病，锦丰、明月、金川雪梨、白梨等较感病。

四、防控技术

（一）栽培防治

1. 加强果园管理

及时清除病果，集中深埋或烧毁，特别在秋末采果后，可以翻耕土壤，深埋病果，以减少田间菌源。

2. 避免果实创伤

果实的采收和储存过程中尽量避免造成创伤，防止储藏期发病，储藏前剔除病果和伤果。

3. 防治虫害

虫害造成的伤口是病原侵染的重要途径，在虫害如中国梨木虱和梨黄粉蚜为害严重的果园，病害发生严重，因此在果实生长后期，应及时防虫。

（二）科学用药

1. 发病较重果园

可在越冬休眠期至花前喷1∶2∶200波尔多液、3~5°Be石硫合剂或晶体石硫合剂30倍液，铲除部分越冬菌源；在花后和果实成熟前再喷药防治，药剂可选用50%苯菌灵可湿性粉剂800倍液、53.8%可杀得微粒可湿性粉剂500倍液、70%甲基硫菌灵可湿性粉剂800倍液等。

2. 储藏期防治

果筐和果箱等储藏用具用50%多菌灵可湿性粉剂300倍液喷洒消毒，储藏果库用二氧化硫、甲醛或漂白粉水溶液熏蒸，熏蒸方法详见梨青霉病防治；果实储藏前可用45%噻菌灵悬浮剂3000~4000倍液或50%甲基硫菌灵可湿性粉剂700倍液浸果10min，晾干后储藏。

撰稿人：王国平（华中农业大学植物科学技术学院）
审稿人：洪　霓（华中农业大学植物科学技术学院）

第十四节　梨白纹羽病

一、诊断识别

（一）为害症状

1. 地上部症状

发病初期，染病树的外观与健康树无明显差异，随着根系大部分受害后，地上部表现树势衰弱、叶片褪绿、萎凋变黄。发病后期，染病树或苗木叶片枯焦，枝条干枯，直至整株苗木或大树枯死（图2-31）。

图2-31　梨白纹羽病为害梨树地上部症状（王国平　拍摄）
A：叶片褪绿；B：苗木枯死；C：大树枯死

2. 地下部症状

白纹羽病菌从梨根颈处侵入，在根颈表面形成白色菌丝层。侵入皮层组织后向主根和侧根蔓延。侵染初期，主根上产生白色菌丝层，侧根、须根外观正常。随病害加重，侧根和须根表面布满密集交织的白色菌丝体，菌丝体中形成白色菌索。病根表面的白色菌丝体呈羽毛状或网纹状分布（图2-32）。

图2-32 梨白纹羽病为害梨树地下部症状（王国平 拍摄）
A：根颈处白色菌丝层；B：主根上的白色菌丝层；C：侧根和须根上的白色菌丝层；
D：白色菌索；E：呈羽毛状分布；F：呈网纹状分布

病根皮层极易剥落。皮层内有时可见黑色细小的菌核。当土壤潮湿时，菌丝体可蔓延到地表，呈白色蛛网状。有时根部死亡后，在根的表皮出现暗色粗糙斑块，斑块上长出刚毛状分生孢子梗束，在分生孢子梗上产生分生孢子。

（二）病原特征

1. 病原种类

梨白纹羽病病原菌的有性世代为子囊菌门炭角菌科座坚壳属的褐座坚壳菌（*Rosellinia necatrix*），在自然界不常见；无性世代为子囊菌门炭角菌科的白纹羽束丝菌（*Dematophora necatrix*）。

2. 培养特性与形态学特征

在 PDA 培养基上，在 25℃黑暗条件下培养，观察发现菌落初期为白色，羽毛状，中央气生菌丝茂密，9 天后菌落开始有黑色素沉淀，20 天后菌落中央为深黑色，逐渐向边缘变浅。对初期和老化菌落的菌丝进行镜检，发现菌丝均无色透明，产生分枝，部分菌丝在隔膜处具有明显的梨形膨大（图 2-33）。

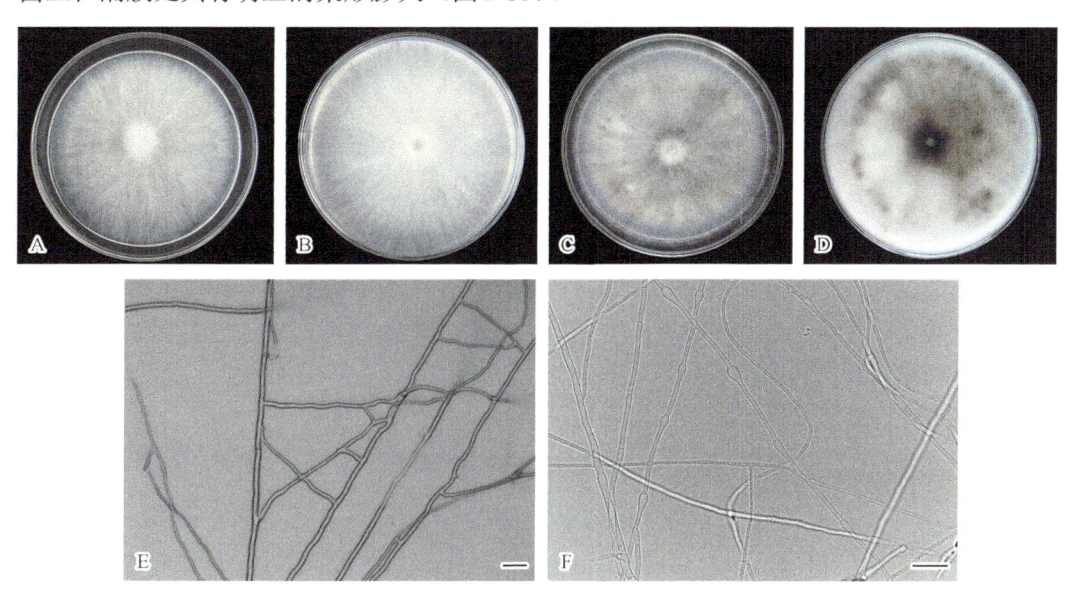

图 2-33　梨白纹羽病病原菌形态特征（王国平　拍摄）
A～D：在 PDA 培养基平板上培养 6 天、20 天的菌落正面和背面形态；
E：菌丝分枝；F：菌丝隔膜处梨形膨大。比例尺：E 和 F=20μm

二、分布为害

在我国各梨产区均有梨白纹羽病的分布，老梨树园和立地条件差、管理粗放的梨园较常见。一般影响树体生长发育，造成减产，发生严重的造成叶片和枝条干枯。

梨苗木染病后几周内即枯死，大树受害后数年内也会整株死亡。

三、流行规律

梨白纹羽病菌以侵染的根组织作为营养基在土中生长，潜伏期达 1～3 年，湿润和有机质多的轻沙质土壤适宜病菌发生，黏性、板结及酸性强的土壤次之。低洼渍水、偏施氮肥、间种不当、建园时壕沟或穴内有机肥未腐熟下沉即定植、将未经堆沤腐熟的有机肥直接施于根际作基肥的果园发病较重。病菌能抗干旱，在干木块上可存活 1～3 年。

梨白纹羽病主要通过病根和健根互相接触在果园中短距离传播，造成成行或成片梨树枯死（图 2-34）。该病还可随着带菌苗木和砧木的调运远距离传播。

图 2-34　梨白纹羽病的田间扩展与蔓延（王国平　拍摄）
A：成行扩展；B：成片扩展

梨白纹羽病在当地 3 月中下旬开始发病，至 10 月下旬仍有零星病株出现，以多雨季节的梨盛花期至幼果期发病最重，为发病高峰期。树龄 5 年左右的初结果树最易发病。杂木林开辟的果园潜伏病菌较多。品种间感病性有差别，据初步观察，以翠冠、幸水较易感病，清香较抗病，不同砧木抗病性也不同，以豆梨砧较抗病。

四、防控技术

（一）栽培防治

加强栽培管理，疏松土壤，增施有机肥，及时排出积水，促进根系发育，提高抗病能力。不要在砍伐的林地和新毁的果树地育苗及栽植，如要用作果树用地，应深翻，晒土，种 3～4 年其他农作物后再栽梨树。

（二）科学用药

1. 苗木处理

苗木出圃时，严格淘汰病苗。对疑病苗木用 2% 石灰水，或 70% 甲基硫菌灵可湿性粉剂，或 50% 多菌灵可湿性粉剂 800～1000 倍液，或 50% 代森铵水剂 1000 倍液浸泡苗木 10～15min，水洗后再进行栽植。

2. 灌根

发现树上枝叶生长不正常后，应扒开根颈部和大根土壤检查病部，并剪除病根，用 100 倍波尔多液，或 5°Be 石硫合剂进行消毒。如病部分散，可用 0.5%～1% 硫酸铜水溶液灌根消毒。

3. 土壤处理

尽早刨除已枯死或黄萎的梨树（苗），集中烧毁病残根，并对发病的树（苗）穴用

50%代森锌水剂250倍液或硫酸铜100倍液灌药杀菌或另换无病菌新土。

撰稿人：王国平（华中农业大学植物科学技术学院）
　　　　邓惠方（华中农业大学植物科学技术学院）
审稿人：洪　霓（华中农业大学植物科学技术学院）

第十五节　梨根腐病

一、诊断识别

（一）为害症状

梨根腐病又称为梨根朽病，主要为害梨树的根部和根颈部，有时能沿主干向上扩展，梨树上甚至能扩展至主干1~2m高处。发病后的主要症状特点：病部皮层与木质部间及皮层内充满白色至淡黄褐色菌丝层，该菌丝层外缘呈扇状向外扩展，且新鲜菌丝层在黑暗处可发出蓝绿色荧光。该病初发部位不定，但无论从何处开始发生，均迅速扩展至根颈部，再由根颈部向周围蔓延。发病初期，皮层变褐、坏死，逐步加厚并具弹性，有浓烈的蘑菇味。发病后期，病部皮层逐渐腐烂，木质部也朽烂破碎。高温多雨季节，潮湿的病树基部及断根处可长出成丛的蜜黄色蘑菇状物（子实体）。

少数根或根颈部局部受害时，树体上部没有明显异常；随着腐烂根的增多或根颈部受害面积的增大，地上部逐渐呈现各种生长不良症状，如叶色及叶形不正、叶缘上卷、展叶迟而落叶早、坐果率降低、新梢生长量小、叶片小而黄、局部枝条枯死等；之后逐渐导致全树干枯死亡。该病发展较快，一般病树从出现症状到全树死亡不超过3年。

（二）病原特征

梨根腐病的病原菌为发光假蜜环菌（*Armillariella tabescens*），属于担子菌门蘑菇目泡头菌科假蜜环菌属。不产生无性孢子及菌索，以菌丝体（层）为主。有性世代产生蘑菇状子实体，但在病害侵染循环中无明显作用。子实体由病皮菌丝层直接形成，丛生，一般6或7个一丛，多者达20个以上。菌盖浅蜜黄色至黄褐色，直径为2.6~8cm，初为扁球形，逐渐展开，后期中部凹陷，覆有密集小鳞片。菌肉白色，菌褶着生方式为延生，浅蜜黄色。菌柄浅杏黄色，长4~9cm，表面有毛状鳞片，无菌环。担孢子椭圆形，无色，单胞，大小为$7.3~11.8\mu m \times 3.6~5.8\mu m$。

二、分布为害

梨根腐病在我国大部分梨栽培区均有不同程度的发生，是一种重要的梨树根部病害。一般幼树发病较少，成龄树发病较多，老树受害较重。发病初期树势衰弱、生长不良，随着病情的发展逐渐造成枯枝死树，严重时导致梨树大面积死亡，甚至果园毁灭。

三、流行规律

梨根腐病病原菌主要以菌丝体的形式在果园病株和病株残体上越冬，病残体腐烂分解后病菌死亡，没有病残体的土壤不携带病菌。病残体在田间的移动及病、健根的接触是病害传播蔓延的主要方式。病菌主要从伤口侵染，也可直接侵染衰弱根部，之后迅速扩展为害。树势衰弱，发病快，易导致全株死亡；树势强壮，病斑扩展缓慢，不易造成死树。

四、防控技术

1）发现树上枝叶生长不正常后，应扒开根颈部和大根土壤检查病部，并剪除病根，用 100 倍波尔多液，或 5°Be 石硫合剂进行消毒。如果病部分散，则可用 0.5%～1% 硫酸铜水溶液灌根消毒。

2）加强栽培管理，疏松土壤，增施有机肥，及时排出积水，促进根系发育，提高抗病能力。

3）尽早刨除已发病或枯死的梨树（苗），集中烧毁病残根，并对发病的树（苗）穴用 50% 代森锌水剂 250 倍液或硫酸铜 100 倍液灌药杀菌或另换无病菌新土。

4）苗木出圃时，严格淘汰病苗。对疑病苗木用 2% 石灰水，或 70% 甲基硫菌灵可湿性粉剂，或 50% 多菌灵可湿性粉剂 800～1000 倍液，或 50% 代森铵水剂 1000 倍液浸泡苗木 10～15min，水洗后再进行栽植。

5）不要在砍伐的林地和新毁的果树地育苗和栽植，如要用作果树用地，应深翻，晒土，种 3～4 年其他农作物后再栽梨树。

撰稿人：李朝辉（江苏省农业科学院植物保护研究所）
审稿人：刘凤权（江苏省农业科学院植物保护研究所）

第十六节　梨白绢病

一、诊断识别

（一）为害症状

梨白绢病主要为害梨树根颈部和主根基部。受害部位树皮表面布满白色绢状菌丝。病部初期褐色，水渍状，有时渗出茶褐色汁液。后期皮层腐烂，木质部不腐烂。病皮具酒糟气味。

（二）病原特征

梨白绢病病原菌的有性世代为担子菌门鸡油菌目角担菌科的白绢薄膜革菌（*Pellicularia rolfsii*），无性世代为担子菌门无乳头菌目无乳头菌科的齐整小核菌（*Sclerotium rolfsii*）。

菌核球形，白色，后变成黄色、棕色至茶褐色，表面平滑，内部组织紧密，表层细胞小而色深，内部细胞大而色浅或无色，肉质，直径为 0.8~2.3mm，似油菜籽。担子棍棒状，无色，单胞，直径为 1.6~6.6μm，上面对生 4 个小梗，顶生担孢子。担孢子倒卵圆形，无色，单胞，大小为 7.0μm×4.6μm。

二、分布为害

梨白绢病在我国南部多雨地区发生较重，海滩与河滩沙地果园也分布普遍，而山地果园却较少。从树龄来看，主要为害幼树、小树（4.5~10 年），而成树、老树受害轻微。

三、流行规律

病菌以菌核在土壤中越冬，或以菌丝体在根颈部越冬。菌核在土壤中可存活 5~6 年。菌核越冬后第二年长出菌丝，侵染果树。病部越冬的菌丝体第二年继续蔓延发病。菌核或菌丝近距离传播主要靠雨水或灌溉水流移动，远距离传播主要靠苗木调运。高温、高湿是发病重要条件，菌核在 30~38℃时经 2~3 天即可萌发，7~8 月是白绢病盛发期，菌核萌发到形成新菌核只需 7~8 天。果树根颈部被日晒烧伤后易发病。

四、防控技术

1）加强果园管理：做好果园排水工作，增施有机肥料，使果树根系生长旺盛，提高抗病力。

2）药剂防治：发现地上部症状后确认根部有病，应用刀将根颈部病斑彻底刮除，并用 401 抗菌剂 50 倍液或 1% 硫酸铜液消毒伤口，再涂波尔多浆等保护剂，然后覆盖新土。

3）选栽无病苗木及苗木消毒：苗木出圃时，严格淘汰病苗。对疑病苗木用 1% 硫酸铜液或 2% 石灰乳浸渍 1h，水洗后再进行栽植。

4）掘除病株及病土消毒：尽早掘除将死或已枯果树，集中烧毁病残根。用 150 倍五氯酚钠或撒施石灰粉灌浇病穴土壤。

撰稿人：孙伟波（江苏省农业科学院植物保护研究所）
审稿人：刘凤权（江苏省农业科学院植物保护研究所）

第十七节 梨火疫病

一、诊断识别

（一）为害症状

梨火疫病主要为害花、叶、新梢、幼果、枝干等。①花器受害：往往从花簇中个别花朵开始，然后经花梗扩展到同一花簇中的其他花朵及周围的叶，受害的花和叶不久枯萎变为黑褐色，表现为"花腐"症状（图2-35）。②叶片受害：多自叶缘开始发病，再沿叶脉扩展到全叶，先呈水渍状，后变黑褐色。③嫩梢受害：初期呈水渍状，随后变为黑褐色至黑色，常向下弯曲，呈"牧羊鞭"状，病枝上的叶片凋萎但不脱落，远望似火烧状，所以称"火疫病"（图2-36）。④果实受害：幼果直接受害时，受害处变褐凹陷，后扩展到整个果实，皱缩不脱落。⑤枝干受害：初期亦呈水渍状，后皮层干陷，形成溃疡疤，病、健交界处有许多龟裂纹，削去树皮可见内部呈红褐色，感病梨树的溃疡斑上下蔓延每天可达3cm，6周后死亡（图2-37）。梨树主干在地表处可发生颈腐症状，病部环绕一周后整棵树死亡，苗木受害矮化甚至死亡，幼树受害则叶片和小枝死亡，树势削弱，花腐，果实畸形。

图2-35　梨火疫病为害花和幼果症状（赵延存　拍摄）

图2-36　梨火疫病为害嫩梢和叶柄症状（孙伟波　拍摄）

潮湿的天气里，病部渗出许多黏稠的菌脓，初为乳白色，后变为红褐色。火疫病菌在病树上可形成气生丝状物，能粘连呈蛛网状，将这种丝状物置于显微镜下检查，可发现大量细菌，这是诊断火疫病的一个重要依据。

（二）病原特征

梨火疫病的病原菌为解淀粉欧文氏菌（*Erwinia amylovora*），属于原核生物界

图 2-37　梨火疫病为害枝干和整株枯死症状（孙伟波　拍摄）

变形菌门肠杆菌科欧文氏菌属，革兰氏染色反应阴性，好氧短杆细菌，菌体大小为 1.1～1.6μm×0.6～0.9μm，以单菌体、成对或短链状存在。具荚膜，周生鞭毛 1～8 根，具游动性。生长温度为 6～30℃，最适温度为 25～27.5℃，致死温度为 45～50℃（10min）。病菌在一些特定培养基上形成颜色独特的菌落，MS 培养基上的菌落为橙红色，边缘光滑透明；CG 培养基成分简单，但菌落形成特征不稳定，菌落识别需要一定经验。TTC 培养基上的菌落为独特的红色肉瘤状，易识别。CCT 培养基上的菌落为黄色带蓝色边缘，常用于检测无症状苹果花、芽和溃疡斑上的梨火疫病菌。

亚洲梨火疫病的病原菌为沙梨欧文氏菌（*Erwinia pyrifoliae*），与梨火疫病病原菌为相同属，革兰氏染色反应阴性，兼性厌氧短杆细菌，菌体大小为 0.8μm×1.0～3.0μm，以单个、成对或短链形式存在。有荚膜，周生鞭毛，能运动。最适生长温度为 25～27.5℃。沙梨欧文氏菌的生理生化指标和解淀粉欧文氏菌相似，但至少有 6 项指标不同：发酵葡萄糖产气、产 H_2S、产吲哚、脲酶阳性、能还原硝酸盐和在 36℃能生长。

针对梨火疫病菌的诊断检测方法主要包括传统的症状学检测、致病性测定、分离培养法、免疫学检测和分子生物学检测等。在实际中往往需要将多种诊断方法结合使用，以保证结果的准确性。对于梨火疫病的监测与检测，国内有江苏省地方标准《梨火疫病监测与检测技术规程》（DB 32/T 4394—2022）。对于亚洲梨火疫病的监测与检测，国内已发布了多项标准，包括国家标准《亚洲梨火疫病菌检疫鉴定方法》（GB/T 36852—2018）、农业行业标准《亚洲梨火疫病监测技术规范》（NY/T 2292—2012）、江苏省地方标准《梨枯梢病监测与检测技术规程》（DB32/T 3788—2020）等。

二、分布为害

梨火疫病是一种毁灭性细菌病害，病原菌寄主范围广，能为害梨、苹果、山楂、榅桲、海棠等 40 多个属 220 多种植物，大部分是蔷薇科仁果类植物。该病一旦发生，难以完全扑灭，在世界范围内造成重大损失，是世界性的植物病害检疫对象。梨火疫病于 1780 年首次被发现于美国纽约州和哈得孙河高地，近 100 年后 Burrill 证实是一种细菌性病害。此后 1902 年在加利福尼亚州、1903 年在日本、1919 年在新西兰、1957 年在英国、1966 年在荷兰和波兰、1968 年在丹麦、1971 年在联邦德国、1972 年在法国和比利时相继发现，现分布在北美、西欧、地中海沿岸及大洋洲的 50 多个国家。严重时造成病树大批死亡，1966～1967 年荷兰约有 8hm² 果园、21km 山楂防风篱被毁，至 1975 年已全国受害；1971 年联邦德国北部西海岸流行此病，毁掉梨树 1.8 万株。近 10 年，与我国毗邻的日本、韩国、哈萨克斯坦、吉尔吉斯斯坦和俄罗斯等国相继发生梨火疫病，亚洲梨火疫病主要发生于日本、韩国。

梨火疫病是《中华人民共和国进境植物检疫性有害生物名录》中的一类危险性病害，2020 年 9 月又被列入《全国农业植物检疫性有害生物名单》。目前，梨火疫病在我国新疆大部梨、苹果产区总体中等发生，局部地区偏重发生，在甘肃部分果园点片发生。亚洲梨火疫病在我国浙江西北部、安徽东部、重庆东北部的部分果园零星发生，存在向周边区域扩散的风险。国内各梨产区应提高警惕，加强防范，防止该病害进一步传播蔓延。

三、流行规律

（一）侵染循环

梨火疫病病原菌在溃疡病斑边缘组织、幼嫩枝条的维管束中越冬，挂在树上的病僵果也是其越冬场所。第二年早春，病菌在越冬处迅速繁殖，遇到潮湿、温和天气，从病部溢出大量乳白色黏稠状菌脓，即为当年的初侵染源，借助风雨、农事操作、昆虫（如蜂、蚁、蚜虫等）、鸟类活动等传播扩散。病原菌主要通过花、伤口和自然孔口（气孔、蜜腺、水孔）侵入寄主组织，有一定损伤的花、嫩枝、幼果最易感病，并从内部迁移到其他健康部位，导致花、枝条和根茎枯萎。该病菌不仅通过树木皮层薄壁组织的细胞间隙进行系统迁移，也能在木质部导管中定植，并通过木质部导管在树木内部传播，甚至导致整株死亡。同时，溃疡斑等病组织又为病原菌提供越冬场所，形成第二年的初侵染源。

（二）传播规律

风、雨、昆虫、鸟类和农事操作是梨火疫病中短距离传播扩散的重要因素。据报道，传病昆虫包含 77 个属的 100 多种昆虫，其中蜜蜂的传病距离为 200～400m。传病的气候因子中，雨水是病菌短距离传播的主要因子，其次风是病菌中短距离传播的重要因子，往往在沿着盛行风的方向，病原菌以单个菌丝、菌脓或菌丝束被风携带到较远距离。一般情况下，梨火疫病的自然传播距离约为每年 16km。带菌苗木、接穗和砧木的调运是梨火疫病长距离传播的主要途径。

（三）流行因素

1. 寄主因素

梨火疫病菌寄主范围极广，可侵染 40 多个属 220 多种植物，其中大部分属于蔷薇科苹果亚科（Maloideae），如梨、杜梨、苹果、海棠、楹梓等。梨火疫病在西洋梨上发生和危害严重，库尔勒香梨具有西洋梨血统，因此相对容易感染，而东方梨具有一定的抗性。

2. 气候因素

研究证实温度18~24℃、相对湿度70%以上的条件下有利于病害发生流行，湿度及降雨量是影响病害发生的决定性因素。该病害主要是在花期侵染，因此花期如遇降雨，将有利于病害的发生和蔓延，降雨伴有大风天气将加速病害的蔓延扩散。

3. 病菌传播方式和途径多样

越冬溃疡斑或发病部位产生大量的梨火疫病菌的菌脓，具有较强的黏附和抗逆性，很容易借助风雨、昆虫、鸟类、放蜂受粉和农事操作等完成中短距离传播。感病寄主材料（如种苗、接穗、砧木、果实等）调运频繁，使病原菌跨区域长距离传播扩散的风险大增。

4. 管理措施不到位

偏施化肥，特别是氮肥施用过量，磷钾肥施用不足，不施或少施有机肥，树势弱，抗病性差。过量喷施植物生长调节剂，造成花、果、枝、叶簇生郁闭，药剂很难均匀喷洒到位，防治效果不理想。此外，部分管理粗放的梨园发病严重，成为局部传播中心。

四、防控技术

（一）监测预警

在梨、苹果、山楂、杜梨、海棠等优势产区或广泛栽培区，布设监测网点，在病害显症关键时期组织开展疫情调查，及时发现和掌握疫情发生消长动态。在受威胁地区，重点监测有种苗、接穗、砧木（杜梨苗）等高风险物品调入的果园，梨、苹果、杜梨、海棠、山楂苗木繁育基地等；在发生区，重点监测有代表性的果园和边缘区；阻截前沿区要加密布设监测网点。

（二）加强检疫

严格落实检疫法律法规的要求，禁止从病害发生区向未发生区引进苗木、砧木（杜梨苗）、接穗、蜜蜂、花粉等材料。新建梨园时，对引进的苗木、砧木（杜梨苗）、接穗等材料应加强检疫，做好消杀灭菌，杜绝病菌传入。

（三）物理措施

1. 清除菌源

休眠期，清除病树、病枝。在整个生长季节定期检查，重病株整株挖除，轻病株及时深度修剪病枯枝（发病部位以下50cm），修剪伤口要涂抹或喷施杀菌剂保护。对病树周围的植株进行喷药保护。及时将清除的病树、病枝带出果园集中销毁。

2. 诱杀传病昆虫

自梨树萌芽开始,结合害虫防治,悬挂粘虫黄板,定时开启振频式诱虫灯,诱杀传播病菌的昆虫。

(四)农业措施

1. 选用抗病品种

在疫区和疫情扩散前沿区域,可选用抗病品种,一般东方梨系统品种较抗病,西洋梨、含有西洋梨血统的梨品种较易感病。

2. 安全授粉

禁止在发病区域的果园放蜂,可推广使用液体授粉、无人机授粉、人工点粉等技术。

3. 规范果园管理措施

对发病果园进行修剪时,工具要严格做到"一修剪一消毒",修剪工作结束后,工具、人员穿戴外衣和鞋帽均须使用消毒液处理,可选用36%三氯异氰尿酸可湿性粉剂150~200倍液、5%中生菌素可湿性粉剂150~200倍液、2%春雷霉素水剂80~100倍液等。严禁在发病园和未发病园混用果园管理工具。

(五)化学防治

在梨树萌芽露白期,喷施3~5°Be石硫合剂;在初花期(5%花开)和谢花期(80%以上花谢)喷药保护,其他时期根据病害监测情况及时用药,做到早发现早用药,可选用5%中生菌素可湿性粉剂800~1000倍液、2%春雷霉素水剂400~500倍液、20%噻唑锌悬浮剂300~400倍液、3%噻霉酮水分散粒剂800~1000倍液、40%春雷·噻唑锌悬浮剂1000~1200倍液等。对于发病果园,于果实采收后10天内喷施1次杀菌剂。用药后遇连续阴雨、冰雹等天气,要及时喷施1或2次药剂。不同作用机理的药剂交替使用,整个生长季节每种药剂的使用不能超过2次。注意花期药剂的选择和安全使用,花期需配合杀虫剂,杀灭传病昆虫。

撰稿人:赵延存(江苏省农业科学院植物保护研究所)
审稿人:刘凤权(江苏省农业科学院植物保护研究所)

第十八节 梨锈水病

一、诊断识别

(一)为害症状

主要为害枝干、叶片,也为害果实。①骨干枝受害:发病初期症状隐蔽,外表无病斑，皮不变色，后期在病树上可看到从皮孔、叶痕或伤口渗出铁锈色小水珠，呈水渍状，但枝干外表仍无病斑出现。此时如削掉表皮检查，可见病皮已呈淡红色，并有红褐色小斑或血丝状条纹，病皮松软充水，有酒糟气味，内含大量细菌。此时病皮内积水增多，从皮孔、叶痕或伤口部位大量渗出。汁液初为白色，2～3h后转为乳白色、红褐色，最后变成铁锈色。锈水具黏性，风干后凝成角状物，内含大量细菌。部分病皮深达形成层，造成大枝枯死。病枝树叶提前变红，脱落，病皮干缩纵裂（图2-38）。②果实受害：发病早期症状不明显，后出现水渍状病斑，发展迅速，果皮呈青褐色至褐色。果肉腐烂呈糨糊状，有酒糟气味，病果汁液经太阳晒后很快变成铁锈色。③叶片受害：出现青褐色水渍状病斑，后变褐色或黑褐色，形状和大小不一，病叶组织内含有细菌。

图 2-38　梨锈水病为害骨干枝症状（孙伟波　拍摄）
A：伤口渗出铁锈色小水珠，水渍状；B：病皮呈淡红色，并有红褐色小斑或血丝状条纹

（二）病原特征

梨锈水病病原菌最早是由殷恭毅先生于1976年确认的，初步认为是欧文氏菌（*Erwinia* sp.）。后来，南京农业大学张志峰、田艳丽等对梨锈水病菌的分离物进行了16S rDNA、ITS及全基因组测序，根据多重序列比对及生理生化分析结果，确定该病原菌为迪基氏菌属（*Dickeya*）的一个新种，并将其命名为 *Dickeya fangzhongdai*（Tian et al.，2016）。

该病菌为革兰氏阴性细菌，具有游动性，无产孢的能力，细胞两端钝圆，呈直杆状。细胞大小为 0.8～3.2μm×0.5～0.8μm，周生无数鞭毛。在牛肉膏蛋白胨培养基平板上28℃培养2天后，菌落直径为1.5mm左右，白色或微黄色，中央稍突起，边缘圆滑，表面齐整湿润，较薄，无蔓延，正面与背面颜色相同，与培养基结合紧密，有大肠杆菌特有气味。在室内正常培养的情况下病菌不产生色素，其引起宿主形成红褐色锈斑的原因尚不清楚。此外，该病菌能引起烟草的过敏性反应。

二、分布为害

梨锈水病是我国梨树上一种新的细菌性病害，20 世纪 80 年代中期在江苏徐淮地区被发现，此后陆续在浙江、山东德州也有发生，2015 年在新疆库尔勒地区的香梨园、福建建宁翠冠示范园也发现该病害。2018 年在山东济宁、徐州睢宁地区，2019 年在江苏淮安，以及 2021 年在湖南花垣等地区均发现有梨锈水病。该病发展迅速，危害性大，高温、高湿易造成病害流行，引起植株枝干产生锈水状溃疡，叶片产生褐色斑点，防治不及时会导致整株枯死，严重影响梨产业的发展。

三、流行规律

梨锈水病菌潜伏在梨树枝干的形成层与木质部之间的病组织内越冬。第二年 5 月中下旬开始繁殖，病部流出锈水，通过流水、雨水、昆虫及各种管理操作活动等传播，生长季节经常暴风骤雨会大量增加树体创伤口，极有利于病菌侵入，促进病害传播，这是梨锈水病流行、发生、扩展的一个重要条件。

梨锈水病菌从梨树的自然孔口（气孔、皮孔、水孔等）和伤口侵入，侵入后先将健康细胞或组织杀死，再从死亡的细胞或组织吸取养分进一步繁殖、扩展。叶片感染主要由枝干随风雨飞溅及昆虫携带传播，通过气孔和伤口侵入，雨后骤晴，高温、高湿是梨锈水病发生的关键因素。病害大都在 6 月下旬到 7 月上旬伴随高温降雨开始发生，发病高峰期是在高温及降雨较多的 8 月中旬至 10 月中旬；10 月下旬至 11 月上旬，随着气温的逐渐降低，发病也逐渐减轻，但尚有零星病枝继续出现；11 月中旬以后，停止发病。

在雨水偏多、地势低洼、排水不便、涝灾严重、过量偏施氮肥、土壤板结、产量过高、种植密度过大、修剪留枝量过大、通风透光条件极差的梨园，易造成树势衰弱，梨锈水病发病较重。梨园高接换头，伤口多，也很容易感染发病。梨树不同品种对梨锈水病的抗病性差异很大，砀山酥梨、鸭梨最易感病，黄冠、绿宝石、爱宕次之，丰水、爱甘水、加州啤梨、早红考密斯则较抗病。不同树龄均可感染发病。

四、防控技术

1. 合理修剪

及时剪除过密枝、发病枝、病虫枝，并带出园外烧毁。修剪时尽量减少伤口，伤口可涂药保护。开花结果期，当结果基本定局后及时疏除过多果，坐果合理，使梨果正常生长，增强抗性。合理施肥，特别重视采后肥的施用，采果后树体营养消耗大，抗病能力下降，不及时补充肥料，容易诱发梨锈水病。

2. 做好果园的清沟排水

高温、高湿期最易诱发梨锈水病，雨期清沟沥水，注意做到雨停园干，保持根系正常吸收功能。

3. 刮除病皮

清除病皮，然后涂上 5% 菌毒清水剂 30~50 倍液，消毒灭菌，有利于减少菌源，降低发病基数。对重病已死亡的梨树，迅速销毁，以免在梨园造成交叉感染。7 月起注意随时摘除梨园病果。

4. 药剂防治

主要是抓住关键时期用药，2 月初至 3 月中旬，梨树萌芽期是药剂防治的关键时期，可选用 5°Be 石硫合剂，主干和主枝是重点喷药部位，均匀喷到，不留死角。生长季节发病初期，进行一次喷药，可选用 4% 宁南霉素水剂 500~600 倍液、50% 氯溴异氰尿酸可溶粉剂 600 倍液，或 70% 代森锰锌可湿性粉剂 500~600 倍液喷雾防治。

撰稿人：孙伟波（江苏省农业科学院植物保护研究所）
审稿人：刘凤权（江苏省农业科学院植物保护研究所）

第十九节 梨顶腐病

一、诊断识别

（一）为害症状

梨顶腐病又称萼端黑斑病、脐腐病、蒂腐病。症状表现为果实萼端颜色较深，硬度较高。初期萼端果皮变黑，切开可见果肉有浅褐色蜂窝状坏死，果肉稍苦。发病后期病部产生轻微塌陷和黑色霉层，病斑边缘处果皮变黑，果肉内部病、健交界处明显，病部形成空腔且有黏稠墨汁状物质。病重时可造成多半个果坏掉（图 2-39）。

图 2-39 梨顶腐病为害症状（王国平　拍摄）
A：萼端果皮变黑；B：病部呈蜂窝状坏死

（二）病原特征

关于梨顶腐病的病原，目前的看法尚不一致。有人认为是病原真菌引起的，其有性世代为子囊菌门炭角菌目囊孢壳属的柑橘蒂腐囊孢壳（*Physalospora rhodina*）。子囊壳丛生，黑褐色，近球形，后期突破表皮露出孔口。子囊棍棒形，无色，长 90～120μm，子囊间有侧丝。子囊孢子单胞，无色，椭圆形或纺锤形，大小为 24～42μm×7～17μm。无性世代为子囊菌门葡萄座腔菌科壳色单隔孢属的蒂腐色二孢（*Diplodia natalensis*）。分生孢子器暗褐色至黑色，埋生，器壁外层细胞色深，内层色浅。分生孢子梗无色，有隔。分生孢子初无色，成熟后变成深褐色，双胞，顶端钝圆。也有人认为是生理因素引起的，是砧木嫁接洋梨后，两者亲和力不良所造成的。

还有人认为，该病发生主要是由于果实缺钙、氮/钙失调、钾/钙失调以及品质下降，对于整个果实，萼端部位钙含量最低，且氮含量最高，这也是该病害仅发生在萼端的主要原因（贾晓辉等，2022）。

二、分布为害

该病一般在果园即可发生，储藏期呈加重趋势，国外报道在西洋梨上发生普遍，称"blossom end rot"或"black end"等。近年来，在新疆库尔勒香梨储藏期也有较广泛发生，严重影响了储藏企业采后增值效益。

三、流行规律

对本病的发生规律尚不太清楚。6～7月发病较多，病斑扩展快，近成熟时发病很少。砧木种类与发病有关，秋子梨系统做砧木易发病，杜梨做砧木发病少，这与砧木的亲和性及根系发育有关。砧木亲和性不良，树势易衰弱，钙的吸收利用受到影响；果实生长期遇持续干旱或连续降雨，导致根系受损，影响钙的吸收利用；在相同管理条件下，同一品种果个越大顶腐病发生越重；有机肥和钙肥施用不足，尿素等化肥施用过量，导致果实营养元素失衡；储藏期随着果实衰老，真菌侵染概率升高，顶腐病呈加重趋势。土壤干燥后突然降雨，则发病增多。酸性土发病多。

四、防控技术

1）选择亲和性好的砧木，有效促进钙由根系通过韧皮部向果实运输；在果实生长期提供均匀的灌溉水，避免根系受损，确保钙持续供应给果实，特别注意遇降雨过多时，应及时排出地表积水。

2）多施有机肥，控制尿素等化肥施用量，可结合叶面喷施钙肥来补充果个过大引起的缺钙现象。硅钙镁肥能显著改善果品的外观质量，使果面光洁细嫩。

3）储藏期温度精准管理，辅以浸钙处理、气调以及 1-MCP 等其他辅助保鲜措施，延缓果实衰老，降低顶腐病发病程度。

4）药剂防治：发病重的果园在萌芽初期用 2～3°Be 石硫合剂喷 1 次。萌芽后开花前、落花80%及5～6月的梅雨时期喷施1∶2∶200～240倍的波尔多液，或70%代森锰锌可湿性粉剂300倍液，或50%退菌特可湿性粉剂600～800倍液，或50%甲基硫菌灵可湿性粉剂1000倍液。

撰稿人：孙伟波（江苏省农业科学院植物保护研究所）
审稿人：刘凤权（江苏省农业科学院植物保护研究所）

第二十节 梨根癌病

一、诊断识别

（一）为害症状

梨根癌病主要为害梨的树干基部及根部，在上面长出肿瘤，消耗营养。根颈受害，肿瘤多发生在表土下根颈部和主根与侧根连接处或接穗和砧木愈合的地方。瘤的形状一般为球形或扁球形，也可互相愈合呈不规则形；根瘤大小差异很大，初生时呈乳白色或淡黄色，以后逐渐变为褐色至深褐色；木质化后变得坚硬，表面粗糙或凹凸不平（图2-40）。枝干受害，瘤体椭圆形或不规则形，大小不一，幼嫩瘤淡褐色，表面粗糙不平，柔软海绵状；继续扩展，颜色逐年加深，内部组织木质化，形成较坚硬的瘤。受害梨树叶片黄化早落，植株生长缓慢，植株矮小，严重时植株死亡。

图2-40 梨根癌病为害症状（王国平 拍摄）

（二）病原特征

梨根癌病病原菌是根癌农杆菌（*Agrobacterium tumefaciens*），属于革兰氏阴性细菌，杆状，单生或链生，大小为 1.2～5.0μm×0.6～1.0μm，具 1～3 根极生鞭毛，有荚膜，无芽孢。在琼脂培养基上，略呈云状浑浊，表面有一层薄膜。病菌生长温度为 10～34℃，最适温度为 22℃，致死温度为 51℃（10min）。

二、分布为害

梨根癌病主要发生在河北、山西、陕西、辽宁、江苏、安徽、浙江等地的梨产区。梨根癌病主要为害梨树根颈和侧根，在上面长出肿瘤，消耗树体营养，影响梨树的生长和结果。

三、流行规律

梨根癌病菌在根瘤组织皮层内和土壤中越冬，借雨水和灌溉水传播，土壤耕翻和地下害虫、线虫也能传播，由各种伤口侵入，从侵入到表现出症状一般需 2～3 个月。病菌侵入后，不断刺激根部细胞增生、膨大，形成肿疣。土壤偏碱和疏松有利于发病。

四、防控技术

1. 加强检疫

禁止从病区调入苗木，选用无病苗木是控制病害蔓延的主要途径。选择无病土壤作为苗圃，避免重茬。对苗圃地要进行土壤消毒，可采用阳光暴晒或撒生石灰等方法对定植穴土壤进行消毒。选用抗病砧木，嫁接时刀具用 5% 甲醛溶液或 75% 乙醇消毒。

2. 农业防治

增强树势，提高树体抗病能力；适当增施酸性肥料，使土壤呈微酸性，抑制其发生扩展；增施有机肥，改善土壤结构；土壤耕作时尽量避免伤根；平地果园注意雨后排水，降低土壤湿度。发现园中有病株时，扒开根周围土壤，用小刀将肿瘤彻底切除，直至露出无病的木质部，伤口、根茎周围替换无病土，连续防治可以使病害得到控制。

3. 化学防治

对可能带病的苗木和接穗用 0.1% 硫酸铜溶液浸泡 5min，消毒后再定植。用放射土壤杆菌 K84 进行灌根、浸种、浸根、浸条和伤口保护。

撰稿人：孙伟波（江苏省农业科学院植物保护研究所）
审稿人：刘凤权（江苏省农业科学院植物保护研究所）

第二十一节 梨褪绿叶斑病

一、诊断识别

（一）为害症状

梨褪绿叶斑伴随病毒（*Pear chlorotic leaf spot-associated virus*，PCLSaV）在砂梨的多数品种上均可表现明显症状，在叶片上产生严重的褪绿斑点和淡绿色或浅黄色环斑，对着阳光从叶背观察其症状更为明显，植株顶部新叶发病较重，发病严重时病斑布满整个叶面，病叶常扭曲或卷缩，有时枝干上产生褐色坏死斑（图2-41）。

图2-41 梨褪绿叶斑伴随病毒田间为害症状（王国平 拍摄）
A：褪绿斑点和环斑；B：顶部新叶发病严重；C：病斑布满整个叶面；D：病叶扭曲

(二)病原特征

1. 病原病毒

梨褪绿叶斑伴随病毒是我国采用 RNA 高通量测序技术鉴定到的侵染梨树的一种新的负义 RNA 病毒，属于布尼亚病毒目（Bunyavirales）无花果花叶病毒科（Fimoviridae）欧洲山楂环斑病毒属（Emaravirus）（Liu et al., 2020）。

PCLSaV 为多分段单链 RNA 病毒，基因组由 5 条 RNA 链组成。RNA1～RNA5 大小分别为 7100nt、2045nt、1296nt、1543nt、1263nt。每条基因组 RNA 链的互补链包含一个开放阅读框（ORF），编码蛋白 p1～p5，依次为依赖 RNA 的 RNA 聚合酶（RdRp）、糖蛋白（GP）、外壳蛋白（CP）、运动蛋白（MP）、未知功能的蛋白 p5。PCLSaV 的 RdRp 有 5 个结构域（motif A～E），在布尼亚病毒目的病毒中保守。PCLSaV 的基因组结构与欧洲山楂环斑病毒属病毒相似，RdRp 的氨基酸序列与木豆不育花叶病毒 2（Pigeonpea sterility mosaic virus 2，PPSMV-2）相似性最高，为 31.5%；GP 前体的氨基酸序列与小麦花叶病毒（Wheat mosaic virus，WMoV）相似性最高，为 20.3%；CP 的氨基酸序列与悬钩子环斑病毒（Raspberry leaf blotch virus，RLBV）相似性最高，为 22.2%；MP 的氨基酸序列与 RLBV 相似性最高，为 22.9%；p5 蛋白的氨基酸序列与 WMoV 的 p7 相似性最高，为 20.6%。基于该病毒的 p1～p3 蛋白的氨基酸序列及布尼亚病毒目不同科的代表种相应蛋白序列的进化树分析结果，PCLSaV 与欧洲山楂环斑病毒属病毒聚在同一分支。这些结果表明，PCLSaV 为欧洲山楂环斑病毒属的一个新种。

PCLSaV 的病毒粒子为具有膜结构的球状，最大直径为 172nm，最小直径为 23nm，直径 60～120nm 占 59%，与欧洲山楂环斑病毒属其他病毒大小（直径为 80～120nm）存在差异。同一病毒的大小存在变化为研究欧洲山楂环斑病毒属病毒的首次发现（图 2-42）。

根据 PCLSaV 的 RNA3 与 RNA5 设计了两对特异性引物，采用逆转录聚合酶链反应（reverse transcription PCR，RT-PCR）技术，对江西及湖北两省的 286 株梨树进行了 PCLSaV 的检测，其中 165 株带有褪绿斑点及环斑症状的样品的 PCLSaV 检出率为 98.9%，无明显病毒症状的 121 株梨树中有 3 株 PCLSaV 检测为阳性。检测结果显示 PCLSaV 与梨的褪绿斑点及环斑症状相关。在检测为 PCLSaV 阳性的样品中选择 93 个分离物，共测得 102 条 CP 基因序列，核苷酸序列相似性为 91.3%～99.9%，氨基酸序列相似性为 97.4%～100%。

2. PCLSaV 的 RT-RPA 检测

根据 PCLSaV 的 RNA3 和 RNA5 链的保守序列设计了特异性引物，建立了 PCLSaV 的逆转录重组酶聚合酶扩增（reverse transcription-recombinase polymerase amplification，RT-RPA）检测方法。该方法所需设备简单，反应速度快，只需在 39℃下反应 20min。特异性试验结果表明，仅 PCLSaV 阳性样品通过该方法可扩增到大小为 243bp 的目的条带，而其余 3 种常见梨病毒的阳性样品均未扩增到目的条带；灵敏性试验结果表明建立

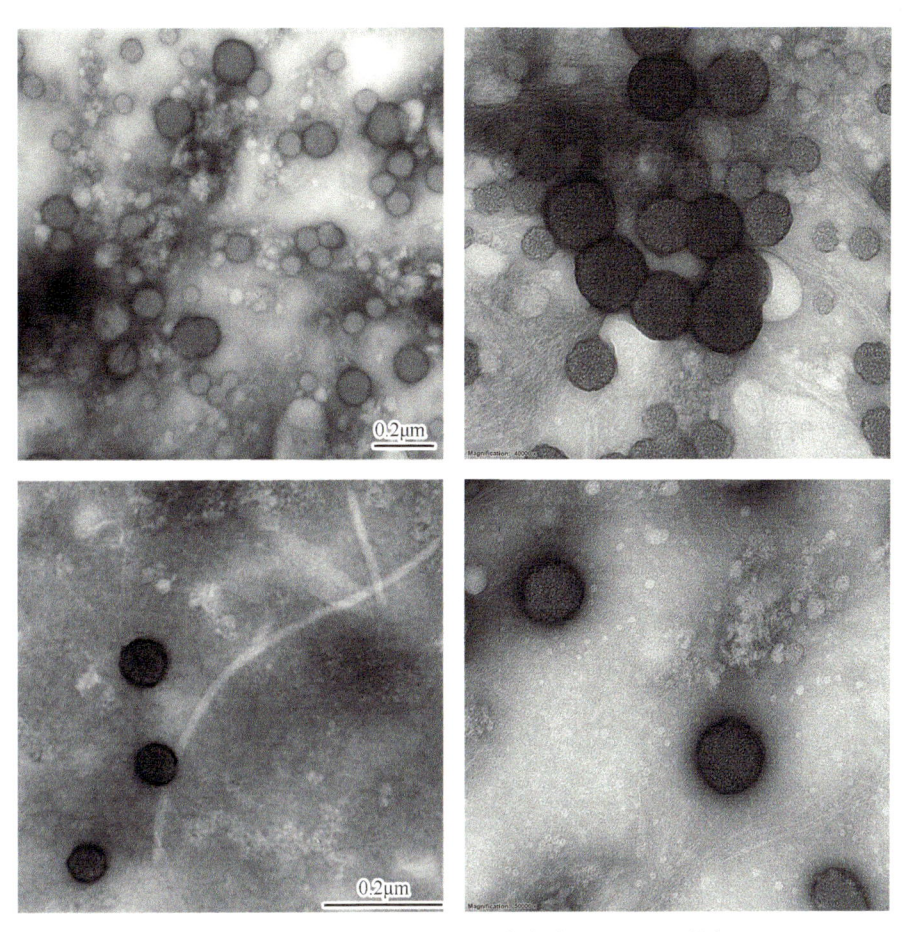

图 2-42　梨褪绿叶斑伴随病毒的病毒粒子（洪霓　拍摄）

的 RT-RPA 检测方法可检测到浓度为 10^{-7} 的质粒稀释液，灵敏度与 RT-PCR 相当。对包括田间梨叶片和梨离体植株叶片的 70 份样品的检测结果显示：RT-RPA 检出了 37 份阳性样品，检出率为 52.9%；RT-PCR 检出了 41 份阳性样品，检出率为 58.6%，两种方法检测梨叶片样品的一致率为 91.4%，这表明 RT-RPA 方法可靠稳定，可用于样品的快速检测。

3. PCLSaV 的 RT-qPCR 检测

根据 PCLSaV 的 RNA3 和 RNA5 链的保守序列设计了特异性引物，并通过引物筛选、体系优化，针对 PCLSaV 建立了以 q5-F2/R2 为引物的 SYBR Green Ⅰ 染料法 RT-qPCR 方法。该方法标准曲线显示模板对应的循环阈值（C_t）与模板浓度具有良好的线性关系（R^2=0.997），扩增效率为 91.9%。该方法对 PCLSaV 具有高度特异性，与其他常见的梨病毒无交叉反应。灵敏性试验结果表明，RT-qPCR 可检测到浓度为 $3×10^3$ 拷贝/μL 的质粒，检测灵敏度是常规 RT-PCR 的 10 倍。对同一梨病株上各样品的检测结果显示，不同样品中的 PCLSaV 含量存在显著差异，其中发病枝条上的有症状叶片中病毒拷贝数最高，未发病枝条的韧皮部中病毒拷贝数最低；来源于同一病枝的 5 种不同症状表现的叶片样品中 PCLSaV 含量差异也很大，其中有坏死症状的顶端嫩叶的病毒拷贝数最高，无明显症状的下部老叶中的病毒拷贝数最低。结果表明 PCLSaV 在梨植株上分布不均匀，且梨叶片症状的不同表现可能与 PCLSaV 含量有关。比较分析不同方法对田间梨叶片和梨离体植株叶片样品中 PCLSaV 的检测结果发现，定量逆转录聚合酶链反应（quantitative reverse transcription PCR，RT-qPCR）的检出率高于 RT-RPA 和常规 RT-PCR，检测效果最好。

4. PCLSaV 的脱除

以砂梨丰水离体植株为材料，研究比较了 4 种方法对 PCLSaV 的脱除效果。结果显示，25μg/mL 病毒醚处理对植株生长无明显影响，能促进植株的分化，但会对植株长高产生抑制作用；20mA 电疗 20min 在短期内影响叶片形态，增加玻璃化和死亡概率，抑制植株的分化，但同时能够促进植株长高，总体而言对植株的生长情况及存活率影响不大。茎尖培养、茎尖病毒醚处理、茎尖电疗处理、茎尖病毒醚加电疗处理对丰水植株中 PCLSaV 的脱除率分别为 30%、47%、44%、76%。综合考虑，茎尖病毒醚加电疗处理是脱除 PCLSaV 的最优方法。

二、分布为害

（一）分布

梨褪绿叶斑病于 2015 年在中国江西砂梨翠冠上首次被观察到（Liu et al.，2020）。2018 年，在日本茨城县筑波市梨种质资源苗圃中的砂梨丰水叶片上也发现有该病毒病典型的褪绿斑点症状。2019 年在日本新潟县的西洋梨李克特叶片上观察到类似的褪绿斑点，有时伴有坏死斑点（Kubota et al.，2020）。

（二）为害

梨褪绿叶斑病是近年我国南方梨产区发生的一种新的病毒病（Liu et al.，2020），病原病毒种类为梨褪绿叶斑伴随病毒（*Pear chlorotic leaf spot-associated virus*，PCLSaV）。该病毒病在我国南方梨产区主栽的砂梨（*Pyrus pyrifolia*）品种上发生普遍，感染梨褪绿叶斑病的植株叶片上产生小的半透明褪绿斑点，病斑扩展后叶片产生大量半透明的褪绿斑点、环斑和畸形等症状，同时枝条表皮形成棕褐色的坏死斑（Liu et al.，2020），对砂梨的生长和结果造成严重的影响。

在 PCLSaV 发病严重的梨园进行调查发现，表现症状的梨植株的枝梢顶端发病严重，采集感染 PCLSaV 的梨叶片，在体视显微镜下观察到梨叶片上有瘿螨，瘿螨体呈蠕虫形，颜色为淡黄色，并在扫描电镜下进一步观察到了瘿螨的形态，瘿螨的背部及腹部具圆形的微瘤，呈环状排列，背盾板上的背毛和背瘤位于盾的后缘，背毛向后指，具有已报道的瘿螨属（*Eriophyes*）的典型特点。表现 PCLSaV 症状的梨植株的显症叶片上的瘿螨，相较于同植株不表现症状的梨叶片上的瘿螨虫口密度高，表现为褪绿斑及皱缩畸形的梨叶片比只表现为褪绿斑的叶片瘿螨数量多，且带有瘿螨的梨叶片上会有凹凸状，可以推测梨叶片上褪绿斑点、皱缩畸形症状的发生与瘿螨的危害密切相关（图 2-43）。

图 2-43　梨瘿螨为害症状及其形态观察（洪霓　拍摄）
A：PCLSaV 的田间为害状；B：梨瘿螨为害的梨枝梢；C：梨瘿螨为害的梨叶片；
D：体视显微镜下观察到的梨瘿螨；E：梨瘿螨背面观；F：梨瘿螨腹面观；G：梨瘿螨侧面观

三、流行规律

通过田间调查发现，受该病毒侵染的梨树在不同时期的发病情况不同，5～11 月梨树显症，夏季不存在隐症现象，7～10 月病毒检出率较高，其中 8 月检出率最高。PCLSaV 对不同梨品种的侵染力也有所差异，其中对砂梨的侵染程度普遍较高。此外，PCLSaV 在梨植株内的不同部位中分布并不均匀，1 年枝条中的病毒含量高于 2 年枝条，顶部嫩叶中的病毒含量高于下部老叶，叶片及枝干韧皮部中的病毒含量高于花瓣、叶柄及幼果（李龙辉，2018）。

在日本，感染 PCLSaV 的西洋梨叶片上经常有大量的梨瘿螨（*Eriophyes pyri*），推测梨瘿螨的为害与该病毒的传播有关，在发病的梨植株上收集梨瘿螨，并从梨瘿螨中检测到 PCLSaV 的 5 条链，推测梨瘿螨是 PCLSaV 的传播介体，该研究未进行相应的传毒实验（Kubota et al.，2020）。王海潘（2022）的田间调查发现，在 PCLSaV 发生严重的梨园中，瘿螨密度较高，在体视显微镜和扫描电镜下对梨叶片上发生的瘿螨进行了形态学观察，发现该瘿螨具有瘿螨属（*Eriophyes*）的典型特征。从表现 PCLSaV 症状的梨叶片上取瘿螨，接至健康的杜梨实生苗叶片上，分别于接瘿螨 30 天、60 天后采用 RT-PCR 和巢式 RT-PCR 检测杜梨接种叶及新叶中的 PCLSaV，结果表明，瘿螨可以传播该病毒，PCLSaV 在接种叶片、新叶中的检出率分别为 80%、60%。

选取同一果园表现 PCLSaV 症状（PCLSaV 植株）和无症状的梨植株各 3 株，从 PCLSaV 植株上各采集发病和未发病叶片样品 1 份，同时从无症状的梨植株上各取 1 份样品进行 RNA 测序，并对测序获得的匹配到 PCLSaV 基因组的 read（平台产生的序列）和 contig（重叠群）进行分析，发现表现症状的梨样品中匹配到 PCLSaV 基因组链的 read 数量多且覆盖率高，而同株的无症状样品覆盖率很低；来自 3 株无症状梨植株的样品中，1 份样品 PCLSaV 的 read 数量相对较多，其他 2 份样品很少存在 PCLSaV 的 read。

测序结果表明该病毒病在叶片上的症状表现可能与该病毒含量正相关，未发病梨植株中也存在潜伏侵染（王海潘，2022）。

四、防控技术

（一）栽培无病毒苗木

梨品种经过脱毒处理和病毒检验，确认无病毒后可用作无病毒母本树，繁殖无病毒接穗。砧木采种树，需经病毒检验确认不带病毒后，方可用于实生砧木苗的繁育。

（二）禁止在田间生产用大树上高接或繁殖无病毒新品种

田间生产用大树绝大多数是带病毒的，如果把无病毒接穗在生产用大树上进行高接或保存，就会使无病毒接穗受到病毒的感染。无病毒新品种应在经病毒检验确认不带病毒的大树或砧木上高接或繁殖。

（三）加强梨苗木检疫

防止病毒通过苗木蔓延扩散，应建立健全无病毒母本树和苗木的检验及管理制度，把好苗木检疫关，杜绝病毒的侵入和扩散。

撰稿人：洪　霓（华中农业大学植物科学技术学院）
审稿人：王国平（华中农业大学植物科学技术学院）

第二十二节　梨石痘病

一、诊断识别

在梨上由苹果茎痘病毒（*Apple stem pitting virus*，ASPV）引起的病害有梨石痘病（pear stony pit disease）、梨栓痘病（pear corky pit disease）、梨坏死斑点病（pear necrotic spot disease）、梨红色斑驳病（pear red mottle disease）、梨茎痘病（pear stem pitting disease）、梨脉黄病（pear vein yellow disease）、梨黄化病（pear yellow disease）等。早期推测以上几种病害由不同的病毒种引起，后经研究认为它们都是由同一种苹果茎痘病毒引起的不同类型的症状，在我国梨产区主要有石痘症状和脉黄症状两种类型。苹果茎痘病毒仅在高度感病品种上显现症状，而在多数梨品种上呈潜伏侵染，外观无明显症状，鉴定该病毒的木本指示植物有杂种榅桲、弗吉尼亚小苹果。

（一）为害症状

1. 石痘症状

在落花后 10~20 天的幼果果皮下，产生暗绿色区域，造成发育受阻，导致果实凹陷、畸形。凹陷区周围的果肉内有石细胞积累。果实成熟后，石细胞变为褐色，丧失食用价值。有些病果不变形，仅果面轻微凹凸，果肉中仍有褐色石细胞（图2-44）。同一株树不同年份病果率不同，一般为18%～94%。病树新梢和枝干树皮开裂，组织坏死，老树死皮上木栓化。不同品种树皮坏死程度有区别。病树抗寒能力下降。叶片上症状不明显，春天长出的一些叶片有浅绿色褪绿斑。

图2-44　梨石痘病为害梨果症状（王国平　拍摄）
A：果面凹凸；B：果实畸形；C：果肉石细胞变褐（左为健果，右为病果）

2. 脉黄症状

5月末至6月初，沿叶脉产生褪绿带状条斑；夏季，细叶脉两侧出现红色条带，有些品种出现红色斑驳。在梨幼树上典型的脉黄症状是叶上沿叶脉产生浅黄色条带（图2-45）。大多数成龄树不表现症状。在多数梨品种上症状较轻，有些品种上沿网脉两侧产生红色斑驳或坏死斑，红色斑驳的出现往往受气候条件的影响。

3. 在木本指示植物上的症状

（1）杂种榅桲

叶片产生褪绿斑驳，叶片向叶背卷曲，植物长势减弱，6月中下旬苗干中下部皮层上产生红褐色坏死斑，8月下旬或9月上旬，剥开树皮可见木质部有凹陷茎痘斑。

（2）弗吉尼亚小苹果

在嫁接口以上干基部的木质部表面产生凹陷斑。随着病苗生长，凹陷斑逐渐向上扩展。病株外观无异常变化。有些病株上的果实产生一条凹陷沟。严重时产生数条凹陷沟，病果小而畸形。

图 2-45 梨石痘病为害梨树叶片症状（王国平 拍摄）
A：叶脉变黄；B：叶脉木栓化

（二）病原特征

苹果茎痘病毒（ASPV）是乙型线性病毒科（*Betaflexiviridae*）凹陷病毒属（*Foveavirus*）的代表成员（Adams et al.，2012）。病毒粒子线性（图 2-46），大小为 12～15nm×800nm（Koganezawa and Yanase，1990），具有末端聚集现象，因此测量其长度时有 800nm、1600nm、2400nm、3200nm 等多个峰，体外钝化温度为 55～60℃，稀释限点为 $1×10^{-3}$～$1×10^{-2}$，室温下可存活 9～24h（Yanase et al.，1990；Koganezawa and Yanase，1990）。其代表分离物 PA66 基因组由 9306 个核苷酸组成，包含 5 个开放阅读框（ORF1～ORF5）、5′和 3′非翻译区（UTR）、位于 ORF1 和 ORF2 之间及 ORF4 和 ORF5 之间两个短的非编码区（IG-NCR）。ORF1 编码病毒复制相关蛋白，ORF2～4 编码三基因盒蛋白（triple gene block proteins，TGBps），ORF5 编码病毒外壳蛋白（CP）（Jelkmann，1994）。ASPV 分离物之间分子变异度较高，极高的分子变异主要发生在 CP 的 N 端区域，CP 的 C 端区域相对保守（Liu et al.，2012；Ma et al.，2016）。

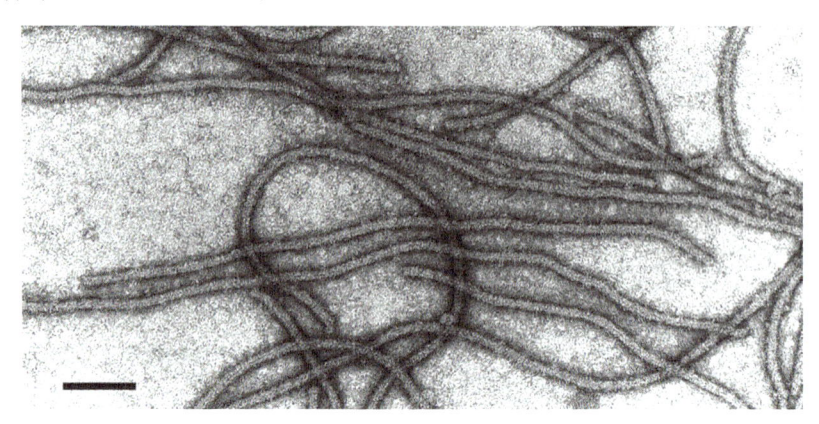

图 2-46 苹果茎痘病毒的病毒粒子（H. Koganezawa 提供）

二、分布为害

（一）分布

梨石痘病病原苹果茎痘病毒（ASPV）与另外两种潜隐病毒包括苹果褪绿叶斑病毒（Apple chlorotic leaf spot virus，ACLSV）和苹果茎沟病毒（Apple stem grooving virus，ASGV）在梨树上的发生十分普遍，地理分布极为广泛，许多国家均有报道，几乎所有栽培梨的地区都有这3种病毒的发生。

梨石痘病于1939年在美国首次报道，欧洲、澳大利亚、智利、新西兰、南非、美国等地发生普遍。我国在新疆的库尔勒香梨上首次发现此病。

（二）为害

梨石痘病是梨树上危害性最大的病毒病害。带病植株抗寒性差，易受冻害；西洋梨品种果实畸形，完全丧失商品价值，病果率可达94%。在东方梨品种上多呈潜伏侵染，但病树长势衰退，一般减产30%～40%。梨石痘病在许多东方梨品种上不表现症状。在西洋梨品种中，鲍斯克、寇密斯和赛克尔等品种症状明显，哈代、康佛伦斯、巴梨等品种症状较轻。梨树对该病的症状反应包括：新梢、枝条和茎干树皮开裂，裂皮下组织坏死；有时早春抽发的叶片出现小的褪绿斑；谢花后10～20天，幼果表皮下出现深绿色组织，病区停止生长、凹陷，果实畸形，成熟果实病区石细胞变为褐色，丧失食用价值，有些病果虽然不变形，仅果面轻微凹凸，但肉中仍有褐色石细胞。

三、流行规律

ASPV主要侵染苹果和梨，自然寄主是野苹果、三叶海棠、西洋梨等。ASPV是一种潜隐病毒，只在敏感型的砧木上表现症状，常见症状为死顶、内茎皮坏死、嫁接时衰退、叶偏上性生长等。草本寄主有西方烟及其亚种、胡麻、番杏、墙生黎、千日红等，可用西方烟作为鉴别寄主，在西方烟的接种叶片上产生坏死斑，系叶片上产生脉黄（Van der Meer，1986）。弗吉尼亚小苹果（Virginia crab）、君袖（SPY227）和光辉（Radient）品种是通用的木本指示植物，病叶向叶背反卷，皮层坏死，木质部散生凹陷的痘状斑。在杂种榅桲（Pyronia veitchii）上于5月上旬叶片产生褪绿斑驳，叶片向叶背卷曲，植物长势减弱，6月中下旬苗干中下部皮层上产生红褐色坏死斑，8月下旬或9月上旬，剥开树皮，木质部有纵向条沟（吴雅琴，1997）。

ASPV尚未发现有昆虫传播介体，主要是通过嫁接传播，也可通过汁液接种传播。

四、防控技术

梨石痘病的防控，参照梨褪绿叶斑病。

撰稿人：洪　霓（华中农业大学植物科学技术学院）
审稿人：王国平（华中农业大学植物科学技术学院）

第二十三节 梨环纹花叶病

一、诊断识别

梨环纹花叶病是由苹果褪绿叶斑病毒（Apple chlorotic leaf spot virus，ACLSV）侵染所致，仅在高度感病梨品种上显现环纹花叶症状，大多数梨品种带毒而不显症，需采用木本指示植物和草本指示植物进行鉴定。

（一）为害症状

1. 在高度感病梨品种上的症状

苹果褪绿叶斑病毒在高度感病梨品种上最明显的症状是叶片上产生淡绿色或浅黄色环斑或线纹斑（图2-47）。有时病斑只发生在主脉或侧脉周围。病叶常变形或卷缩。果实上偶有病斑，但果实形状、果肉组织无明显异常，有些品种仅有浅绿色或黄绿色组成的轻微斑纹。感病品种在8月叶片上常出现坏死区。雨季或阳光充足时叶片上症状减轻或不显症状。

图2-47 梨环纹花叶病为害症状（王国平 拍摄）
A：浅黄色环斑；B：线纹斑；C：环斑与线纹斑混合发生

2. 在木本指示植物上的症状

西洋梨 A20 和楂楂 C7/1 是鉴定梨上苹果褪绿叶斑病毒较好的木本指示植物。在 A20 上产生的典型症状为黄色环纹或黄色斑纹及黄色线纹斑。在楂楂 C7/1 上产生的典型症状为褪绿叶斑、线纹斑及植株矮缩。一般接种后 1 年显症。

3. 在草本指示植物上的症状

苹果褪绿叶斑病毒在草本指示植物昆诺藜、苋色藜和西方烟上均产生系统的侵染症状。在昆诺藜的接种叶上产生水渍状凹陷病斑,后变为灰白色坏死斑,新生叶出现系统褪绿斑、不规则形的褪绿斑驳或条纹斑或环斑。在苋色藜接种叶上产生褪绿斑点,后变为灰白色坏死斑点,新生叶出现褪绿斑、明脉和斑驳,并伴有叶脉突起和叶片轻微畸形。在西方烟上引起新生叶的系统褪绿斑点。昆诺藜和西方烟常用来增殖病毒。

(二) 病原特征

苹果褪绿叶斑病毒(*Apple chlorotic leaf spot virus*,ACLSV)是乙型线性病毒科(*Betaflexiviridae*)纤毛病毒属(*Trichovirus*)的代表种(Adams et al.,2012)。粒体形态为对称性弯曲线状病毒,粒体长约 700nm、直径为 12nm(图 2-48),沉降系数为 96S,体外钝化温度为 52~55℃,稀释限点为 10^{-4},体外存活期 20℃以下为 1 天、4℃以下为 10 天,具有中等抗原性(Németh,1986;洪霓和王国平,1999)。ACLSV 是单链正义 RNA 病毒,5′端和 3′端都有非翻译区,同样具有 5′端帽子结构和 3′端 poly(A),基因组结构为 3 个部分重叠的开放阅读框(ORF)。其中,ORF1 编码多聚蛋白,与病毒的复制相关,ORF2 编码运动蛋白(MP),ORF3 编码外壳蛋白(CP)(Yoshikawa et al.,1999;Satoh et al.,2000)。ACLSV 不同分离物的基因组之间存在高度的分子变异,目前已报道的来源于日本、印度、法国、德国和中国等不同国家的 ACLSV 分离物,其基因组全长序列的相似性为 67.0%~81.5%,其甲基转移酶区域分子变异度极高,氨基酸同源性低于 20%,同时 MP 的 C 端也是高度变异区(German-Retana et al.,1997),其 CP 的变异主要发生在 N 端区域,C 端区域高度保守(郑银英等,2007)。

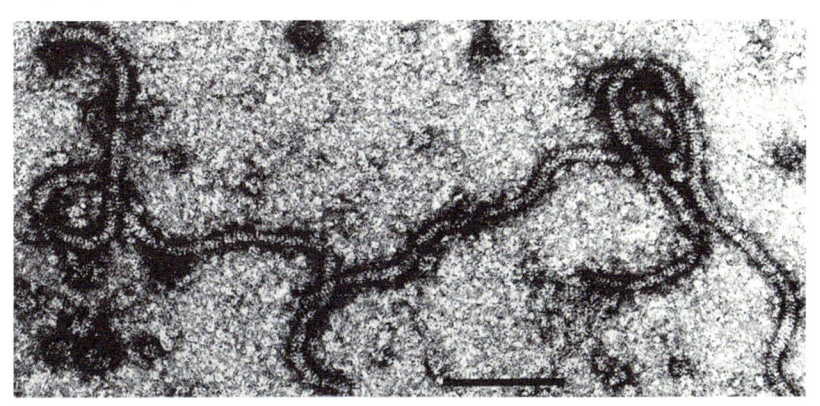

图 2-48 苹果褪绿叶斑病毒的病毒粒子(M.A. Castellano 提供)

二、分布为害

ACLSV 可侵染蔷薇科的大多数水果,是危害我国梨产业生产的重要潜隐性病毒之一,经常与苹果茎痘病毒(*Apple stem pitting virus*,ASPV)、苹果茎沟病毒(*Apple stem grooving virus*,ASGV)发生混合侵染。ACLSV 于 1959 年首次在苹果上被报道,地理分布范围极广,遍布中国、俄罗斯、美国、英国、保加利亚、澳大利亚、新西兰、日本、西班牙、印度、黎巴嫩等国家。在我国,北方梨果产区 15 个主要栽培品种中 ACLSV 的感染率为 44.3%,国家梨种质资源圃的 23 个主栽品种 ACLSV 的带病毒率达 41.3%(王国平等,1994)。

研究表明 26 种苹果属植物在受到 ACLSV 侵染之后,叶片的过氧化物酶活性增强,过氧化物酶是植物机体防御的重要酶,其活性变化与其抗病性关系密切,受 ACLSV 侵染的植株叶片过氧化物酶活性增强,这也许是寄主对病毒侵染的一种抗性反应(肖艳等,1992)。

三、流行规律

ACLSV 可通过嫁接、汁液摩擦接种和无性繁殖材料传播扩散,目前未发现自然传播介体。ACLSV 因寄主和地理分布不同有株系分化现象,病毒分离物间的生物学表现和血清学反应存在差异,具有多种血清型。

(一)生物学表现差异

不同的 ACLSV 分离物之间在指示植物上的症状表现存在差异。ACLSV 苹果分离物 ACLSV-LL 和李分离物 ACLSV-SC 在指示植物上的症状表现差异很大,ACLSV-LL 在苏俄苹果上产生褪绿斑点、叶片畸形、植株矮化,而 ACLSV-SC 不引起症状;ACLSV-LL 在毛樱桃(*Prunus tomentosa*)上产生环纹斑,而 ACLSV-SC 引起植株矮化和叶片枯死等比较严重的症状;两个分离物在昆诺藜上均能引起严重的系统症状,但 ACLSV-SC 能引起褪绿斑中心部位坏死和环纹斑等更严重的症状。洪霓和王国平(1999)从我国栽培的苹果和意大利栽培的扁桃上获得了 ACLSV 分离物 ACLSV-C 和 ACLSV-B,比较了两者的主要生物学特性,发现两者均能侵染昆诺藜、苋色藜和西方烟,产生局部侵染斑和系统褪绿斑,但症状反应存在差异,ACLSV-B 在昆诺藜和苋色藜上还可引起叶片沿主脉反卷、皱缩,在西方烟上导致叶脉褐色坏死、叶片反卷、植株生长停滞,还可潜伏侵染笋瓜(*Cucurbita maxima*),而 ACLSV-C 无潜伏侵染。

(二)血清学反应差异

来源不同的 ACLSV 分离物的血清学特性具有差异,外壳蛋白在 SDS 聚丙烯酰胺凝胶电泳(SDS-PAGE)中的电泳迁移率也存在差异。Barba 和 Clark(1986)发现苹果分离物 ACLSV-M 的抗体不与来源于杏的分离物 viruela 反应,但与李分离物 ACLSV-C8 强烈反应,而李分离物 ACLSV-C8 的抗体与分离物 ACLSV-M 和 viruela 均强烈反应,用这两个抗体均不能检测到梨树上的 ACLSV。对生物学表现不同的两个分离物 ACLSV-LL（来源于苹果）和 ACLSV-SC（来源于李）进行研究分析，发现来源于苹果的 ACLSV 分离物与 ACLSV-LL 的抗体反应较强，而与 ACLSV-SC 的抗体反应较弱；两个分离物的提纯病毒粒子的 A_{260}/A_{280} 值也存在差异，即外壳蛋白（coat protein，CP）中芳香族氨基酸的含量存在差异；ACLSV-SC CP 在 SDS-PAGE 上的电泳迁移率比 ACLSC-LL 快，由此推测这两个分离物生物学表现的差异与它们的物理特性差异有关，在一定程度上也与其血清学特性有关。Malinowski 等（1998）克隆了分离物 SX/2 的外壳蛋白基因（*cp* 基因），将 CP 氨基酸序列与分离物 P863、Bal1 和 P-205 进行比对，发现 SX/2 有 3 个氨基酸位点（V32、I80 和 M83）与其他 3 个分离物不同（A32、V80 和 L83），推测这 3 个氨基酸位点可能决定了 SX/2 分离物的血清学特性。Pasquini 等（1998）对来源于意大利的桃、李、樱桃和苹果的 ACLSV 进行蛋白质印迹法（Western blotting）分析，发现 CP 有 3 种类型的电泳迁移率，即 22.7kDa（Cis 型）、21.5kDa（Bit 型）、19.7kDa（Cen 型），这 3 种类型的分离物在昆诺藜上症状也有差异，Cis 型和 Bit 型的分离物表现为轻微的系统症状，Cen 型则表现为局部坏死斑、褪绿、顶芽坏死、衰退等系统症状，而且所有表现为粗皮病的李分离物的电泳迁移率大小均为 22.7kDa。来源于苹果和扁桃的分离物 ACLSV-C 和 ACLSV-B 的电泳迁移率也存在差异，ACLSV-C 比 ACLSV-B 迁移慢，CP 的分子量分别为 22kDa 和 21kDa（洪霓和王国平，1999）。对来源于匈牙利苹果、桃和樱桃的 ACLSV 分离物进行研究，发现所有的分离物在指示植物苏俄苹果和大果海棠（*Malus platycarpa*）上的症状相同，但 CP 却有不同的电泳迁移率。对来源于不同寄主和地区的 ACLSV 分离物进行蛋白质印迹法分析，发现 CP 有 3 种类型的电泳迁移率，与 Pasquini 等（1998）报道的一致。用来源于苹果的 ACLSV 分离物制备的抗体，采用 A 蛋白夹心酶联免疫吸附法（protein A sandwich ELISA，PAS-ELISA）检测不出砂梨上的 ACLSV，而免疫捕捉 RT-PCR（immunocapture RT-PCR，IC-RT-PCR）和试管捕捉 RT-PCR（tube capture RT-PCR，TC-RT-PCR）能获得 358bp 的特异片段。

四、防控技术

梨环纹花叶病的防控，参照梨褪绿叶斑病。

撰稿人：洪　霓（华中农业大学植物科学技术学院）
审稿人：王国平（华中农业大学植物科学技术学院）

第二十四节　梨疱症溃疡病

一、诊断识别

（一）为害症状

梨疱症溃疡病能潜伏侵染很多梨栽培品种，如 Williams、Comice、Berre Hardy 等。

在法国，大约 10% 的梨树栽培品种被无症侵染。在所有的品种中，仅 A20 能作为指示植物。A20 被侵染后能形成典型的疱斑症状，通常在被侵染的第二年，树皮上出现脓疱或表皮裂纹，进而形成零散的溃疡、鳞状树皮或深的树皮裂缝，叶片和果实不表现病理症状，梨树得病后 5~8 年死亡（图 2-49）。

图 2-49　梨疱症溃疡病为害症状（王国平　拍摄）

（二）病原特征

Flores 等（1991）证实梨疱症溃疡病是由梨疱症溃疡类病毒（*Pear blister canker viroid*，PBCVd）引起的，属于马铃薯纺锤形块茎类病毒科（*Pospiviroidae*）苹果锈果类病毒属（*Apscaviroid*）。

西洋梨（*Pyrus communis*）和榅桲（*Cydonia oblonga*）是仅知的 PBCVd 的自然寄主。在欧洲，榅桲的压条经常作为梨树的根砧木，这可能是该病害的侵染源。PBCVd 能通过机械传播到黄瓜（*Cucumis sativus*）植株上，并引起温和的皱缩、卷叶症状，或没有症状（Flores et al.，1991）。另外，PBCVd 还可潜伏侵染梨属（*Pyrus*）、木瓜属（*Chaenomeles*）、榅桲属（*Cydonia*）、花楸属（*Sorbus*）植物，但不能侵染苹果属（*Malus*）、唐棣属（*Amelanchier*）、腺肋花楸属（*Aronia*）、栒子属（*Cotoneaster*）植物。梨树是唯一提纯到该类病毒的寄主（Fores et al.，1991）。

梨疱症溃疡类病毒为共价闭合的单链 RNA 分子，分离物 P2098T 长 315 个核苷酸残基，能形成半杆状的二级结构，碱基组成为 G：C：A：U=31.4：29.2：17.1：22.2（Hernández et al.，1992）。分离物 P1914T、P47A 和一意大利分离物有 315 或 316 个核苷酸，与 P2098T 分离物的序列有微小的差异（Loreti et al.，1997）。PBCVd 含有苹果锈果类病毒属成员均保守的中央保守区和左端保守区（Flores et al.，1991）。

西洋梨 A20 可作为梨疱症溃疡类病毒的鉴别寄主。梨树苗或榅桲的压条用梨 A20 及待测材料双重嫁接，若该材料带毒，在田间两年后，A20 树皮上出现该病害典型症状。近来发现的另外两个指示植物品种 Fieud37 和 Fieud110，在温室条件下接种后 3～4 个月能在叶片和幼茎上形成溃疡，并很快死亡。PBCVd 在指示植物 A20 和 Fieud37 上引起的症状相似，其严重程度取决于侵染的分离物。在已被克隆的 3 个分离物中，P47T 引起的症状最为严重，其次为 P2098T，P1914T 最弱。症状的差异可能是 3 个分离物微小的核苷酸差异引起的（Ambrós et al.，1995）。

PBCVd 能通过聚丙烯酰胺凝胶电泳，其方法与其他类病毒相似（Flores et al.，1991）。先用提取缓冲液（2 倍体积 0.1mol/L pH 8.5 的 Tris-HCl、1mol/L NaCl、1% SDS、0.5% DIECA、1g/10g 组织的 PVP）磨碎植物组织，酚-氯仿抽提释放核酸，后用乙二醇甲醚抽取以除去植物组织中的多糖，核酸用 CTAB 沉淀，经 CF-11 纤维素柱纯化即得到类病毒核酸粗提液。100g 病梨树的叶片或枝皮鲜组织能提纯到 0.5～1.0μg PBCVd（Flores et al.，1991）。粗提液经聚丙烯酰胺凝胶双向电泳后，环状的类病毒 RNA 条带与植物组织的 RNA 分开，环状的 RNA 具有侵染性，切下特异的类病毒条带，洗脱凝胶，得到高度纯化的类病毒核酸。纯化的核酸通过机械接种至梨无性系 A20 幼苗上，观察其出现的症状，以进一步确认类病毒的存在。

由于鉴别寄主症状形成较慢，用放射性或非放射性探针标记的互补 DNA 作为探针进行核酸杂交能较容易地鉴定 PBCVd，其灵敏度较 PAGE 法高得多（Ambrós et al.，1995）。根据报道的序列合成专化性的 PCR 引物进行逆转录 PCR 检测，其灵敏度高，快速简易，能同时处理多个样品，但易产生假阳性。

二、分布为害

梨疱症溃疡病又称为梨疱斑病（pear blister canker disease）（Cropley，1960）、梨粗皮病（pear rough bark disease）（Kristensen and Jorgensen，1957）、梨裂皮病（pear bark split disease）（Kegler，1965）、梨树皮坏死病（pear bark necrosis disease）（Kegler，1967）、梨斑疹病（pear bark measles disease）（Cordy et al.，1960）。

目前欧洲的法国、西班牙、意大利有梨疱症溃疡病的发生报道。

三、流行规律

梨疱症溃疡类病毒能通过嫁接、芽接传播，在实验条件下也能通过刀具传播，但没有介体及种子传毒的报道。

四、防控技术

禁止从疫区进口梨苗及其相关的繁殖材料,如有特殊情况需要进口时应限制进口数量,并有出口国的检疫证书。热处理不能灭活带毒材料中的梨疱症溃疡类病毒,可通过使用无毒繁殖材料来控制梨疱症溃疡病。

撰稿人:徐文兴(华中农业大学植物科学技术学院)
审稿人:王国平(华中农业大学植物科学技术学院)

第二十五节 梨衰退病

一、诊断识别

(一)为害症状

梨衰退病在梨树上不同季节可引起不同症状,在夏秋季高温季节常发生急性衰退,病树迅速枯死;在春季发生多为慢性衰退。

1)急性衰退:特征为病树叶片突然萎蔫并干枯,随后变黑。树体在几天至几周内死亡。急性衰退主要发生于夏季或秋季,并且通常在干旱、高温胁迫下,发生在嫁接于特定砧木上的梨树。

2)慢性衰退:缓慢削弱树势,在数周至数月内病情加重。症状通常在春季或夏末出现。如果长出新枝则非常短。花芽、叶片和营养枝死亡。病树在来年春季前死亡。

3)卷叶:通常在耐病品种上发生,叶片由叶尖沿中脉向下反卷。伴随慢性衰退,叶片变红,在晚夏脱落。受害梨树的果实变小,叶片小,革质,具轻微上卷的边缘(图2-50)。

图2-50 梨衰退病为害症状(王国平 提供)
A:叶脉木栓化;B:叶片变红

(二)病原特征

目前,植原体的检测主要基于PCR技术进行rDNA的扩增。根据rDNA序列的不同，目前将植原体分为20个主要的组。欧洲和北美的梨衰退植原体（pear decline phytoplasma）暂时划归为苹果丛生植原体亚组（apple proliferation phytoplasma subgroup）。

1. 形态特征

梨衰退植原体主要呈丝状，通常是具有3层膜结构的原生质体，但缺少坚硬的细胞壁。病原植原体在体外至今未培养成功。在生长季节，衰退植原体在筛管中增殖很快，一些梨树可能在几个月之内死亡，但大多数可存活数年，根据气候条件的不同，生长缓慢，结果减少，对于极端环境条件，病树失去抵抗力。

2. 检验方法

（1）DAPI 染色

将冰冻的茎或根的切片，用黏合 DNA 荧光染料 DAPI 染色，然后在荧光显微镜下观察，即可看到在筛管中有一些明亮的荧光小颗粒（单个或几个）。从根部切片中常常可以看到最好的结果，这是因为根部的植原体数量受季节的影响较小。

（2）传染试验

采用嫁接法将根或茎部接穗嫁接到适当的植物上，如西洋梨（P. communis）新品种 Precocious（早熟梨）。在栽培品种 Precocious（早熟梨）上，初期叶片轻微褪色，出现变宽和隆起的叶脉，并随着叶脉症状的出现，叶片变厚呈皮革状，变脆。

（3）典型症状的显微镜观察

对病株砧穗接合部的表皮进行切片显微观察，发现其韧皮部的很多筛管坏死，在生长期这个现象更为明显，砧穗接合部病变是诊断该病害的典型症状特征。淀粉试验表明在嫁接连接处有淀粉积累，而在根部淀粉很少甚至没有。这种方法简单易行，但在耐病品种中的病原植原体不产生这种症状。

（4）分子生物学方法

已发展了用于检测梨衰退植原体的直接 PCR 和巢式 PCR 方法。

二、分布为害

梨衰退病是一种重要的昆虫传播的植原体病害，梨衰退植原体已被列入我国新修订的《中华人民共和国进境植物检疫性有害生物名录》。

梨衰退病最早于1948年在英国被报道，随后扩散到美洲。目前主要分布在欧洲、美国、加拿大。欧洲：广泛分布于德国、意大利；在奥地利、捷克、斯洛伐克、法国、西班牙、瑞士、俄罗斯和塞尔维亚局部分布；比利时、英国和希腊可能发生。北美洲：美国于1946年在太平洋沿岸的几个州首先发现梨衰退病，现在病害存在于东北部的部分州，遍及加利福尼亚的商品性果园。

1994年，我国台湾中部地区的砂梨（*Pyrus pyrifolia*）出现疑似衰退病症状。最初发生在秋季，被侵染梨树的叶片未成熟而变红，提前脱落；第二年春季，病树生长不良，幼叶小而发白，幼芽极小，在随之而来的干热气候下，几周内就迅速衰退而死亡。台湾的最新研究表明，基于假设性限制位点和植原体的rDNA序列分析，台湾发现的台湾衰弱病（pear decline-Taiwan，PDTW）可能是一种新的苹果丛生植原体亚组。PDTW的传播介体为两种梨木虱：黔梨木虱（*Psylla qianli*）和中国梨木虱（*C. chinensis*）。梨树易感病品种被梨衰退植原体侵染后，几年内即可死亡，或在很长时间内树体慢慢衰退。与健康梨树相比，受害树结果小而少。该病害主要为害梨树，砂梨和秋子梨均高度感病。西洋梨、杜梨和豆梨亦感病，还可以为害榅桲。

三、流行规律

病原植原体的主要寄主是梨属（*Pyrus*）植物。采用砂梨（*P. pyrifolia*）和秋子梨（*P. ussuriensis*）做砧木的梨树发病时，容易出现快速衰退，尤其是采用下列品种做接穗时更为明显：Williams、Beurre Hardy、Max Barlett。但Mentecosa Precoz Morettini品种较少感染。而发病品种用作砧木时，发病时容易出现叶片卷缩（慢性衰退），如西洋梨（*P. communis*）、杜梨（*P. betulifolia*）、豆梨（*P. calleryana*）。病害也能在榅柏属植物上发生，偶尔在这些树种做砧木的嫁接树上发生。梨衰退病可以通过昆虫介体传染草本寄主植物长春花（*Catharanthus roseus*）。

研究已经明确，引起梨树衰退的植原体有两种，分别由木兰梨木虱（*Cacopsylla pyricola*）和叶蝉近距离传播。远距离主要由苗木调运传播。大约在1832年，梨木虱从欧洲传入美国，导致美国梨树大面积发生衰退病。梨木虱在海拔较高的地区较普遍。在瑞士，海拔600~1000m的地区也存在这种介体，其从梨树迁移，而且以成虫期在树皮裂缝中越冬。介体几小时就能获得植原体，但是要成为持久性传毒介体需要3周时间。昆虫介体一般是短距离传播，如植株间传播、果园间传播或从野生感病寄主上传播病原植原体。在国际贸易中，病原随着带病的梨树植株、砧木和接穗传播，也可能由昆虫介体传播。此外，病害可以通过嫁接传染，但成功率较低，只有33%，实验条件下用昆虫介体接种传染，在介体取食后2个月，植株便出现症状，接穗种类和树龄似乎不影响梨衰退病的发生。

四、防控技术

引种前必须实施产地检疫，不得从疫区调运苗木；进境苗木必须经严格的隔离试种，确认健康后才可在国内种植。梨衰退植原体是我国禁止入境的危险性有害生物，由于该菌不能培养，ELISA和PCR是目前检测该病害的主要手段。

撰稿人：王利平（华中农业大学植物科学技术学院）
审稿人：王国平（华中农业大学植物科学技术学院）

第二十六节　梨果柄基腐病

一、诊断识别

（一）为害症状

始发病时果柄基部周围变黑、腐烂，多为表面烂得慢，里面烂得快，呈漏斗状烂向心室。烂果肉湿腐。温度较高时，烂得很快，10多天烂掉全果，失水干燥后成为病僵果（图2-51）。

图2-51　梨果柄基腐病为害症状（王江柱　拍摄）

（二）病原特征

由链格孢（*Alternaria* sp.）、小穴壳菌（*Dothiorella* sp.）、束梗格孢（*Kostermansinda* sp.）等弱寄生性真菌复合侵染所致，造成果实发病。随后一些腐生性较强的霉菌，如根霉（*Rhizopus* sp.）等进一步腐生，促使果实腐烂。

二、分布为害

梨果柄基腐病主要发生在辽宁、山东、河北等北方梨产区，采收前及储藏期造成果实大量腐烂。

三、流行规律

采收及采后摇动果柄造成内伤，是诱使发病的主要原因。储藏期果柄失水干枯，往往加重发病。

梨果柄基腐病从果柄基部开始腐烂发病，其发病症状可分为以下3种类型：①水烂型，开始在果柄基部产生淡褐色、水渍状溃烂斑，很快使全果腐烂。②褐腐型，从果柄基部开始产生褐色溃烂病斑，往果面扩展腐烂，烂果速度较水烂型慢。③黑腐型，从果柄基部开始产生黑色腐烂病斑，往果面扩展，烂果速度较褐腐型慢。这3种症状类型通常混合发生。

四、防控技术

采收和采后尽量不摇动果柄，防止内伤。储藏时湿度保持在90%～95%，防止果柄干枯。采后用50%多菌灵可湿性粉剂800～1000倍液洗果，有一定防治效果。

撰稿人：蔡　丽（华中农业大学植物科学技术学院）
审稿人：王国平（华中农业大学植物科学技术学院）

第二十七节　梨青霉病

一、诊断识别

（一）为害症状

青霉病由青霉属（Penicillium）真菌侵染引起，为害近成熟的梨果及储藏期的果实。青霉病为害梨果的主要症状为腐烂病斑表面产生灰绿色至青绿色霉状物。病斑多从伤口处开始发生，初期形成圆形或近圆形淡褐色病斑，稍凹陷，扩大后病组织水渍状、软腐，呈圆锥形向心室腐烂，病部与健部明显，病果表面出现霉斑，菌丝初为白色，后渐产生青绿色粉状物，呈堆状，腐烂果实具有刺鼻的发霉气味（图2-52）。

图2-52　梨青霉病为害症状（杨晓平　拍摄）
A：病斑表面灰绿色霉状物；B：青绿色粉状物

（二）病原特征

梨青霉病由扩展青霉（*Penicillium expansum*）和意大利青霉（*P. italicum*）等侵染所致。前者分生孢子梗长500μm以上，扫帚状分枝1或2次，间枝3～6个，小梗5～8个。分生孢子呈链状着生在小梗上，椭圆形或近圆形，光滑，直径为3～3.5μm。后者分生孢子梗分枝3次，间枝1～4个，分生孢子初为圆筒形或近圆形，后变为椭圆形，早期大小为15～20μm×3.5～4.0μm。

二、分布为害

梨青霉病是一种弱寄生性高等真菌性病害,由于病原菌青霉菌的寄主范围非常广泛,所以梨青霉病的病原菌在自然界广泛存在。在河北、辽宁、吉林、山东、江苏、安徽和湖北等梨产区都有梨青霉病的发生。

三、流行规律

病菌寄主广泛,没有固定的越冬场所。病菌孢子主要通过气流传播,主要从伤口侵染为害。在储运场所还可接触传播,并可从皮孔侵染或直接侵染。果实表面伤口是影响该病发生轻重的主要因素,伤口多发病重,伤口少发病轻。高温、高湿有利于病害发生,但青霉病菌在 1~2℃ 下仍能缓慢生长,所以在冷库中长期储存时仍有病害发生。储藏库的病原孢子数量、环境条件也影响青霉病的发生。一般,储藏库的前期杀菌不彻底、储藏库的温度较高,梨青霉病发生严重。

四、防控技术

1)青霉病为采后储运期病害,防治关键是避免果实受伤。采收、包装及储运过程中,尽量避免机械伤;入库前剔除病伤果;储藏中及时去除病果,防止传染;合理控制储藏场所温度、湿度,在不伤害果实情况下尽量低温。

2)药剂防治。入库前储藏场所消毒。每立方米使用硫黄粉 20~25g,掺适量锯末拌匀,点燃密闭熏蒸 24~48h;或用 4% 漂白粉水溶液喷雾,然后密闭熏蒸 2~3 天;通风后启用。

3)药剂浸果。使用 0.5% 过碳酸钠溶液浸果 2~3min,捞出后晾干、包装或储运。

撰稿人:孙伟波(江苏省农业科学院植物保护研究所)
审稿人:刘凤权(江苏省农业科学院植物保护研究所)

第二十八节 梨红粉病

一、诊断识别

(一)为害症状

梨红粉病只为害果实,多发生在储运期,有时生长后期也可发生。主要症状特点是在病斑表面产生一层淡粉红色霉状物,病斑多从伤口处或梨黑星病病斑上开始发生,初期病斑近圆形,淡褐色至黑褐色,之后很快扩展成黑褐色腐烂病斑,表面凹陷,果肉有苦味。随后,病斑表面逐渐产生初白色、渐变淡粉红色的绒毛状霉状物。随病斑扩展,果肉软烂、失水、明显塌陷,表面霉丛亦渐形成淡粉红色霉层(图 2-53)。最后常发展成黑色僵果。

图 2-53　梨红粉病为害症状（王国平　拍摄）
A：病斑表面淡粉红色霉状物；B：病部果肉软烂、塌陷

（二）病原特征

梨红粉病的病原菌为粉红单端孢（*Trichothecium roseum*），属于子囊菌门肉座菌目单端孢属。分生孢子梗无横隔或少横隔，大多不分枝，大小为 160～300μm×3～3.5μm。分生孢子疏松地聚集在分生孢子梗顶端，倒卵形，有 1 个隔膜，隔膜处缢缩或不缢缩，顶端细胞向一边稍歪，初期无色，后变成淡粉红色，大小为 12～22μm×7.5～12.5μm。

二、分布为害

梨红粉病主要在果实生长后期和储藏期发生，不严重。在常温库储存时，常在梨黑星病病斑上继发侵染。

三、流行规律

梨红粉病的病原菌是一种弱寄生菌，寄主范围广泛，以分生孢子随病残体越冬或在土壤、储藏库内越冬，可在各种植物和土壤内腐生。分生孢子主要通过气流传播，从各种伤口处侵染为害，尤其以病伤最重要，伤口的多少与病害发生轻重有关。在 20～25℃ 时发病快，降低温度对病菌有一定抑制作用。

四、防控技术

1. 农业防治

加强肥水管理，避免土壤忽干忽湿，适当增施钙肥，防止果实出现裂口。在采收、分级、包装、搬运过程中尽可能防止果实碰伤、挤伤。入储时剔除伤果，储藏期及时去除病果。

2. 物理防治

注意控制好温度，使其利于梨储藏而不利于病菌繁殖侵染。有条件的可采用果品气调储藏法，如选用小型气调库、小型冷凉库、简易冷藏库等，采用机械制冷并结合自然低温的利用，对梨进行中长期储藏，可大大减少本病的发生。对包装房和储藏窖应进行消毒或药剂熏蒸。

3. 药剂防治

生产季节或近成熟期喷 50% 苯菌灵可湿性粉剂 1500 倍液，或 50% 甲基硫菌灵可湿性粉剂 1000 倍液，连续 1 或 2 次。

撰稿人：孙伟波（江苏省农业科学院植物保护研究所）
审稿人：刘凤权（江苏省农业科学院植物保护研究所）

第三章

梨 虫 害

第一节 梨小食心虫

一、诊断识别

梨小食心虫（*Grapholita molesta*），又名东方蛀果蛾、桃折梢虫，简称"梨小"，属于鳞翅目（Lepidoptera）卷蛾科（Tortricidae），是一种世界性的蛀果害虫，也是我国果园中重要的蛀果害虫。其生长发育主要包括成虫、卵、幼虫、蛹4个阶段。

成虫（图 3-1A 和 B）：体长 4.6～6.0mm，翅展 10.6～15.0mm，雌雄差异极少，全身灰褐色，无光泽。前翅灰褐色，混杂白色鳞片，中室外缘附近有一白色斑点（显著区别于其他种），无紫色光泽。各足跗节末端灰白色。

图 3-1 梨小食心虫形态特征（刘小侠 拍摄）
A：成虫；B：交配中的成虫；C：卵；D：二龄幼虫；E：三龄幼虫；F：四龄幼虫；G：老熟幼虫；H：蛹

卵（图 3-1C）：椭圆形，稍扁。初乳白色、半透明，后淡黄色，孵化前变黑。

幼虫（图 3-1D～G）：老熟幼虫体长 10～13mm，头部黄褐色，体褐红色。腹部末端臀栉具刺 4～7 个，可与无臀栉的桃蛀果蛾幼虫相区别。腹部各节背面无桃红色横纹，可与苹小食心虫幼虫相区别。

蛹（图 3-1H）：体长 6～7mm，纺锤形，黄褐色渐变至暗褐色。腹部第 3～7 节背面前后缘各有一行小刺，第 8～10 腹节各有一行较大的刺突，腹末具 8 根钩刺。茧白色，丝质，扁椭圆形，长约 10mm。

二、分布为害

目前，除西藏未见报道外，梨小食心虫广泛分布于全国各地，尤以东北、华北、华东、西北等梨、桃、苹果等主要果产区为害严重，并有向未发生地区扩散、发生和危害加重的趋势。梨小食心虫寄主范围广，根据幼虫在不同寄主植物不同部位为害可分为：①为害桃、苹果、李、杏、樱桃等寄主的新梢；②为害梨、苹果、李、杏、枣、山楂等寄主的果实；③为害枇杷等寄主的幼苗或嫩枝。更重要的是，在桃、梨或桃、苹果等混栽区有转移寄主为害的特点，使得这些果区虫害发生尤为严重。

梨小食心虫为害嫩梢时，初孵幼虫从嫩梢顶端第 2 至第 3 幼嫩叶柄基部蛀入，逐渐向下蛀食髓部，直至木质部，幼虫在嫩梢中蛀食移动可长达 10cm，造成折梢状（图 3-2）。为害早期，折梢症状并不明显；为害中后期，蛀孔外有大量虫粪排出，这时嫩梢茎秆可能已被蛀空，且嫩梢的叶片逐渐凋萎下垂，此时已有明显的折梢症状；为害晚期，为害部位干枯且会有树胶流出，此时为害的幼虫已被树胶粘死在梢中，或者已转移至新的嫩梢为害。一头幼虫一般可蛀害 1～4 个桃树新梢，危害严重时桃园大量新梢凋萎下垂。梨小食心虫为害果实时，初孵幼虫首先蛀入果实并在其皮下潜食果肉，之后随着龄期的增加，幼虫逐渐向果心处取食并为害果心。初孵幼虫刚蛀入果实时，蛀果孔较

图 3-2 梨小食心虫为害症状（刘小侠 拍摄）
A 和 B：为害桃梢症状；C 和 D：为害梨果症状

小、不易被发现，之后随着其自身的生长发育，取食量逐渐增大，蛀果孔处常有虫粪排出。蛀果孔易遭受病原菌侵染而引起果实腐烂变质，进而引起蛀果孔周围变黑腐烂、凹陷，称此类为害症状为"黑膏药"（图3-2）。

三、发生规律

物候条件与果树生长季节的长短是影响梨小食心虫年发生代数的主要因素。外界环境温度越高，寄主植物的品质越好，其发育时间越短。因此，梨小食心虫在不同的地理分布区年发生代数也会存在差异，在我国自北向南梨小食心虫越冬代成虫的高峰期会有所提前，其发生世代数也会逐渐增加。在东北地区1年发生2~3代，在华北及辽南各地1年发生3~4代，黄河故道及陕西关中地区1年发生4~5代，南方地区1年发生6~7代。各地均以老熟幼虫在树干基部土中、树干翘皮下、粗皮裂缝、绑缚物、枯枝落叶、果品库及果品包装中结白色虫茧越冬，但以梨树和桃树老翘皮下为主。越冬幼虫在第二年春季3月下旬至4月初化蛹，4月中下旬为成虫羽化高峰期。在1年发生3~4代的地区，春季世代主要为害桃等寄主的嫩梢，秋季世代主要为害梨果，夏季世代则同时为害新梢和果实。一般最后一代为不完全世代，往往在当年不能完成世代发育。梨小食心虫具有转移寄主为害的习性，因此在桃、梨或桃、苹果混栽的园区，发生为害比较严重；在寄主植物种类多的园区，生活史更加复杂。

梨小食心虫成虫白天多静伏在寄主植物枝叶或杂草处，黄昏后则活动性增强，成虫有明显的趋光性，羽化初期还有很强的趋化性。成虫羽化后1~3天开始产卵，在桃树上，多将卵产于桃梢上部嫩梢第3~5片叶的背面；在梨树上，越冬代和第一代成虫产卵于新梢上或害虫为害的果实上，尤以两果靠拢处最多。此外，一般雨水多的年份，成虫产卵数量多，危害严重。

四、防控技术

由于梨小食心虫的寄主植物多，而且有转移寄主和为害梢及果实的习性。因此，在防治上首先要了解它在不同寄主上的发生情况和转移规律，采取农业防治和物理防治相结合、重视生物防治和化学防治的综合治理策略。

（一）预测预报

1. 虫情调查方法

越冬基数调查：梨小食心虫越冬前，一般在8月下旬至9月上旬，选取当地树龄处于盛果期、有代表性的主栽品种果园，梨、桃混栽区各3个果园，单一种植区5个果园进行调查。每个果园面积不小于5亩，随机取5点，每点1棵树，每棵树在距地面0.2~0.3m的主干上绑果树专用诱虫带。12月下旬调查诱虫带下的梨小食心虫越冬数量。

成虫消长：在果树生长期间（3~10月），采用性诱剂诱测法，选择具有代表性、面积不小于5亩的桃园或梨园3个，每个园均匀悬挂诱捕器3个，诱捕器悬挂在树冠外围距地面1.5m树荫处，每天定时检查并记录诱捕器中的成虫数量。

桃园折梢率：在第一代、第二代成虫高峰期后 25 天分别调查一次。选择具有代表性、面积不小于 5 亩的桃园 10 个，每个果园内随机选取 5 棵树，每棵树在东、西、南、北 4 个方位各调查 25 个当年新抽枝条，记录受害新梢数，即折梢数，并计算折梢率。

$$折梢率 C（\%）=（折梢数 M/调查新梢总数 N）\times 100\% \quad (3-1)$$

虫果率：根据当地主栽果树品种的成熟期，在采收前一周调查一次。选择具有代表性、面积不小于 5 亩的桃园、梨园各 5 个，每个园内采用随机取样，选取 5 棵树，在每棵树的东、西、南、北 4 个方位各随机调查 25 个果实，检查果实受害情况，记录虫果数，并计算虫果率。

$$虫果率 D（\%）=（调查果实中梨小食心虫的虫果数 F/调查果实总数 N）\times 100\% \quad (3-2)$$

2. 发生期预测

当果园中诱集到的成虫数量连续增加，且累计诱蛾量超过历年平均诱蛾量的 16% 时，即可确定进入成虫羽化初期；累计诱蛾量超过历年平均诱蛾量的 50% 时，确定为成虫羽化高峰期。越冬代成虫羽化高峰期后推 5~6 天，即为产卵高峰期，产卵高峰期后推 4~5 天即为卵孵化高峰期；其他世代成虫羽化高峰期后推 4~5 天即为产卵高峰期，产卵高峰期后推 3~4 天即为卵孵化高峰期。

3. 发生程度预测

发生程度预测分为长期预测、中期预测和短期预测，分别介绍如下。

长期预测：依据越冬基数、田间成虫消长、果树种植情况及历史资料，结合气象预报做出预测。

中期预测：根据田间成虫消长、桃园折梢率及历史资料，结合中期气象预报做出预测。

短期预测：根据田间成虫消长、梨园卵果率及历史资料，结合短期气象预报做出预测。

（二）农业防治

1. 科学建园

在果园建园初期应避免梨、桃或者梨、杏混栽或近距离栽植；对于已混栽的果园或园区附近存在梨小食心虫其他寄主植物的果园，应根据梨小食心虫的发生动态及其转主为害的特点，在春季重点防治桃园等核果类果园，之后随着其取食寄主的变化，着重防治梨园。

2. 剪除虫枝、虫果

在果树生长期及时剪除被梨小食心虫幼虫为害的新梢，果实采收后对果园内的虫果、烂果、落叶、杂草、废旧果袋等集中收集并统一丢弃。

3. 消灭越冬幼虫

果树发芽前，对有梨小食心虫幼虫越冬的果树，刮除老树皮，集中销毁。在越冬幼虫脱果前，于果树主干上束草把或绑诱虫带诱杀脱果幼虫。果实收获后，要及时处理果筐、果箱等内的幼虫。

（三）物理防治

1. 果实套袋

果实套袋法是现阶段应用最为广泛的梨小食心虫防治方法，其不仅能够改善果实的外观品质，还能形成一种物理屏障从而阻止梨小食心虫对果实的为害。果实套袋最好选择防日灼、抗老化、抗病菌的优质果袋，之后根据当地气候和果实生长情况选择合适的套袋时间，尽可能早地完成套袋工作，可降低梨小食心虫幼虫的危害。

2. 诱杀成虫

由于梨小食心虫具有趋光性，可利用该特性对其部署相应的防治措施，最方便易行的诱集方法是采用黑光灯或频振式杀虫灯对其进行诱杀。一般在果园中部四周无障碍物遮挡处设置20W或40W的黑光灯、特定波段的频振式杀虫灯作为光源，利用光、波的引诱作用使成虫扑灯，并完成诱杀。除此之外，也可结合当地果园环境在水中加入适量的农药或洗衣粉，增加该方法对梨小食心虫的诱杀成功性；梨小食心虫可通过其嗅觉器官对外界化学物质的刺激产生相应反应，因此可利用其趋化特性，配制红糖：乙酸：乙醇：水为3：1：3：80比例的糖醋液，并将其倒入小塑料盆或其他敞口的容器中。每亩悬挂5个装置，用于诱杀成虫。

（四）生物防治

1. 利用天敌昆虫

利用天敌昆虫防治，如草蛉、瓢虫、赤眼蜂等。特别是赤眼蜂的利用：梨园和桃园内梨小食心虫的赤眼蜂主要优势寄生种是松毛虫赤眼蜂（*Trichogramma dendrolimi*）。可在成虫高发期后在田间释放赤眼蜂。一般选择牙签或曲别针作为放蜂器具，选择树体蔽荫处的叶片，用曲别针将赤眼蜂卵卡与叶背夹在一起，悬挂高度不低于1.5m。在成虫高峰期放蜂，每代释放量根据梨小食心虫发生情况选择4万头左右，分2次且每次间隔3～5天释放，释放前后1周内不使用农药。释放时尽量选择无雨、无大风的天气完成放蜂。

2. 性诱剂诱杀

利用人工合成的性信息素防治梨小食心虫有两种方法：一是大量诱捕法，将商业化的梨小食心虫性信息素诱芯及诱虫屋进行组装，每亩悬挂3～5个，悬挂高度不低于1.5m（图3-3）；二是全园悬挂梨小食心虫迷向散发器，其可在田间高剂量、多位点释放梨小食心虫性信息素，进而掩盖雌虫本身释放的性信息素气味，误导雄虫无法准确定位雌虫，最终导致其交配成功率降低。田间使用时通常将迷向散发器悬挂于树冠上部 1/3 或距地面高度不低于 1.7m 的背阴处（图 3-3）。每亩的悬挂量根据具体产品要求而定。

图 3-3　性诱剂诱杀梨小食心虫（刘小侠　拍摄）
A：悬挂诱虫屋；B：悬挂迷向丝

（五）化学防治

药剂防治的关键时期是各代成虫产卵盛期和幼虫孵化期。在桃园，除了重点防治为害桃梢的第一代、第二代幼虫，还要注意防治为害桃果实的幼虫。在梨园，药剂防治的重点时期是中晚熟品种成熟时，即第三代至第五代幼虫发生期。可选择以下药剂喷雾：2.5% 溴氰菊酯乳油 2000～3000 倍液、20% 甲氰菊酯乳油 2000～2500 倍液、25g/L 高效氯氟氰菊酯乳油 2000 倍液、5% 甲维盐水分散粒剂 3000～6000 倍液等。农药使用的过程中应按照要求配制相应的浓度，切勿随意加大浓度，避免造成药害。喷药时要根据果树大小、叶片多少，合理控制施药量。

撰稿人：程　杰（中国农业大学植物保护学院）
　　　　刘小侠（中国农业大学植物保护学院）
审稿人：许向利（西北农林科技大学）

第二节　桃小食心虫

一、诊断识别

桃小食心虫（*Carposina sasakii*），又名桃蛀果蛾，简称"桃小"，属于鳞翅目（Lepidoptera）蛀果蛾科（Carposinidae），是我国果树上发生的重要蛀果害虫。其生长发育主要包括成虫、卵、幼虫、蛹 4 个阶段。

成虫：体灰白色或浅灰褐色，复眼红褐色，前翅中部近前缘处有 1 个蓝灰色三角形大斑。翅基部及中部具 7 簇黄褐色的斜立鳞片，后翅灰色，中室后缘有成列的长毛。雌蛾体长 7～8mm，下唇须长且直，向前伸出如剑状；雄蛾体长 5～6mm，唇须短而向上弯曲（图3-4A）。

卵：长0.42～0.43mm，椭圆形或桶形，初产时黄白色或黄红色，逐渐变为深红色，底部黏附于果实上，卵壳上具不规则的网状刻纹，卵壳顶部1/4处环生2或3圈"Y"形外长物（图3-4B）。

幼虫：低龄幼虫体白色，末龄幼虫体桃红色，腹面淡黄色，体肥胖，头尾较细，纺锤形。前胸有侧毛2根，垂直排列于圆形毛片上。第8腹节的气门较其他各节的气门靠近背中线，无臀栉。趾钩单序环（图3-4C）。

蛹：长7～8mm，淡黄白色至黄褐色，近羽化前黑褐色，复眼深黄色至红褐色，体壁光滑无刺，足伸达第5腹节，包被在茧壳内，其中越冬茧扁圆形，茧丝紧密，由幼虫吐丝缀合土粒而成。夏茧，又称羽化茧，纺锤形，质地疏松，一端有羽化孔；冬茧，又称滞育茧，圆形，质地紧实（图3-4D和E）。

图3-4 桃小食心虫形态特征（赵鹏和刘小侠 拍摄）
A：成虫；B：卵；C：各龄期幼虫（L1～L5分别代表一龄至五龄幼虫）；D：蛹；E：茧

二、分布为害

桃小食心虫在我国广泛分布于东北、华北、西北、华东和华中地区，其中主要分布在北部及西北部苹果、梨、桃及枣产区。寄主植物包括蔷薇科的苹果、花红、海棠、山楂、梨、桃、李、杏及鼠李科的枣、酸枣等果树。其中以苹果、梨、桃、枣受害最为严重。桃小食心虫主要通过幼虫蛀果为害，受害果蛀果孔外有泪珠状胶质点，随着果实的生长，蛀果孔愈合呈一个小黑点，周围果皮凹陷。受害果内部充满虫粪，造成"豆沙馅"，果实畸形生长，形成"猴头果"（图3-5）。果实受害后完全失去食用价值，造成严重的经济损失。在我国西北地区的红枣产区,桃小食心虫发生面积高达 8500hm^2,果实受害率达 75% 以上,造成的直接经济损失超过 1000 万元。

图 3-5 桃小食心虫为害症状(赵鹏和刘小侠 拍摄)
A:泪珠状胶质点;B:黑色蛀果孔;C:脱果孔;D:畸形"猴头果"

三、发生规律

桃小食心虫发生范围广,不同地区发生规律不同。在辽宁 1 年发生 1~2 代,在河北大部分地区 1 年发生 2 代,在山东 1 年发生 2~3 代,在江苏 1 年发生 3 代,均以老熟幼虫结扁圆形"冬茧"在土内滞育越冬。越冬幼虫出土时期因地域和寄主差异而有所不同,以致之后各虫态发生期不一致和世代重叠严重。

在北方 1 年发生 1~2 代的地区,桃小食心虫越冬幼虫 5 月中旬开始出土,在树干基部附近的砖石、土块、土表裂缝及草根旁再结纺锤形茧化蛹,6 月中旬至 7 月上旬为羽化盛期,第一代成虫发生期为 7 月下旬至 9 月中旬。在江苏地区,越冬幼虫 5~6 月出土化蛹,5 月中旬至 7 月中旬成虫羽化,第一代成虫在 6 月下旬至 8 月羽化,第一代、第二代幼虫部分入土形成越冬茧,第二代成虫在 8 月至 10 月上旬羽化,第三代幼虫在 8 月下旬开始蛀果为害,9~10 月老熟幼虫入土结茧越冬。

桃小食心虫成虫有微弱的趋光性,昼伏夜出,在 21~27℃下,雌虫寿命平均 4~7 天,产卵前期 1~3 天,每头雌虫平均产卵约 50 粒,卵产于梨果萼洼处,卵期 5~7 天,幼虫孵化后先于果面爬行一段时间,后多于胴部蛀入果内,蛀果孔较小。幼虫取食果肉和种仁,使其失去商品价值。幼虫在果内为害 12~18 天,但因果树品种和蛀入同一果内虫数的多少而不同，时间最长可达 20 天以上，之后脱果进入越冬场所形成越冬茧。

四、防控技术

因桃小食心虫相较梨小食心虫发生较晚，故于 5 月上旬至 9 月下旬，利用桃小食心虫性诱芯及三角形诱捕器进行虫情监测。桃小食心虫的防治方法主要包括农业防治、物理防治、生物防治和化学防治，由于桃小食心虫和梨小食心虫习性与为害情况相似，因此在其余防治方法上，可参考"梨小食心虫防控技术"的部分内容。

撰稿人：赵　鹏（中国农业大学植物保护学院）
　　　　刘小侠（中国农业大学植物保护学院）
审稿人：许向利（西北农林科技大学）

第三节　苹果蠹蛾

一、诊断识别

苹果蠹蛾（*Cydia pomonella*），属于鳞翅目（Lepidoptera）卷蛾科（Tortricidae），是果树上重要的蛀果害虫，是世界入侵性有害生物之一，也是我国一类进境检疫性有害生物。其生长发育主要包括成虫、卵、幼虫、蛹 4 个阶段。

成虫：体长约 8mm，翅展 19～20mm。全体灰褐色，带有紫色光泽，雄性色深，雌性色浅。头部具有发达的灰白色鳞片丛。唇须向上弯曲，第 2 节最长，第 3 节着生于第 2 节末端的下方。前翅臀角处有深色大圆斑，内有 3 条青铜色条纹，其间显出 5 条褐色横纹；翅基部浅褐色，外缘突出略呈三角形，在此区内有较深的斜行波状纹；翅中部最浅，其中也杂有褐色斜行的波状纹。雄性前翅腹面中室后缘有一黑色条斑，雌性无。肛上纹明显。后翅深褐色，基部较淡。M1 脉与 M3 脉平行，基部不靠紧。雄性抱握器端钝圆，抱握器腹凹处外侧有一个尖刺；阳茎粗短，端部有 6～8 根大刺，分两行排；雌性外生殖器的产卵瓣内侧平直，外侧弧形，交配孔宽扁，后阴片圆大；囊导管短粗，在近口处强烈几丁质化，扩大呈半圆形；囊突 2 个，牛角状（图 3-6A）。

卵：椭圆形，稍扁。初乳白色、半透明，后淡黄色，孵化前变黑（图 3-6B）。

幼虫：共 5 龄。初孵化白色，随着发育，背面显淡粉红色，末龄幼虫 14～18mm。前胸气门具 3 根毛，腹部末端无臀节。腹足趾钩为单序缺环，有趾钩 19～23 个，臀足趾钩 14～18 个。大龄幼虫可分辨雌雄，雄性第 5 腹节背面之内可见一对紫红色的睾丸（图 3-6C）。

蛹：长 7～10mm，淡褐色至深褐色。第 2～7 腹节背面各有两排整齐的刺，前排粗大，后排细小。第 8～10 腹节背面各为一排刺，第 10 节的刺常为 7 或 8 根。腹部末端有臀棘 6 根，肛孔两侧各有臀棘 2 根。雌蛹生殖孔在腹面第 8 节，雄蛹生殖孔在腹面第 9 节；雌雄肛孔均在第 10 节（图 3-6D）。

图 3-6 苹果蠹蛾形态特征（李亦松和唐洋 拍摄）
A：成虫；B：卵；C：幼虫；D：蛹

二、分布为害

苹果蠹蛾原产于欧洲南部，现已分布于世界各地。国外分布于德国、希腊、匈牙利、爱尔兰、意大利、阿尔巴尼亚、保加利亚、捷克、斯洛伐克、塞尔维亚、罗马尼亚、法国、奥地利、比利时、英国、丹麦、芬兰、挪威、波兰、葡萄牙、西班牙、美国、阿根廷、玻利维亚、巴西、智利、哥伦比亚、秘鲁、加拿大、乌拉圭、瑞士、马耳他、荷兰、俄罗斯、阿尔及利亚、利比亚、马德拉群岛、毛里求斯、摩洛哥、南非、突尼斯、塞浦路斯、加那利群岛、阿富汗、印度、以色列、约旦、巴勒斯坦、朝鲜、黎巴嫩、巴基斯坦、伊朗、伊拉克、叙利亚、土耳其、澳大利亚、新西兰等。在我国，天津、北京、内蒙古、辽宁、吉林、黑龙江、甘肃、宁夏、新疆共9个省（自治区、直辖市）均有分布。寄主范围广，可为害苹果、花红、砂梨、香梨、杏、巴旦杏、桃、野山楂、石榴、板栗属、无花果属、花楸属等植物。

幼虫多从胴部蛀入，深达果心，取食种子，也蛀食果肉。随虫龄增长，蛀孔不断扩大，蛀食后的果实中央会出现一条深深的虫道，虫粪排至果外，有时成串挂在果外（图3-7）。幼虫有转果为害的习性，初孵化幼虫在果实或叶片上四处爬行，寻找适合蛀入部位开始蛀果，蛀果时并不吞食所咬下的碎屑而是吐在蛀孔处。幼虫蛀入后即在果皮下咬1个小室，并在此进行第1次蜕皮；随即向种子室蛀食，并在种子室内进行第2次、第3次蜕皮；此后幼虫开始脱果，转而蛀食其他果实。有偏嗜种子的习性。几头幼虫能同时蛀食1个果实，有时1个果面有3~6个蛀孔，果实内部有虫2~5头，多为一龄和二龄幼虫，三龄以上的较少。幼虫为害降低了果实品质，并造成大量落果，蛀果率一般在50%以上，严重的可达70%~100%。

图 3-7 苹果蠹蛾为害症状（李亦松和唐洋　拍摄）
A：挂串在果外的虫粪；B：幼虫蛀食果实留下的虫道

三、发生规律

春季日平均气温高达 10℃ 以上时，越冬幼虫自 3 月下旬至 5 月下旬化蛹，通常在苹果花期结束时，成虫开始羽化，且羽化高峰主要集中在 8：00～13：00；傍晚至凌晨羽化较少。雄成虫羽化时间要比雌成虫早，羽化高峰主要出现在 8：00～11：00；而雌成虫的羽化高峰较晚且持续时间长，其羽化高峰期出现在 9：00～13：00。雌成虫羽化后 2～3 天性成熟，开始引诱雄成虫前来多次交尾、产卵。雌成虫羽化后 1～2 天交尾，绝大多数在黄昏以前进行，个别在清晨。

苹果蠹蛾偏好在光滑的表面产卵，而在绒毛密度较高的果实或叶片表面产卵较少。多数情况下，一个果实或一片叶片上的苹果蠹蛾卵量为 1 粒；卵多产在叶片上，部分产在果实和枝条上，尤以上层的叶片和果实着卵量最多、中层次之、下层最少。卵在果实上则以胴部为主，也产在萼洼及果柄上。梨园种植密度小，树冠四周空旷，向阳面的果树树冠上层产卵较多。苹果蠹蛾的卵为聚集分布。雌成虫羽化后第 2 天开始产卵，可持续至羽化后 9 天，且主要集中在羽化后的 2～5 天。产卵高峰出现在日落后的 3h 内，苹果蠹蛾卵在白天孵化，一天内的孵化时间为 5：00～18：00。15～30℃ 为幼虫发育的最适温度，当温度低于 11℃ 或高于 32℃ 时不利于其发育。苹果蠹蛾的发育起点温度为 9℃，第一代卵在有效积温达 230℃·d 时开始解化，完成一个世代的有效积温为 600～700℃·d。越冬蛹的发育起点温度为 9.4℃，有效积温为 216℃·d。幼虫老熟后脱果，常在树干老树皮、粗枝裂缝中、空心树干中、根际树洞内等处结茧化蛹，也可在脱落树皮下、根际周围 3～5mm 表土内、植株残体中、干枯蛀果内以及果品储藏处、包装物内结茧化蛹。

苹果蠹蛾可以通过人为传播（如贸易、旅客携带物等）和自然传播（如气流、季风等）两种途径在全球范围内扩散，但主要以幼虫随着果品的调运和旅客携带进行远距离传播。此外，成虫可附着在运输工具上进行远距离传播。

四、防控技术

（一）检验检疫

苹果蠹蛾是《中华人民共和国进境植物检疫性有害生物名录》中的检疫性害虫，也被列入《全国农业植物检疫性有害生物名单》和《全国林业检疫性有害生物名录》。针对此检疫性害虫，需要重点防控疫区输入非疫区，同时避免他国苹果蠹蛾输入至我国其尚未定殖的地区，重点加强针对该毁灭性害虫的进出境检疫措施和疫区的阻断拦截，对有苹果蠹蛾发生为害的国家和地区进出口的果品进行检验检疫，对来自疫区的苗木采取跟踪检疫，确保从源头上阻止苹果蠹蛾的入侵。

（二）农业防治

1. 推广应用新修剪技术

苹果蠹蛾在成虫期、幼虫期、产卵期均会对果树树冠上部果实及叶片造成危害，在一定程度上加大了对苹果蠹蛾的观察难度，施药操作也会存在一定的困难。面对该现象，要积极采取疏散分层形、多主枝自然圆头形，开心形等修剪措施，以此来降低果树高度，改善通风条件，尽可能避免苹果蠹蛾的为害。

2. 休园

针对部分苹果蠹蛾发生范围较小的区域，要综合考虑防治效果及经济效益，通过休园避免不可逆性危害的发生。

3. 其他方法

当苹果蠹蛾进入成虫期，可在树体上悬挂一定量的卫生球，避免成虫交配产卵。果实采收后及时摘除树上的虫蛀果和收集地面上的落果，清理下来的虫蛀果、树叶、杂草等及时彻底清除并在园外集中处理，破坏苹果蠹蛾越夏、越冬场所。刮老翘皮，入冬时刮除果树树干上的翘皮、粗皮，然后用生石灰涂刷。5月中上旬进行果实套袋，阻止该虫蛀果为害。

（三）物理防治

1. 杀虫灯诱杀

苹果蠹蛾有一定的趋光性，可通过悬挂频振式杀虫灯诱杀苹果蠹蛾。将杀虫灯诱杀时间定为19:00～23:00。杀虫灯间保持40m左右的距离，以悬挂式为主，悬挂高度需在果树树冠之上。

2. 虫胶粘杀脱果幼虫

苹果蠹蛾幼虫一旦离开果实，就要爬行寻找合适的结茧场所，甚至会脱离树干去其他地方找寻，可根据幼虫的特点，在树干基部设置粘虫胶，控制苹果蠹蛾的繁殖。分别在7月上旬、8月上旬和下旬各涂抹1次，涂胶工作可结合刮治老翘皮进行，涂抹宽度大于8cm。7月上旬利用草绳在树干绑缚18cm宽的草环，诱集老熟幼虫。果实采收后，将草环带至园外并进行集中烧毁。

3. 糖醋液诱杀

比例为白酒∶红糖∶醋∶水=1∶1∶4∶16，也可加入少量溴氰菊酯。高度为1.5m左右，每周更换1次。

（四）生物防治

1. 天敌防治

增强果园中鸟、蜘蛛、寄生蜂、瓢虫等天敌生存环境的保护和维持，也可通过人工释放赤眼蜂、周氏啮小蜂、苏云金芽孢杆菌、颗粒病毒、白僵菌等寄生蜂和昆虫病原真菌进行防治，其中白僵菌致使苹果蠹蛾的发病率为32%。

2. 迷向法防治

采用信息素迷向法防治苹果蠹蛾。性信息素缓释剂对苹果蠹蛾具有迷向作用，在充满性信息素气味的环境中，使雄虫丧失寻找雌虫的定位能力，致使雌雄交配概率大大降低，从而使下一代虫口密度急剧下降，以达到防治的目的。苹果蠹蛾性信息素缓释剂挂设高度为1.7m左右（迷向丝每30天更换1次），4月上旬开始悬挂，至9月中旬结束。迷向剂能够明显干扰苹果蠹蛾成虫的正常交配，减少下一代幼虫发生数量，有效减少化学农药使用量，从而减轻环境污染。

3. 性诱芯防治

在苹果蠹蛾成虫暴发期采用性诱芯防治措施，可达到消灭成虫的目的。在诱杀环节，水盆形诱捕器的诱杀率较高，每隔18m左右设置1个诱捕器，同时，要使盆中水位保持合理范围。另外，也可采用粘虫板诱捕器，并做好粘虫板黏性的检查工作。

（五）化学防治

化学防治要达到理想的防治效果，必须把握正确的防治时间。新孵出的幼虫对杀虫剂的抗性较弱，可选择在卵孵化初期至一龄幼虫蛀果前施药，每个时期喷施2或3次农药，喷药间隔期为7～10天。化学防治可选择有机磷类药剂如甲基毒死蜱，拟除虫菊酯类如高效氯氟氰菊酯，氨基甲酸酯类如西维因、阿维菌素，氯代烟碱类如噻虫啉，以及昆虫生长调节剂如氟虫脲等。由于苹果蠹蛾在不同地区其生物学特性多有差异，防治时期的选择应适合当地实际情况；另外，多种药剂替换使用可以避免苹果蠹蛾抗药性增强，从而提高防治效果。

撰稿人：李亦松（新疆农业大学农学院）
审稿人：刘小侠（中国农业大学植物保护学院）

第四节 梨大食心虫

一、诊断识别

梨大食心虫（*Nephopteryx pirivorella*），又名梨斑螟蛾，俗称"黑钻眼""吊死鬼"（图3-8），属于鳞翅目（Lepidoptera）螟蛾科（Pyralidae）。其生长发育主要包括成虫、卵、幼虫、蛹4个阶段。

图3-8 梨大食心虫为害症状——"吊死鬼"（张怀江 拍摄）

成虫：体长10~12mm，翅展24~26mm，头部灰黑色。前翅灰褐色，具有紫色光泽，距离前翅基部2/5和1/4处，各有灰色横纹1条，此横纹嵌紫褐色的宽边。在翅中央中室上方有一白斑。后翅灰褐色，翅脉明显（图3-9A）。

图3-9 梨大食心虫形态特征及其为害症状（张怀江 拍摄）
A：成虫；B：老熟幼虫；C：幼虫蛀果后堆积的虫粪

卵：椭圆形，稍扁平。初产时为黄白色，经过1~2天后变为红色。

幼虫：初孵幼虫淡红色，老熟幼虫（图3-9B）体长17~20mm。头部和前胸背板为褐色，体背面为暗红褐色至暗绿色，腹面颜色稍浅，腹足趾钩为双序环，无臀栉。

蛹：长约12mm，身体短而粗，初化蛹时体色碧绿，以后逐渐变为黄褐色。腹部末端横排6根以上卷曲的臀毛。

二、分布为害

全国各梨产区均有分布,其中以吉林、辽宁、河北、山西、山东、河南等地受害较重。

梨大食心虫以幼虫蛀食梨芽、花簇、叶簇和果实。从芽基部蛀入,造成芽枯死。幼虫蛀果后,常用丝将果缠绕在枝条上,蛀入孔较大,孔外堆积虫粪(图3-9C),果柄基部有丝与果台相连,受害果变黑枯干,至冬季不落,形成"吊死鬼"。近成熟果受害,蛀果孔周围形成黑斑,甚至腐烂,蛀孔处堆有虫粪,并导致虫道周围果肉腐烂变褐。

三、发生规律

梨大食心虫每年发生的代数因地区不同而异。在吉林梨产区1年发生1代,在辽宁西部和河北北部1年发生1~2代,在山东、山西和陕西关中地区1年发生2~3代,在1年发生2代以上的地区世代重叠严重。

梨大食心虫各地均以低龄幼虫在芽内结灰白色的薄茧越冬,受害芽较为瘦弱,外部有一个很小的虫孔,容易识别。春季果树花芽膨大时,越冬幼虫开始出蛰活动,转移为害新的花芽。早出幼虫先在花芽基部吐丝结网,并在丝网下逐渐蛀入;晚出幼虫多在鳞片内吐丝连接,受害花芽鳞片不易脱落。梨树开花期,有的幼虫还蛀入花臺髓部,使整个花序凋萎、变黑。幼果长到直径10mm左右时,幼虫可转移为害,常从幼果顶端蛀入,虫孔外有黑褐色虫粪。末龄幼虫从受害果中爬到果柄上吐丝,缠绕果柄和果台,形成"吊死鬼",而后又回到果中结茧、化蛹,此果逐渐干枯变黑,有的还表现出萎缩,但不脱落。

在1年发生1代的地区,7月为蛹发生期,平均15天,成虫发生期从7月中下旬至8月上旬。成虫白天静伏,黄昏开始活动,黎明前后交配,夜晚产卵,卵多产在果实萼洼附近或者芽腋间和果台皱痕处。每头雌虫可产卵40~80粒,多的可达200多粒,散产。初孵幼虫在为害2或3个芽后开始越冬。在1年发生2代的地区,越冬代幼虫为害与每年发生1代的地区基本相同,越冬代幼虫孵化后直接为害果实,末龄幼虫仍在果中化蛹。春季的降雨量可影响幼虫为害果实的数量,降雨少的年份1头幼虫仅为害1或2个幼果,多雨的年份则可以为害3或4个。受害果虫孔容易腐烂、变黑。越冬代蛹的发生期在6月上旬至7月上旬,蛹期11~12天,成虫的发生期在6月下旬至7月中旬,第一代蛹的发生期为7月中旬至8月下旬,蛹期9~10天,成虫发生期在8月。在1年发生2~3代的地区,第一代、第二代幼虫孵化后继续为害果实,越冬代幼虫孵化后也可为害2或3个芽,最后蛀入花芽后结茧越冬。

四、防控技术

(一)农业措施

结合梨树修剪,剪除虫芽,或早春检查梨芽,将受害梨芽摘除。

开花后幼虫转果期,检查受害花簇,将已经枯萎的花簇摘除,同时可敲打树枝,振落未受害花簇基部的叶片,发现有鳞片不掉落的花簇,即有幼虫潜伏在内部为害,可进行人工摘除。

在幼虫化蛹期成虫羽化前,摘除受害果并集中处理,重点摘除越冬代幼虫为害的果实。

(二)生物防治

主要是天敌的保护和利用。梨大食心虫的天敌很多,主要有黄眶离缘姬蜂(*Trathala flavo-orbitalis*)、瘤姬蜂(*Exeristes* sp.)、离缝姬蜂(*Campoplex* sp.)等。寄生蜂对梨大食心虫的抑制作用很大,特别是控制梨大食心虫的后期为害。因此,在进行防治时,应尽可能保护这些天敌。

(三)化学防治

1. 喷药时期

应抓住越冬幼虫的出蛰转芽期和转果为害期两个关键时期进行喷药防治,对于为害较重的果园,幼虫开始越冬时也是药剂防控的有利时期。在1年发生1~2代的果区,在花芽露绿至开绽期即幼虫转芽期喷药;在1年发生2~3代的果区,重点在幼虫转果期即幼果脱萼期喷药。

2. 药剂种类选择

常用有效药剂:200g/L氯虫苯甲酰胺悬浮剂3000~4000倍液、1.8%阿维菌素乳油2500~3000倍液、2%甲氨基阿维菌素苯甲酸盐水乳剂4000~5000倍液、8000IU/mg苏云金芽孢杆菌可湿性粉剂200倍液、50g/L高效氯氟氰菊酯乳油3000~4000倍液、4.5%高效氯氰菊酯乳油1500~2000倍液、20%甲氰菊酯乳油1500~2000倍液、25g/L溴氰菊酯乳油1500~2000倍液、50%马拉硫磷乳油1500~2000倍液等。害虫发生严重的果园,每期需连续喷药1或2次,间隔期7~10天。

撰稿人:张怀江(中国农业科学院果树研究所)
审稿人:刘小侠(中国农业大学植物保护学院)

第五节 桃 蛀 螟

一、诊断识别

桃蛀螟(*Conogethes punctiferalis*),属于鳞翅目(Lepidoptera)螟蛾科(Pyralidae),是农林重要害虫。以前,取食果树的桃蛀螟被命名为蛀果型(fruit-feeding type),而取食针叶树的桃蛀螟被命名为针叶型(pinaceae-feeding type)。2006年,针叶型桃蛀螟被定名为松蛀螟（*C. pinicolalis*）。

成虫：平均体长 12mm，翅展 22～28mm，黄色至橙黄色。触角线状。复眼发达，黑色。体背、翅表面具许多大小不等的豹纹状黑色斑点，其中，胸背 7 个；腹背第 1 节及第 3～6 节各有 3 个横列，第 7 节 1 个，第 2 节、第 8 节无黑斑；前翅 25～28 个，后翅 15 或 16 个。雄蛾腹部末端黑色，雌蛾腹部末端圆锥形，黑色不明显（图 3-10A 和 B）。

图 3-10　桃蛀螟形态特征（张天涛　拍摄）
A：雌成虫；B：雄成虫；C：卵；D：幼虫；E：蛹

卵：单粒散产，适宜温度下孵化约 6 天。椭圆形，长轴约 0.65mm，短轴 0.51mm，初期为乳白色，渐变为黄色、深红色（图 3-10C）。

幼虫：共 5 龄。初孵幼虫体长 1.2～3.0mm，末龄幼虫体长 17～25mm。初期体色为淡粉红色，渐变为淡黄色、灰褐色。腹部共 10 节，第 3～6 腹节各着生 1 对腹足，第 10 腹节着生 1 对臀足，第 1～8 腹节气门以上各具 6 个毛片，呈 2 横列，前 4 后 2（图 3-10D）。

蛹：被蛹，纺锤形，长约 10mm。初期为浅黄色，渐变为深褐色，翅芽出现明显的豹纹状黑色斑点。雌蛹第 8 腹节有一纵向裂缝与第 9 腹节的产卵孔相连，周围较平坦，无突起；雄蛹第 8 腹节无裂缝，第 9 腹节生殖孔为一纵向裂缝，周围突起明显（图 3-10E）。

二、分布为害

桃蛀螟广泛分布于亚洲和大洋洲，尤其在中国、韩国、日本、越南、缅甸、泰国、尼泊尔、印度、菲律宾、澳大利亚等地较为常见。在我国，主要分布于辽宁、陕西、山西、河北、北京、天津、河南、山东、安徽、江苏、江西、浙江、福建、台湾、广东、海南、广西、湖南、湖北、四川、云南、西藏。桃蛀螟是一种多食性害虫，以幼虫蛀食为害为主，其寄主范围多达 23 科 120 种，包括桃、杏、李、苹果、板栗等果树，以及玉米、向日葵、高粱等经济作物。

三、发生规律

桃蛀螟1年发生2～6代。在中国南方各省1年发生4～5代，在西北和华北地区1年发生3～4代，在辽宁1年发生2代。在韩国大部分地区1年发生2代。完成一代的时间为25～40天，以老熟幼虫滞育越冬。成虫有趋光性。桃蛀螟第一代幼虫主要为害杏、李和早熟桃果；第二代幼虫为害中晚熟桃果、玉米穗、向日葵花盘、蓖麻穗；第三代幼虫主要为害玉米穗、高粱穗、板栗等。

四、防控技术

（一）农业措施

及时处理玉米、高粱、向日葵等越冬寄主，并刮除果树翘皮，减少越冬虫源。果园周围避免大面积种植玉米和向日葵等寄主植物，以避免加重和交叉为害，但可利用桃蛀螟成虫偏好在向日葵花盘上产卵的习性，在果园周围种植向日葵诱集带进行集中灭杀。加强果园管理，及时整枝修剪、摘除虫果或进行疏果套袋。合理施肥，增强果树自身抗虫能力。

（二）物理与生物防治

桃蛀螟成虫趋光性强，可利用黑光灯或频振式杀虫灯进行诱杀。也可利用糖醋液或性信息素诱捕器诱杀成虫。另外，可以利用苏云金芽孢杆菌、昆虫病原线虫、白僵菌等生物制剂或释放螟黄赤眼蜂等天敌昆虫进行防治。

（三）科学用药

加强第一代成虫防治，在成虫产卵高峰期和幼虫孵化盛期适时喷施25%灭幼脲悬浮剂1500～2500倍液、2.5%高效氯氟氰菊酯乳油2500倍液、40%毒死蜱乳油1000倍液、1%甲氨基阿维菌素苯甲酸盐水乳剂2000倍液、50%辛硫磷乳油1000倍液。

撰稿人：黄欣蒸（中国农业大学植物保护学院）
审稿人：刘小侠（中国农业大学植物保护学院）

第六节　香梨优斑螟

一、诊断识别

香梨优斑螟（*Euzophera pyriella*），属于鳞翅目（Lepidoptera）螟蛾科（Pyralidae）。其生长发育主要包括成虫、卵、幼虫、蛹4个阶段。

成虫：体长6～10mm，翅展14～20mm。体色呈灰褐色至暗褐色，被鳞光滑。前翅狭长，灰褐色，2条灰白色横线之间颜色较暗，中室端及下方具灰白色斑，翅端色较淡，

图 3-11 香梨优斑螟成虫（邓建宇 拍摄）

外缘有 1 列小黑点，缘毛灰色。后翅灰褐色，外缘色较深，缘毛灰白色（图 3-11）。

卵：椭圆形，长约 0.55mm，初产时为乳白色，孵化前为暗红色。

幼虫：老熟幼虫体长 8～17mm，体色深灰色（灰黑色），头部棕褐色。

蛹：长约 7mm，腹面黄褐色，背面褐色。

二、分布为害

香梨优斑螟只在新疆有报道，在乌鲁木齐、塔城、博乐、伊宁、昌吉、哈密、吐鲁番、库尔勒、阿克苏等地发生，国内其他地区和国外均未见报道。寄主主要有梨、苹果、枣、无花果、巴旦杏、杏、扁桃、桃、杨、新疆杨等林果树，为新疆特有的果树蛀果蛀干害虫。香梨优斑螟幼虫对不同品种的梨、苹果的选择性较大，新疆香梨、砀山酥梨、京白梨、鸭梨、康德等品种中均发现香梨优斑螟的为害，其中香梨受害株率最高。

香梨优斑螟主要以幼虫在寄主主干、主枝的韧皮部和木质部之间蛀食，从剪口、锯口等伤口或翘皮裂缝处及腐烂病病疤处钻蛀，形成无规则隧道，其内充满黄褐色或黑褐色颗粒状粪便，并导致枝干发生梨树腐烂病，使树势衰弱，为害严重则造成死枝、死树，也可蛀食果皮、果肉、果心和种子；对成年香梨树树干的树皮翘皮处危害严重，对 2～4 年未挂果梨树的树干光滑处危害较轻（图 3-12）。在香梨优斑螟为害处常发现梨树腐烂病、梨小食心虫、苹果蠹蛾、介壳虫等复合为害；香梨优斑螟对香梨树的同一受害部位可以连续为害，这使得树干受害面积越来越大，直至韧皮部被蛀断，造成整株树或整个枝干死亡。

图 3-12 香梨优斑螟为害症状（邓建宇 拍摄）

三、发生规律

香梨优斑螟 1 年发生 3 代，以老熟幼虫在树干的翘皮、裂缝、树洞中结灰白色长形薄茧越冬，也有的在为害蛀食处或苹果、梨的果实内越冬，有世代重叠现象。老熟幼虫在树干或主枝的木质部和韧皮部之间取食，形成不规则的虫道，为害的虫道口表现出大片的湿润状，如同被油浸过，在树皮外有浅褐色或黑褐色虫粪，揭开树皮可见蛹，偶见老熟幼虫。幼虫蛀干后，易引起梨树腐烂病的发生。第一代幼虫主要为害主干、主枝；第二代和第三代幼虫除为害树干、主枝外，还为害梨、苹果等果实。调查发现，香梨优斑螟的蛀果率小于 2%。幼虫主要为害主干和第一层主枝，从剪口、锯口或翘皮裂缝处及腐烂病病疤处钻蛀，尤其喜在主干或主枝的新生大裂缝内蛀食，大量虫粪布满为害处；幼虫共 5 龄，历期 25~40 天。越冬代幼虫 3 月下旬开始化蛹，4 月上中旬为化蛹盛期，4 月下旬为羽化盛期。第一代和第二代成虫羽化高峰分别在 6 月上中旬和 7 月中下旬。10 月幼虫逐渐进入越冬状态。

通过人为传播（如贸易、旅客携带物等）和自然传播（如气流、季风等）两种途径扩散，但主要以幼虫随着果品的调运和旅客携带进行远距离传播。此外，成虫可附着在运输工具上进行远距离传播。

四、防控技术

（一）农业防治

越冬前，用稻草把或麦秸把捆住树干，开春时解绑烧毁，既可防冻，又可诱杀越冬幼虫。刮除树干、主枝及伤口处的老树皮，并集中烧毁。刮除幼虫蛀干斑，涂抹杀虫剂。春季人工刮除枝干老翘皮，杀死越冬幼虫。刮除树皮后用药剂涂抹蛀孔，再用 4% 腐殖酸铜原液等涂抹，以防止梨树腐烂病的发生。在修剪锯口、腐烂病斑、自然伤口及冻害处，及时涂抹杀菌剂、杀虫剂，如用 5°Be 石硫合剂兑水 3~5 倍，再加上 80% 敌敌畏乳油 500 倍液涂抹。开花期及幼果期，以施氮肥为主，7 月以后，以施磷钾肥为主。果实采收前后，施入有机肥，延缓叶片衰老，增加树体营养。

（二）物理防治

1. 杀虫灯诱杀

利用频振式杀虫灯诱杀成虫，灯的悬挂高度为 1.5~2.5m。

2. 糖醋液诱杀

在成虫高峰期，根据成虫对糖醋液的趋性，用糖醋液诱杀成虫。在成虫发生初期，悬挂糖醋液诱杀盆进行虫情测报。在 4 月下旬、6 月中旬、7 月上中旬、8 月上旬 4 个成虫高峰期，增加糖醋液诱杀盆（糖醋液按 1 份红糖、2 份醋、10 份水，再加少许白酒配制），诱杀成虫。每亩悬挂 6~8 个，每天定时清理诱集到的香梨优斑螟，并适时更换糖醋液。

（三）生物防治

香梨优斑螟卵期的主要天敌有小枕异绒螨，小枕异绒螨的成螨和若螨捕食香梨优斑螟的各个虫态，越冬后的成螨对香梨优斑螟第一代卵的抑制效果显著。香梨优斑螟幼虫的捕食性天敌有普通草蛉、白线草蛉和蜘蛛（新疆逍遥蛛、蒙古花蟹蛛、合古卷叶蛛和塔里木管网蛛等）。香梨优斑螟蛹期的主要捕食性天敌有金星步甲。

（四）化学防治

在成虫羽化盛期，喷洒2%阿维菌素微囊悬浮剂3000～5000倍液、1%苦参碱可溶液剂1200～1500倍液杀死成虫。成虫羽化高峰后5～6天，喷施50%杀螟松乳油1000倍液杀卵。在香梨树生长期，用80%敌敌畏乳油200～500倍液等内吸性农药涂抹在幼虫为害处，直接毒杀幼虫，然后在为害处涂抹4%腐殖酸铜原液等，预防梨树腐烂病的发生。在4月下旬、6月中下旬和7月中下旬，喷洒10%高效氯氰菊酯乳油2000倍液、2.5%功夫乳油2000倍液、20%灭扫利乳油2000倍液等。

撰稿人：李亦松（新疆农业大学农学院）
审稿人：刘小侠（中国农业大学植物保护学院）

第七节 梨瘿蚊

一、诊断识别

梨瘿蚊（*Contarinia pyrivora*），俗称梨芽蛆、卷叶虫，属于双翅目（Diptera）瘿蚊科（Cecidomyiidae）瘿蚊亚科（Cecidomyiinae），是为害梨树幼嫩芽叶的害虫。其生长发育主要包括成虫、卵、幼虫、蛹4个阶段。

成虫：雄成虫头部、胸部呈黑褐色，腹部呈暗红色；体长1.0～1.5mm，翅展4.0～4.4mm；前翅膜质、透明，翅被黑色细毛，平衡棒呈淡黄色；头小，复眼大，无单眼；触角15节，念珠状，节间明显，鞭节呈球杆形，散生长刚毛；腹部末端有棕黄色抱握器。雌成虫头部、胸部呈黑色，腹部呈棕红色；体长1.5～2.0mm，翅展4.1～4.5mm；前翅膜质、椭圆形，翅被黑色细毛，有2条明显径脉、C脉颜色加深，后翅退化为平衡棒；头部小，复眼甚大、离眼式、黑色且突出；触角15节，念珠状，但节间不明显；腹部末端有管状、长约1.2mm的伪产卵器，求偶或交配时伸出，平常缩进体内。

卵：长椭圆形，长0.32mm，宽0.077mm；初产时浅橘黄色、晶莹透明，孵化前颜色加深变为橘红色。

幼虫：纺锤形，体节12节；一般4个龄期，一龄至三龄幼虫颜色较浅、由乳白色逐渐变为粉红色，四龄幼虫颜色逐渐变深呈橘红色；四龄老熟幼虫体长1.8～2.4mm，前胸腹面具有"Y"形剑骨片，剑骨片是辅助梨瘿蚊幼虫完成脱叶和弹跳的重要结构。

蛹：离蛹，纺锤形，化蛹初期为橘红色，随日龄增加颜色逐渐变深至黄褐色；腹部

7节，雄蛹腹部末端有明显的钩状突起，雌蛹腹部末端则较为平滑。

二、分布为害

梨瘿蚊起源于欧洲，后传至北美及新西兰等地，并于20世纪80年代传入我国安徽，目前在我国辽宁、河北、陕西、山西、山东、河南、湖北、湖南、江西、安徽、江苏、浙江、福建、广西、贵州、四川等地均有分布，主要集中在我国24°N~38°N长江中下游地区的砂梨种植区发生和为害。同时，随着品种移栽、耕种管理方式和气候的变化，梨瘿蚊有沿山西酥梨种植区逐渐北上的趋势，为害面积逐年扩大、为害程度也逐年加重。

梨瘿蚊是一种寡食性害虫，只为害梨树，喜食梨树的芽叶，尤其是嫩梢顶端的新叶。成虫一般将卵产于叶鞘或者叶脉位置，幼虫孵化后刮吸叶片汁液，造成叶片皱缩、凹凸不平、畸形、无法正常展开，始终保持筒状向中脉纵卷；为害后期叶片变黄、发黑、增厚、脆硬，直至完全枯死而提早脱落（图3-13）；为害严重时，新梢中上部叶片全部脱落，形成秃枝，严重影响梨树的正常发育和光合作用，造成梨园减产。同一果园、相同树龄和栽培管理水平下，不同梨树品种的受害程度具有明显差异，其中以黄冠砂梨受害最重，其次是雪青砂梨，白梨的受害水平明显低于砂梨。

图3-13 梨瘿蚊为害新梢和嫩叶症状（乔折艳 拍摄）
A：新梢中上部叶片全部脱落，形成秃枝；B：叶片皱缩、凹凸不平、畸形，无法正常展开

三、发生规律

梨瘿蚊1年发生3或4代。其发生和为害与环境温度和降雨情况密切相关。梨瘿蚊以老熟幼虫在土中越冬，第二年2月底至3月中旬，越冬幼虫结茧化蛹，4月下旬于傍晚渐次羽化出土。成虫寿命4~5天，晴天傍晚活动频繁、阴雨天在叶片蔽荫处静息。成虫羽化次日便可交尾，交尾后雌成虫将卵产于梨树春梢端部叶尖或两侧叶缘处，每头雌

成虫产卵10~15粒。幼虫于产卵后5~7天孵化，就地吸取叶表皮汁液，不潜入叶内，造成受害叶片由叶尖或叶缘向内纵卷，幼虫继续在卷叶中取食。梨瘿蚊幼虫畏光，触动时见光即弹跳。受害叶片变黑枯落后，老熟幼虫弹落入土，于地表下2~5cm的表层土中结茧化蛹。干旱和水涝均会造成蛹的大量死亡，腐殖土中成虫羽化率最高。梨瘿蚊的发育繁殖和行为活动与环境温湿度密切相关。室内监测发现，环境温度对梨瘿蚊成虫羽化率有显著影响，以25℃时羽化率最高，但对羽化成虫的雌雄比无显著影响。梨园监测发现，当气温达10℃以上且空气湿度超过80%时，梨瘿蚊开始活动；当气温达20℃以上且空气湿度在85%以上时，梨瘿蚊的发育速度最快，20~25天即可完成一代。梨瘿蚊具有嗜水性，降雨和土壤湿度是影响其发生的主要因素。环境湿度对幼虫脱叶效率有显著影响，幼虫老熟后必须遇降雨高湿天气才能脱出叶片。室内生物学观测发现，叶片沾水后，受害叶片在最初的3h内脱叶数达到峰值，随后逐渐减少，0~6h脱叶率达66.41%，18h内脱叶率即可达100%。脱叶时，老熟幼虫先爬出卷叶，弹落地面，然后入土化蛹。不降雨时，老熟幼虫既不脱叶，也不在卷叶内化蛹。湿润条件下梨瘿蚊的化蛹率和羽化率均显著提高，因此降雨量与梨瘿蚊的发生数量及发生代数直接相关。

四、防控技术

梨瘿蚊的防控应该根据虫情监测结果，及时采用农业防治、物理防治、生物防治并结合科学的化学防治开展综合防控。

（一）虫情监测

1. 淘土网筛法

于3月下旬，在上一年梨瘿蚊为害严重的梨园对梨树树冠下地表10cm深度内的土壤进行抽样，并采用淘土网筛法计数越冬代蛹和蛹壳数量，预测越冬代发生情况。

2. 黄色粘虫板诱捕

在梨树开花前将黄色粘虫板悬挂于树冠处对梨瘿蚊进行诱捕，定期更换，监测各代成虫发生情况。

（二）农业防治

1. 加强果园管理

冬季深翻土地，破坏梨瘿蚊的生存环境。生长季及时摘除虫叶、集中烧毁，可减少虫源。合理施肥，避免过度施用氮肥造成新梢徒长是防治梨瘿蚊为害的重要措施之一。及时剪除无用的徒长枝、萌蘖枝也可以降低梨瘿蚊的发生和为害程度。

2. 种植抗虫梨树品种

连续多年的调查发现，虽然大多数梨树品种均会受到梨瘿蚊的为害，但灌阳南水梨、大宝梨、富源黄梨、花皮梨、福安大雪梨、黄皮中梨、真香梨、圆梨、雅青、细花平头青、红皮酥、黄皮香、八月酥、大菊水、中翠、江岛、高雄、早生二十世纪、苍溪六月雪对梨瘿蚊均表现出较强的抗性。

（三）物理防治

1. 悬挂黄色粘虫板

从4月初开始，在梨园内悬挂黄色粘虫板对梨瘿蚊具有明显的诱杀效果，也是降低越冬基数的有效措施。另外，梨园监测发现，距离地面1m高处粘虫板诱捕效果最佳，3~5m高处粘虫板几乎无诱集作用。因此，建议在梨瘿蚊发生期，于距离地面1~2m处悬挂黄色粘虫板对害虫进行防控。

2. 树盘下覆膜

在梨瘿蚊越冬代成虫羽化前，结合春耕除草在树盘下覆膜，可以破坏梨瘿蚊的化蛹场所，减少羽化出土和上树的成虫数量。

（四）生物防治

保护和利用天敌是梨瘿蚊的重要生物防控措施。瘿蚊广腹细蜂可以寄生于梨瘿蚊的卵和老熟幼虫，是梨瘿蚊的主要寄生性天敌。异色瓢虫、龟纹瓢虫、七星瓢虫、大草蛉、中华草蛉、小花蝽、草间小黑蛛等均能捕食梨瘿蚊的幼虫和成虫（图3-14），而且天敌种群在梨园内均表现出对梨瘿蚊显著的追随效应，对梨瘿蚊的种群增长有重要的控制作用。另外，室内生物测定发现，中华草蛉和七星瓢虫二龄幼虫、三龄幼虫及成虫对梨瘿蚊四龄幼虫的捕食量均随天敌虫龄的增加而增大，并以成虫的捕食量最大，中华草蛉成虫日捕食量最高可达58.2头，七星瓢虫成虫日捕食量为52.8头。可以通过错开天敌发生高峰期施药或减少化学农药的使用频次来保护自然天敌资源，同时可以利用果园生草和人工释放天敌来充分发挥天敌对害虫的防控效果。

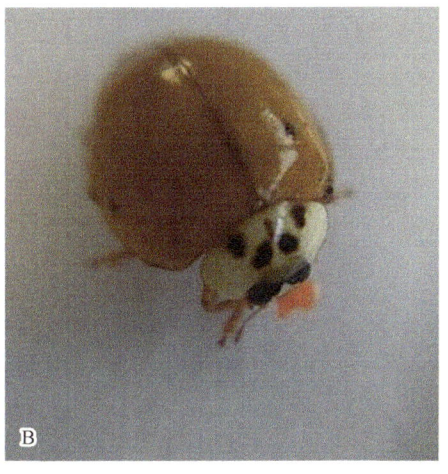

图3-14 异色瓢虫幼虫（A）和成虫（B）捕食梨瘿蚊幼虫（李浩文 拍摄）

(五) 化学防治

梨瘿蚊的化学防控主要以出土前的地面施药和树上成虫、卵和低龄幼虫的树上喷药为主。

1. 地面施药

地面施药关键期为越冬代成虫羽化出土上树前一周和第一代、第二代老熟幼虫脱叶高峰期。抓住降雨时幼虫集中脱叶、雨后有大量成虫羽化等有利时机，于幼虫脱叶后、成虫羽化出土前在树上喷洒50%辛硫磷乳油300倍液或在地面上撒施西维因毒土，用药后浅翻表土，使药剂翻入土内，药效可持续2个月以上。

2. 树上喷药

为防止化学药剂对传粉昆虫的为害并实现有效控制出土成虫，可在花瓣脱落后、各代成虫羽化出土上树期及产卵期进行树上喷药。田间药效测定发现，22.4%螺虫乙酯悬浮剂2000倍液和22%噻虫·高氯氟微囊悬浮-悬浮剂2500倍液对梨瘿蚊的防治效果最好，施药7天和10天后防治效果均可达90%左右且持效期长。生物源杀虫剂印楝素和苦参碱在施药初期防治效果不明显，但后期与化学杀虫剂药效无明显差异。另外，对武汉地区梨瘿蚊田间种群的抗药性监测结果表明，梨瘿蚊对吡虫啉、啶虫脒、噻虫嗪、螺虫乙酯4种杀虫剂的敏感性较高，对吡蚜酮、辛硫磷、毒死蜱、高效氯氟氰菊酯、联苯菊酯、灭蝇胺却产生了不同水平的抗性，田间应注意科学轮换使用。

撰稿人：李　贞（中国农业大学植物保护学院）
审稿人：刘小侠（中国农业大学植物保护学院）

第八节　美国白蛾

一、诊断识别

美国白蛾（*Hyphantria cunea*），又名美国白灯蛾，属于鳞翅目（Lepidoptera）灯蛾科（Arctiidae），是世界检疫性害虫（方承莱，2000）。其生长发育主要包括成虫、卵、幼虫、蛹4个阶段。

成虫（图3-15A）：体色白色，体长9~15mm，翅展28~42mm。雄成虫（图3-16A）的触角黑褐色，双栉齿状（图3-17A），长约5mm，内侧栉齿约为外侧栉齿的2/3，下唇须外侧呈黑色，内侧呈白色。胸部背面覆盖白毛，体腹部纯白色或黄色，其腹部和前翅散生少许黑点。雌成虫（图3-16B）的触角褐色，锯齿状（图3-17A），复眼半球形，呈黑褐色，雌成虫前后翅均为白色，后翅边缘处有稀疏黑色小点。成虫前足基节及腿节端部为橘黄色，胫节和跗节外侧为黑色，内侧为白色。前中跗节的前爪长而弯，后爪短而直。

图 3-15 美国白蛾成虫及卵块
A：美国白蛾成虫及卵块（代橦旭 拍摄）；B：美国白蛾卵块（孟香 拍摄）

图 3-16 美国白蛾形态特征
A：雄成虫；B：雌成虫；C：初孵幼虫；D：二龄幼虫；E：五龄幼虫；F：蛹。
图 A～D 由孟香拍摄，图 E 由沈杰拍摄，图 F 由代橦旭拍摄

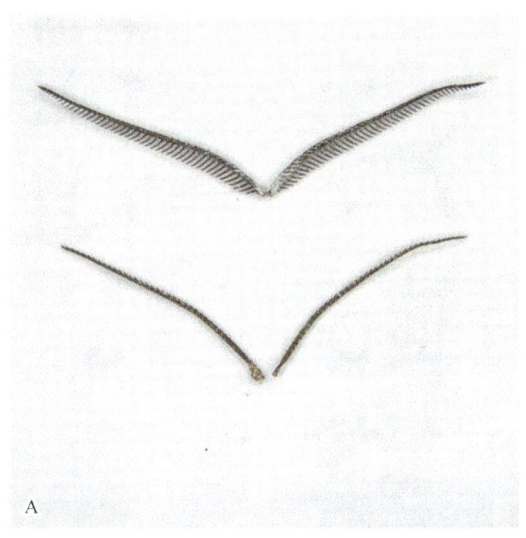

图 3-17　美国白蛾成虫的触角及幼虫为害形成的网幕（代槿旭　拍摄）
A：雄成虫的触角（上），雌成虫的触角（下）；B：幼虫为害形成的网幕

卵（图 3-15B）：直径约为 0.53mm，近球形，其表面覆盖白色鳞毛。初产卵为淡绿色或黄绿色，孵化前变为灰褐色，顶部呈黑褐色，卵历期为 8～14 天。

幼虫（图 3-16C～E）：体色多变，根据头部颜色可分为红头型和黑头型。红头型幼虫头部橘红色，额和旁额片褐色，身体呈浅色至深色，几条纵线白色，毛疣处着生深褐色刚毛，气门白色，围气门片黑色，腹足外侧深褐色，端部黄色；黑头型幼虫头部黑色，旁额片、冠缝色淡而明显，体色多变，由浅至深，有黑色宽背带。初孵幼虫一般为黄色或淡褐色。老熟幼虫头部黑色，有光泽，体色为黄绿色至黑褐色，头宽 2.4～2.7mm，体长 22～37mm，头宽大于头高。幼虫期分为 7 个龄期，每个龄期历期为 4～8 天。

蛹（图 3-16F）：淡黄色至红褐色，臀棘有长度相等的 10 个以上的细刺。雄蛹瘦小，背中央有一条纵脊；雌蛹肥大。第一代预蛹期多为 13 天，滞育越冬蛹历时近 8 个月。

二、分布为害

（一）分布

美国白蛾起源于北美洲，主要分布于美国和加拿大南部地区。自 20 世纪 40 年代初，该害虫通过人为活动相继传播至欧洲和亚洲等地。1979 年由朝鲜新义州首次传播至我国辽宁丹东；1982 年通过运输携带幼虫的木材传入山东荣成；1984 年在陕西武功暴发成灾；1990 年传入河北；1994 年以来美国白蛾相继扩散至上海（1994 年）、天津（1995 年）、安徽（1998 年）、北京（2003 年）、河南（2008 年）、吉林（2009 年）、江苏（2010 年）、内蒙古（2011 年）、湖北（2016 年）、浙江（2021 年）等地（邱立新等，2022）。目前，美国白蛾已扩散至全球 32 个国家，在我国已经传播至 14 个省（自治区、直辖市）的 600 多个县级行政区。从发生情况来看，该害虫在我国呈现从北部沿海地区逐步向南部内陆地区扩散入侵的趋势，并呈"南快北慢"的扩散规律。

（二）为害

美国白蛾的寄主广泛，世界范围内其寄主植物已超过600种，包括森林植物、果树及农作物。我国美国白蛾幼虫主要为害糖槭、桑、白桦、榆、臭椿等多达49科108属175种植物。截至2021年，该害虫为害面积达73.13万hm^2，防治总面积达546.41万hm^2。

三、发生规律

美国白蛾繁殖力极强，雌蛾平均产卵量为420～890粒，最高可达2000多粒，且孵化率可达95%以上，易暴发成灾。随着美国白蛾的持续入侵扩散，其生活史也发生了改变，美国白蛾在我国由北向南1年发生2～3代。其幼虫取食植物叶肉组织，受害叶片萎蔫枯黄呈白膜状，仅留叶脉和上表皮。低龄幼虫营群居生活，吐丝结网为害，严重时所结网幕布满整棵树木（图3-17B），五龄至七龄幼虫取食量增加，导致叶片呈孔洞状甚至整片叶片被取食。蛹主要隐蔽于树皮下、地面枯枝落叶、表土、屋檐和墙缝等场所越冬。美国白蛾可通过聚集网幕和隐蔽化蛹的方式躲避天敌，提高存活率。

美国白蛾拥有极强的低温、高温耐受能力，在我国东北地区，其蛹在低温-23.49℃时可顺利越冬。该害虫在37℃高温下卵的孵化率能够保持在80%以上，其幼虫、蛹和成虫在35～60℃的高温环境下仍可正常发育和繁殖。此外，美国白蛾低龄幼虫经历短时间（1～2天）饥饿仍能正常生长发育和繁殖，且随着虫龄增加，其耐饥饿能力显著提升，长时间饥饿（12天）后，约70%的六龄幼虫能提前化蛹、羽化并正常发育存活。美国白蛾高温、低温耐受能力和长期抗饥饿能力使其在我国大范围扩散和为害。

四、防控技术

美国白蛾具有取食范围广、繁殖潜力大、适应能力强、传播途径广、喜光、喜湿等特性，多年来，美国白蛾的防控措施日渐丰富，主要采用化学防治为主，物理防治和生物防治等措施为辅的综合防治策略。

（一）物理防治

美国白蛾幼虫孵化后在卵块周围吐丝结网，网幕时间长达20天，其间可采取人工摘除网幕集中销毁的方式降低危害。根据美国白蛾幼虫树下化蛹的习性，待老熟幼虫化蛹前在寄主植物1.5m高的位置捆绑草把、草垫和纸壳等，待老熟幼虫进入捆绑物内化蛹时，将收集的蛹集中销毁，可有效地控制下一代美国白蛾的种群数量。

（二）生物防治

人工释放白蛾周氏啮小蜂对美国白蛾幼虫和蛹的寄生率最高（Yang et al.，2008）。蠋蝽、步甲、丽草蛉和异色瓢虫等捕食性天敌对美国白蛾卵、幼虫均具有较好的捕食效果。

致病病毒核型多角体病毒在浓度为 $1.7×10^7$PIB/mL 时三龄幼虫的死亡率为 95.1%，同时可降低蛹重和雌虫产卵量。苏云金芽孢杆菌在 $1×10^7$CFU/mL 处理 72h 时，二龄幼虫的死亡率为 100%。球孢白僵菌菌株含 $1×10^8$ 个孢子/mL 时，对美国白蛾幼虫的防治效果最高，可达 80% 以上（Wang et al.，2020）。

（三）化学防治

美国白蛾大面积暴发或局部突发时，甲酸盐对幼虫的毒力最高，半致死浓度（LC_{50}）为 0.11mg/L，高效氯氟氰菊酯次之，LC_{50} 为 1.43mg/L；作用于鱼尼丁受体的双酰胺类杀虫剂因其对水生生物的安全性高，也得到了广泛应用。此外，施用 1.3% 苦参碱可溶液剂 1000 倍液，美国白蛾的死亡率达 100%，3.6% 烟碱·苦参碱微囊悬浮剂 1600 倍液施药后 7 天，防治效果达 98% 以上；地面喷雾 2.8% 木烟碱微囊悬浮剂 5 倍液具有较长的持效性，防治效果高达 99% 以上，有效抑制美国白蛾的生长发育，且具有驱避、引诱、拒食、毒杀的作用（赵旭东等，2022）。蓍草、迷迭香和植物精油等对美国白蛾幼虫也具有较高的致死效果（Gokturk et al.，2017）。

（四）新兴技术的应用

近年来，随着通信技术和无人控制系统等新技术的发展，将传统的测报灯和性信息素与基于物联网技术的自动观测和遥感观测相融合，进而提高美国白蛾精准化监测水平。

转基因技术、基因编辑技术及基因沉默技术有望成为美国白蛾绿色防控潜在的核心技术。目前，基于 piggyBac 转座子和 CRISPR/Cas9 的遗传转化体系已经在美国白蛾研究上获得成功。筛选美国白蛾靶标基因，研发基于 RNA 干扰技术的新型杀虫剂还需进一步探索。

撰稿人：闫　硕（中国农业大学植物保护学院）
审稿人：刘小侠（中国农业大学植物保护学院）

第九节　梨瘿华蛾

一、诊断识别

梨瘿华蛾（*Sinitinea pyrigalla*），又名梨枝瘿蛾、梨瘤蛾，属于鳞翅目（Lepidoptera）华蛾科（Sinitineidae），是一种在我国各梨产区均有发生的蛀干害虫。其生长发育主要包括成虫、卵、幼虫、蛹 4 个阶段。

成虫：体长 6~10mm，整体呈灰白色，胸部背面正后方有一黑色毛簇，前翅具一条从翅基部至中部的黑色条纹，中部和近外缘处各有一黑色毛簇，前后翅的外缘与后缘均具长缘毛。雌蛾腹部末端具产卵孔，呈锥形；雄蛾腹部末端具抱握器，近似管状（图 3-18）。

图 3-18　梨瘿华蛾成虫（李先伟和相会明　拍摄）
A：成虫外观；B：雌蛾；C：雄蛾

卵：椭圆形，长约 0.5mm，橘黄色，表面有皱纹（图 3-19A）。

幼虫：共 5 龄，一龄和二龄幼虫橘红色、体长 0.7~1.0mm，三龄后变为乳白色，末龄幼虫体长近 6mm（图 3-19B）。

蛹：长 5~6mm，雌蛹一般长于雄蛹，初为乳白色，后期呈棕褐色，腹部末端具有一对臀刺（图 3-19C）。

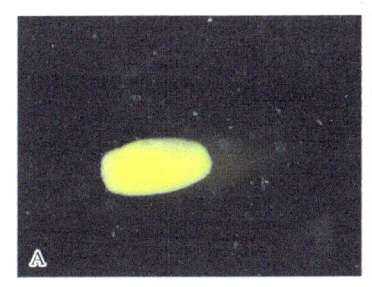

图 3-19　梨瘿华蛾卵（A）、幼虫（B）、蛹（C）（李先伟和相会明　拍摄）

二、分布为害

梨瘿华蛾在我国辽宁、山西、河南、湖北、江西、江苏、福建等地各梨产区均有分布，其中以西北、华北梨树种植区发生普遍，在管理较为粗放的果园内为害严重。

梨瘿华蛾以幼虫钻蛀梨树新梢进行取食为害，受害部位逐渐膨大，形成虫瘤（图 3-20），发生严重时虫瘤在枝梢上连接成串，且每个虫瘤内会有 3 或 4 头幼虫。梨树受害枝梢发育受阻，木质变硬，后期影响树冠的形成。

图 3-20　梨瘿华蛾田间为害形成虫瘤
（李先伟和相会明　拍摄）

三、发生规律

梨瘿华蛾 1 年发生 1 代，以蛹在受害枝形成的虫瘤内越冬（图 3-21A）。早春梨树芽萌动时，成虫陆续羽化，寿命 3~9 天，羽化 2 天内即可进行交配产卵，每头雌虫可产卵 50~90 粒，卵多散产于花芽、叶芽基部的缝隙处（图 3-21B），卵期 15~20 天。初孵幼虫蛀入嫩梢内取食，蛀入孔处有一黑色小点，幼虫期约 150 天，幼虫末期在虫瘿上咬出一羽化孔，随后退回虫瘿内部化蛹越冬。

图 3-21　梨瘿华蛾在虫瘿内越冬的蛹（A）与花芽基部的梨瘿华蛾卵（B）（李先伟和相会明　拍摄）

四、防控技术

鉴于梨瘿华蛾年生活史相对简单，造成为害的幼虫生活位置固定，可采取以农业防治和生物防治为主、化学防治为辅的综合防控措施。

（一）加强田间管理

在梨树冬季修剪整形期，剪除病枝上的虫瘿，以消灭果园内的越冬虫源。

（二）天敌的保护利用

梨瘿华蛾幼虫在田间具有多种寄生性天敌，如梨瘿蛾齿腿姬蜂、茧蜂等。该类群天敌多以老熟幼虫或蛹在虫瘿内越冬。对冬季收集的虫瘿进行解剖调查发现，超过 30% 虫道内有天敌幼虫或蛹（图 3-22）。因此，在冬季梨树修剪期间，可将剪下的虫瘿进行冷藏，至第二年梨树开花展叶期取出，于室内收集并释放羽化的寄生蜂，进行天敌的保育，以提高梨瘿华蛾田间生物防治效果。

图 3-22　在虫瘿内越冬的天敌幼虫（A）和天敌蛹（B）（李先伟和相会明　拍摄）

(三) 科学用药

早春在梨树开花前、梨瘿华蛾成虫羽化高峰期，喷施 25% 灭幼脲 3 号悬浮剂 1500 倍液、5% 阿维菌素微乳剂 3000~5000 倍液、5% 虱螨脲悬浮剂 1000~1500 倍液、20% 甲维·除虫脲悬浮剂 2000~3000 倍液用于防治果园内梨瘿华蛾成虫、卵和初孵幼虫。

撰稿人：李先伟（山西农业大学植物保护学院）
　　　　相会明（山西农业大学植物保护学院）
审稿人：马瑞燕（山西农业大学植物保护学院）

第十节　金纹细蛾

一、诊断识别

金纹细蛾（*Lithocolletis ringoniella*），属于鳞翅目（Lepidoptera）细蛾科（Gracillariidae），主要为害蔷薇科的多种植物。其生长发育主要包括成虫、卵、幼虫、蛹 4 个阶段。

成虫：体长 2~3mm，翅展 6~7mm，体金褐色，头部银白色，顶端生两簇金色鳞毛，触角为丝状。雄虫触角略长于其身体，雌虫触角体长略短，翅上密布着金色鳞毛，前翅基部有 3 条放射状条纹，银白色相间，后翅呈灰色，密被细长缘毛。

卵：扁椭圆形，长 0.2~0.4mm，半透明，初呈淡黄色，表面光滑有光泽。

幼虫：老熟幼虫体长 5~7mm，体稍扁，细纺锤形，呈淡黄绿色至黄色，胸足及尾足发达，3 对腹足不发达。

蛹：长 3~5mm，梭形，呈黄褐色，翅、触角、第 3 对足先端裸露，长达第 8 腹节。

二、分布为害

金纹细蛾广泛分布于东亚，尤其以日本、韩国、朝鲜及中国北方地区较为严重，在我国陕西、山东、山西、辽宁、吉林、黑龙江等地苹果主产区普遍发生，并呈现出逐年加重的趋势。主要寄主为苹果，也会为害海棠、沙果、梨、桃、樱桃、李、槟子等多种植物。

金纹细蛾幼虫潜伏在叶片表皮下面为害，初期叶背形成白色虫疤，叶面没有显著的特征；随着虫龄增加，幼虫开始取食叶片的栅栏组织，叶面出现白色网状斑点，叶背虫疤隆起；后期受害的叶片上表皮呈黄绿色网眼状，下表皮的虫疤严重皱缩，透过虫疤可见黑色虫粪。虫疤多集中在叶片边缘。虫害严重时，整个叶片皱缩，造成叶片提前脱落，不仅影响果实的正常生长，还会影响来年花芽的生长。

三、发生规律

金纹细蛾在我国北方地区 1 年发生 3~5 代，以蛹在受害叶片中越冬，各代成虫发生盛期一般如下：越冬代为 4 月中旬，第一代为 6 月上中旬，第二代为 7 月中下旬，第三代为 8 月中下旬，第四代为 9 月中下旬，最后一代幼虫于 10 月上旬后在受害叶的虫斑内化蛹越冬。金纹细蛾在春季发生较轻，8～9 月发生最重。

金纹细蛾成虫喜在早晨或傍晚围绕枝叶飞舞、交尾、产卵。卵单粒散产于嫩叶叶背，卵期 11～13 天。虫孵化后直接从卵壳下蛀入叶肉内取食为害。老熟幼虫在虫斑内化蛹，蛹期 8～10 天。成虫羽化后将蛹皮带出半截露在表皮外。

四、防控技术

目前我国对金纹细蛾的防治主要采取化学防治的方法，此外还有一些农业、物理、生物防治方法等。

（一）农业防控

金纹细蛾以蛹在落叶下越冬，因此应及时清扫落叶，在越冬成虫羽化前，消灭越冬蛹虫源；及时修剪果树枝叶，清除一些不必要的寄主植物，可有效降低越冬代的发生基数；配合翻耕、改良土壤的方式，压土灭蛹，清除害虫越冬场所，减少越冬代成虫发生数量。农业防控的效果较差，只能暂时消灭一定量的害虫。

（二）物理诱控

可利用成虫趋光性的特点，利用频振式杀虫灯诱捕金纹细蛾成虫，挂灯距离地面 2.5m 左右，每 2.7～4.0hm^2 设杀虫灯一盏；此外还可利用性诱剂诱捕雄成虫，每亩悬挂性诱剂 5～8 个，悬挂高度距离地面 1.5m 左右；利用金纹细蛾的趋黄性，使用黄板诱杀成虫，每亩果园悬挂 20～30 个黄板进行诱杀。

（三）生物防治

金纹细蛾有多种寄生蜂，目前应用于生产的有跳小蜂和姬小蜂，其发生期与金纹细蛾基本同步。此外，草蛉、瓢虫、蜘蛛等天敌对防治金纹细蛾也有一定作用。释放天敌前后需要注意避开化学药剂喷洒，或避免选择对天敌杀伤力强的化学农药。

（四）化学防治

由于金纹细蛾幼虫潜入叶内取食，化学防治难以对幼虫和蛹起到防治效果，因此化学防治主要针对的是金纹细蛾的卵和成虫。金纹细蛾第一代成虫和第一代卵、初孵幼虫发生期比较整齐，可选用 20% 灭幼脲悬浮剂 1200～1600 倍液、40% 水胺硫磷乳油 1000 倍液、30% 阿维·灭幼脲悬浮剂 2000～3000 倍液、1.8% 阿维菌素乳油 2000 倍液喷洒。喷洒时要注意对叶片双面均匀喷雾，同时注意药剂轮换问题。

撰稿人：张松斗（中国农业大学植物保护学院）
审稿人：刘小侠（中国农业大学植物保护学院）

第十一节 梨叶斑蛾

一、诊断识别

梨叶斑蛾（*Illiberis pruni*），又称梨星毛虫，俗名梨狗子、饺子虫、梨包叶虫、裹囊虫等，属于鳞翅目（Lepidoptera）斑蛾科（Zygaenidae）。其生长发育主要包括成虫、卵、幼虫、蛹4个阶段。

成虫：体灰黑色，雄蛾触角双栉齿状，雌蛾触角锯齿状；翅半透明，翅脉清晰可见，翅面上着生许多黑色短毛（图3-23A和B）。

卵：呈扁平椭圆形，长约0.7mm，初产乳白色，逐渐变为黄白色，近孵化时暗褐色，常常数十至数百粒排列成块。

幼虫：初龄幼虫紫褐色，头小，常缩于前胸，体型肥胖略呈纺锤形（图3-23C），老熟时呈黄白色，背中线黑褐色，从中胸到腹部第8节背面两侧各有一圆形黑斑，每节背侧有6个星状毛瘤，腹足趾钩单序中带（图3-23D）。

蛹：纺锤形，长约12mm，初期淡黄色，后期黑褐色，腹部第3～9节背面前缘有一列褐色刺突，腹部末端钝圆，有细毛数根（图3-23E）。

图3-23 梨叶斑蛾形态特征及其为害叶片症状（许向利 拍摄）
A：雄蛾；B：雌蛾；C：低龄幼虫；D：老龄幼虫；E：蛹；F：叶片受害状

二、分布为害

梨叶斑蛾广泛分布于我国东北、华北、西北等梨主产区，主要为害梨、苹果、海棠、花红、沙果、桃、杏、樱桃、山楂和枇杷等多种果树，幼虫主要食害梨树的芽和花蕾，将刚开裂的芽咬成小孔和缺刻，现蕾时食害花蕊；新叶展开后，幼虫吐丝缀叶呈饺子状，潜伏于叶苞内啃食叶肉，残留叶脉，导致受害叶片变黄、焦枯，直接影响梨树花芽的分化和营养物质的积累（图 3-23F）；幼虫存在转叶为害现象，受害严重时整树叶片干枯脱落，导致树势衰弱，抗病虫能力下降，严重影响梨的产量和品质。

三、发生规律

梨叶斑蛾 1 年发生 1~2 代，其中在东北和华北地区 1 年发生 1 代、在河南西部和陕西关中地区 1 年发生 1~2 代，以二龄、三龄幼虫常在树干的粗皮裂缝间以及根部附近土壤中结白色薄茧越冬。第二年早春梨树萌芽，低龄越冬幼虫出蛰活动，开始食害果树的芽、花蕾和嫩叶；展叶后潜伏于叶苞中取食叶肉，5 月中下旬老熟幼虫于受害叶内结茧化蛹，6 月上中旬达到越冬代成虫羽化盛期，6 月下旬第一代幼虫陆续出现，取食叶片，8 月上旬为第一代成虫高峰期，8 月下旬陆续以第二代低龄幼虫寻找场所越冬。

四、防控技术

（一）农业防治

秋季来临，及时给梨树树干绑束草把，为梨叶斑蛾提供越冬场所，诱集越冬幼虫并于出蛰前进行集中处理。另外，早春刮除梨树的主干和大枝上的老粗翘皮等，压低越冬虫源基数。

（二）物理防治

第二年春季梨树发芽后，对于虫情较轻的果园，发现越冬幼虫为害花苞，及时摘除，集中销毁。

（三）化学防治

梨树萌芽前，全园喷施 3~5°Bé 石硫合剂，杀除残余的越冬害虫；梨叶斑蛾卵孵化盛期是化学防治关键期，可选用 16% 啶虫·氟酰脲乳油 1000~2000 倍液、20% 虫酰肼悬浮液 1500~2000 倍液、3% 甲氨基阿维菌素苯甲酸盐乳油 3000~4000 倍液等喷雾进行防治。

撰稿人：许向利（西北农林科技大学植物保护学院）
审稿人：刘小侠（中国农业大学植物保护学院）

第十二节 苹小卷叶蛾

一、诊断识别

苹小卷叶蛾（*Adoxophyes orana*），又称舐皮虫、棉褐带卷蛾、苹卷蛾、黄小卷叶蛾等，属于鳞翅目（Lepidoptera）卷蛾科（Tortricidae）。其生长发育主要包括成虫、卵、幼虫、蛹4个阶段。

成虫：体黄褐色；前翅长方形，翅面有2条深褐色斜纹，似倾斜的"h"形，外侧比内侧纹路细，后翅及腹部为淡黄褐色。

卵：呈扁平椭圆形，淡黄色，半透明，数十粒排成鱼鳞状卵块。

幼虫：体型细长，头褐色，前胸背板淡黄色，小龄时体黄绿色，大龄时翠绿色，臀板淡黄色，臀栉6～8条（图3-24A）。

蛹：黄褐色，腹部第2～7节背面均有两横列刺突，臀栉具8根钩状刺毛。

图3-24 苹小卷叶蛾形态特征及其为害叶片症状（许向利 拍摄）
A：大龄幼虫；B：低龄幼虫及叶片受害状；C：白色结茧

二、分布为害

苹小卷叶蛾普遍分布于我国东北、华北、华中、西北、西南等果区，主要为害梨、桃、苹果、山楂等多种果树，以幼虫食害梨树的新芽、嫩叶、花蕾，稍大后常吐丝缀叶，潜居其中食害叶片，使得新叶受害严重（图3-24B）。另外，幼虫还能将叶片缀连于梨果上，潜伏在果与叶或果与果的相接处啃食果面，形成凹痕、疤点，且存在转果为害习性，常常导致残次果产生，严重影响梨果的产量和品质。

三、发生规律

苹小卷叶蛾1年发生3～4代，其中在黄河故道和陕西关中地区1年发生4代，以低龄幼虫在果树树干的老粗翘皮下、剪锯口周缘裂缝中结白色薄茧（图3-24C）越冬。第二年春季梨树发芽时，低龄越冬幼虫开始出蛰，盛花期达到出蛰盛期，此时幼虫吐丝缠结幼芽、嫩叶和花蕾为害，后期多卷叶为害，老熟幼虫在卷叶内结茧化蛹。在1年发生4代的地区，越冬代成虫羽化期主要在5月下旬，第一代成虫在6月下旬至7月上旬，第二代成虫在8月上旬，第三代成虫在9月中旬。秋季低龄幼虫开始寻找适合场所陆续越冬。

四、防控技术

（一）农业防治

秋季及时给梨树树干绑扎草把，诱集苹小卷叶蛾低龄越冬幼虫潜藏其中，害虫出蛰前进行集中销毁；早春刮除梨树树干的老粗翘皮，压低越冬虫口基数。

（二）物理防治

在农事操作过程中，发现卷叶为害状虫苞，及时摘除并处理；成虫发生高峰期利用其趋光性，用灯光诱杀成虫；用糖、酒、醋和水（体积比为5∶5∶20∶80）配制成糖醋液，悬挂在梨树枝干距离地面约1.5m处诱杀成虫。

（三）生物防治

成虫飞扬前，将苹小卷叶蛾性诱捕器悬挂于不高于树冠1/2的阴面通风处，监测时按每亩1套悬挂，防治时按每亩3～5套棋盘式悬挂；通过性诱捕器监测成虫发生动态，出现越冬成虫后大约第4天，人工释放松毛虫赤眼蜂，每6天放蜂1次，连续4或5次，每公顷放蜂约150万头，可兼治其他卷叶蛾、食心虫等鳞翅目害虫。

（四）化学防治

苹小卷叶蛾越冬代幼虫出蛰盛期和第一代卵孵化盛期为化学防治的关键时期，可选用药剂进行喷雾防治，如20%阿维·除虫脲2000～3000倍液、BT乳剂（100亿芽孢/mL）1000倍液等。

撰稿人：许向利（西北农林科技大学植物保护学院）
审稿人：刘小侠（中国农业大学植物保护学院）

第十三节　黄斑长翅卷蛾

一、诊断识别

黄斑长翅卷蛾（*Acleris fimbriana*），又名黄斑卷叶蛾、桃黄斑卷蛾，属于鳞翅目（Lepidoptera）卷蛾科（Tortricidae）。其生长发育主要包括成虫、卵、幼虫、蛹4个阶段。

成虫：有夏型和冬型之分，夏型前翅橙黄色，翅面散生银白色鳞片（图3-25A），冬型前翅暗褐色，翅面散生黑色鳞片。

图 3-25　黄斑长翅卷蛾夏型成虫（A）及其为害叶片症状（B）（许向利　拍摄）

卵：呈扁椭圆形，淡黄色，卵壳具花纹和白色绒毛。
幼虫：黄绿色，小龄时头、前胸背板以及胸足为黑褐色，老熟后为黄绿色。
蛹：深褐色，头顶有一角状突起向背面弯曲，基部两侧有 6 个小瘤状突起。

二、分布为害

黄斑长翅卷蛾在我国东北、华北、华东、西北地区有分布，为害桃、苹果、梨、李、杏、海棠、山荆子等多种果树，以幼虫蛀食花芽或花芽基部，梨树展叶后，幼虫吐丝卷叶，潜于其中活动取食（图 3-25B），也可咬食果皮；幼虫行动虽较迟缓，但有转叶为害习性，发生严重时，蚕食叶片，仅留叶脉。

三、发生规律

黄斑长翅卷蛾在我国北方 1 年发生 3～5 代；以冬型成虫在杂草、落叶中越冬。第二年春季梨芽萌动时，越冬代成虫出蛰活动交尾后，将卵散产于果树枝条以及芽的两侧，卵孵化后幼虫食害嫩芽，稍大龄开始卷叶为害，老熟时常将叶片黏合，在其中化蛹。第一代成虫发生于 5 月下旬至 6 月上旬，第二代在 7 月下旬，第三代在 8 月下旬，这些成虫多将卵产于老叶上，以近基部老叶落卵量较多。在自然情况下，第一代发生较为整齐，此后世代重叠严重。9 月下旬越冬成虫出现，并陆续进入越冬状态。

四、防控技术

（一）农业防治

秋末，利用黄斑长翅卷蛾以冬型成虫在杂草、落叶中越冬的习性，及时清除梨园内的杂草、枯枝落叶及僵果等，压低越冬虫口基数。

（二）物理防治

在农事操作过程中，发现卷叶为害状虫苞，及时摘除并处理；成虫发生高峰期利用其趋光性，用灯光诱杀成虫。

（三）化学防治

黄斑长翅卷蛾第一代卵孵化期是化学防治的关键时期，可选用14%氯虫·高氯氟悬浮剂3000～5000倍液、24%甲氧虫酰肼悬浮剂2500～3750倍液等喷雾进行防治。

撰稿人：许向利（西北农林科技大学植物保护学院）
审稿人：刘小侠（中国农业大学植物保护学院）

第十四节　黄　刺　蛾

一、诊断识别

黄刺蛾（*Cnidocampa flavescens*），又名洋辣子、麻叫子、痒辣子、刺儿老虎、毒毛虫等，属于鳞翅目（Lepidoptera）刺蛾科（Limacodidae）。其生长发育主要包括成虫、卵、幼虫、蛹、茧5个阶段。

成虫：体橙黄色，雌蛾体长15～17mm，翅展35～39mm；雄蛾体长13～15mm，翅展30～32mm。前翅黄褐色，后翅灰黄色，自顶角有1条细斜线伸向中室，斜线内方为黄色，外方为褐色；在褐色部分有1条深褐色细线自顶角伸至后缘中部，中室部分有1个黄褐色圆点。雌性触角丝状，雄性双栉齿状，喙退化（图3-26A）。

图3-26　黄刺蛾的成虫（A）、幼虫（B）、茧（C）（王江柱　拍摄）

卵：扁椭圆形，一端略尖，淡黄色。长1.4～1.5mm，宽0.9mm，卵膜上有龟状刻纹。

幼虫：老熟幼虫体粗大，体长19～25mm。头部黄褐色，隐藏于前胸下。胸部黄绿色，自第2体节起，各节背线两侧有1对枝刺，其中胸部背上的3对及臀节背上的1对为大，枝刺上长有黑色刺毛；体背有紫褐色大斑纹，前后宽大，中部狭细呈哑铃形，末节背面有4个褐色小斑；体两侧各有9个枝刺，体侧中部有2条蓝色纵纹，气门上线淡青色，气门下线淡黄色。胸足极小，腹足退化，第1～7腹节腹面中部各有一扁圆形"吸盘"（图3-26B）。

蛹：被蛹，椭圆形，粗大。体长13～15mm。淡黄褐色，头、胸部背面黄色，腹部各节背面有褐色背板。

茧：椭圆形，黑褐色，质坚硬，有灰白色不规则纵条纹，似雀卵，外观极似蓖麻子

(图 3-26C)。茧内虫体金黄。农村常烤食。

二、分布为害

黄刺蛾南方、北方均有分布，北起黑龙江、内蒙古，南、东向靠近边境线，西向自陕西、甘肃、青海折入四川、云南，止于盆地西缘及横断山系峡谷间。除宁夏、西藏、贵州不详外，其他省份均有分布。国外分布于朝鲜、日本、俄罗斯及北美洲。

黄刺蛾为害核桃、梨、枣、桃、杏、苹果、李、柿、石榴、柑橘等果树，以幼虫咬食叶片，初龄幼虫取食叶肉，将叶片咬食呈网状；长大后将叶片咬食呈缺刻状，严重时可将整株叶片吃光，仅留枝梢，严重影响树势和果实发育。幼虫体上有毒毛，易引起人的皮肤瘙痒。

三、发生规律

黄刺蛾在辽宁、陕西 1 年发生 1 代，在北京、河南、江苏、安徽、四川 1 年发生 2 代。在北方地区，幼虫在所为害梨树的枝杈处结茧越冬。于第二年 5 月中旬至 6 月下旬开始化蛹，蛹期 15 天左右，越冬代成虫 6 月中旬到 7 月中旬出现，成虫寿命一般为 4～7 天，成虫羽化多在每天 15:00～20:00。羽化后不久便交配并产卵于叶背近端处，卵期 7～10 天，单雌产卵一般为 50～70 粒。成虫昼伏夜出，有趋光性。幼虫发生期在 6 月上旬到 8 月中旬，初孵幼虫先取食卵壳，后在叶背取食叶肉或取食叶片呈孔洞，或仅留叶脉和叶柄。幼虫期为 20～30 天。8 月中下旬幼虫陆续老熟，在枝杈处吐丝缠绕、分泌黏液结茧越冬。黄刺蛾的发生程度与 7～8 月温度、湿度有关，与周围寄主的数量也有关，如 7～8 月高温干旱、周围越冬寄主树木多则发生严重。

四、防控技术

（一）农业防治

结合果树冬剪，彻底清除，或刺破越冬虫茧。在发生量大的年份，还应在果园周围的防护林上清除虫茧。夏季结合农事操作，人工捕杀幼虫。

（二）生物防治

将越冬茧收集于寄生性天敌铁纱笼里，网眼大小以黄刺蛾成虫不能飞出为宜。将纱笼挂在果园，待寄生性天敌羽化飞出后，将黄刺蛾成虫集中处理。黄刺蛾的寄生性天敌有刺蛾紫姬蜂、刺蛾广肩小蜂、上海青蜂、爪哇刺蛾姬蜂。刺蛾幼虫的天敌有白僵菌、青虫菌、多角体病毒，可将相关制剂进行喷雾防治。

（三）物理防治

秋冬季节人工摘除虫茧或敲碎树干上的虫茧以减少虫源；利用昆虫趋光性的特点，用黑光灯诱杀成虫；秋冬清除越冬寄主植物，以减少虫源。

（四）化学防治

防治关键时期是幼虫发生初期，也可在防治其他害虫时兼治，药剂可选用 2.5% 高效氯氟氰菊酯水乳油 2000～3500 倍液、80% 敌敌畏乳油 1000～1200 倍液、50% 辛硫磷乳油 1000～1500 倍液、50% 马拉硫磷乳油 1000 倍液、25% 亚胺硫磷乳油 1300 倍液、2.5% 高效氯氰菊酯乳油 2000～3000 倍液，防治效果均达 60% 以上。

撰稿人：杜　娟（中国农业大学植物保护学院）
审稿人：刘小侠（中国农业大学植物保护学院）

第十五节　褐边绿刺蛾

一、诊断识别

褐边绿刺蛾（*Parasa consocia*），别名绿刺蛾、青刺蛾、褐缘绿刺蛾、四点刺蛾、曲纹绿刺蛾，属于鳞翅目（Lepidoptera）刺蛾科（Limacodidae）。其生长发育主要包括成虫、卵、幼虫、蛹 4 个阶段。

成虫：体长 15～16mm，翅展约 36mm。胸部背面为绿色，中央有 1 条褐色纵带，腹部背面灰黄色。前翅中间部分为绿色，翅基与外缘均为褐色。后翅灰黄色。雌虫触角褐色丝状，雄虫触角基部 2/3 为短羽毛状。前翅大部分绿色，基部暗褐色，外缘部灰黄色，其上散布暗紫色鳞片，内缘线和翅脉暗紫色，外缘线暗褐色。腹部和后翅灰黄色（图 3-27A）。

图 3-27　褐边绿刺蛾形态特征（石宝才等，2021）
A：褐边绿刺蛾成虫；B：褐边绿刺蛾绿色型幼虫侧面；C：褐边绿刺蛾绿色型幼虫背面；D：褐边绿刺蛾黄色型幼虫

卵：椭圆形，扁平，初产时乳白色，渐变为黄绿至淡黄色，数粒排列成块状。

幼虫：老熟幼虫体长 24～27mm，身体多为翠绿色或黄色，背线蓝色，两侧有深蓝色斑点。幼虫头甚小，常缩在前胸内。前胸盾片上有 1 对黑斑，每个体节有 4 个着生刺毛的毛瘤，各节亚背线毛瘤绿色，气门上线的毛瘤为红色。胸足小，无腹足，第 1～7 节腹面中部各有 1 个扁圆形吸盘（图 3-27B～D）。

蛹：椭圆形，肥大，黄褐色，包被在棕色或暗褐色椭圆形茧内，茧长约 16mm。

二、分布为害

褐边绿刺蛾分布于中国、朝鲜、日本、俄罗斯，国内在北京、河北、河南、山东、山西、陕西、黑龙江、吉林、辽宁、安徽、江苏、浙江、广东、广西、湖南、湖北、贵州、四川、云南等地均有分布。褐边绿刺蛾寄主十分广泛，可为害梨、桃、李、杏、樱桃、苹果、枣、酸枣、山楂、梅、栗、柑橘、石榴、核桃、柿等果树，也可为害白桦、栎、杨、榆、桑、柳等林木，以幼虫取食果树或林木叶片。初孵幼虫群集叶背取食叶肉，形成网状透明斑。幼虫长大后分散取食，将叶片食成缺刻或将全叶吃光仅留叶脉。褐边绿刺蛾幼虫也可取食植物的叶、嫩枝、嫩梢等部位，形成孔洞、缺刻或咬断枝梢，为害树木生长发育，严重时可使枝条或整株枯死。另外，褐边绿刺蛾幼虫虫体有毒毛，俗称"洋辣子"，人体接触后会引起皮肤肿痒，对身体健康存在一定威胁。

三、发生规律

褐边绿刺蛾在我国由北向南，1 年发生 1～2 代。褐边绿刺蛾以老熟幼虫在树干基部和浅土层内结丝茧越冬。在湖南省的调查发现，褐边绿刺蛾 5 月化蛹，5 月下旬羽化为成虫。成虫产卵于叶背，数十粒排列成块。初孵幼虫聚集取食叶片，长大后分散，幼虫为害期为 6～9 月。10 月老熟幼虫入土结茧越冬。褐边绿刺蛾在河南 1 年发生 2 代，越冬幼虫于 4 月下旬至 5 月上中旬化蛹，成虫发生期在 5 月下旬至 6 月上中旬。第一代幼虫发生期在 6 月末至 7 月，成虫发生期在 8 月中下旬。第二代幼虫发生期在 8 月下旬至 10 月中旬，10 月上旬幼虫陆续老熟，在枝干上或树干基部周围的土中结茧越冬。

四、防控技术

防治褐边绿刺蛾应根据虫情和果园环境，采取多种综合防控措施。

（一）农业防治

幼虫发生期，田间发现后及时摘除带虫枝、叶，集中杀死幼虫，防治效果明显。秋、冬季及早春消灭过冬虫茧中的幼虫，结合整枝、修剪、除草和冬季清园、松土等，清除枝干上、杂草中的越冬虫体，破坏地下的蛹茧，以减少下一代虫源。

（二）物理防治

在成虫发生期，利用褐边绿刺蛾成虫的趋光性，田间设置黑光灯诱杀成虫。

（三）化学防治

发生数量少时，一般不需专门喷药防治，可在结合防治梨小食心虫、潜蛾、梨瘿蚊时兼治。褐边绿刺蛾低龄幼虫抗药性较低，是化学防治的关键时期，可喷施 1.8% 阿维菌素乳油 2000~3000 倍液、4.5% 高效氯氰菊酯乳油 1500 倍液等药剂进行防治。

撰稿人：张俊争（中国农业大学植物保护学院）
审稿人：刘小侠（中国农业大学植物保护学院）

第十六节　桑褶翅尺蛾

一、诊断识别

桑褶翅尺蛾（*Apochima excavata*），又名桑刺尺蛾，属于鳞翅目（Lepidoptera）尺蛾科（Geometridae）。其生长发育主要包括成虫、卵、幼虫、蛹 4 个阶段。

成虫：雌成虫体长 17~19mm，体黑灰色；翅展 53~55mm，翅银灰色，前翅有红、白斑纹，内、外线粗，黑色，外线两侧各具 1 条不明显的褐色横线，后翅前缘内曲，中部有 1 条黑色横纹；触角丝状。雄成虫略小，虫体长 14~16mm，体棕灰色；触角羽状（或称双栉齿状）；前翅略窄，翅展 42~44mm。成虫栖息时前翅褶起，后翅（图 3-28A）。

图 3-28　桑褶翅尺蛾形态特征
A：成虫与卵（赵龙龙　拍摄）；B：越冬卵（赵龙龙　拍摄）；C：幼虫（卢子航　拍摄）

卵：长约 1mm，扁椭圆形，一般为褐色，色泽时有不同（图 3-28B）。

幼虫：幼虫体长 40mm 左右，头黄褐色，颊黑褐色，具咀嚼式口器。体色不定，常因植物叶片颜色不同而有差异，一般有绿色和绛紫色等。胸足 3 对，腹足 3 对。腹线为红褐色纵带，背部有 3 根刺（图 3-28C）。

蛹：长 13~17mm，呈红褐色，短粗，头顶及尾端稍尖，臀刺 2 根。常在泥土中结茧，茧为丝质，半椭圆形，表面附有泥土。

二、分布为害

桑褶翅尺蛾分布范围广，在东亚特别是中国、日本、朝鲜等国家尤为严重。在我国，河北晋州、石家庄市郊、正定、抚宁、阜平，宁夏灵武，新疆哈密等地均有报道。主要为害桃、紫叶李、海棠、月季等蔷薇科植被以及枣、洋槐、金银木、丁香等果树和林木。桑褶翅尺蛾在河北发生地多为山地，该地形树种复杂多样。

桑褶翅尺蛾为食叶性害虫，危害主要是其幼虫所致。幼虫孵化出壳后便开始对树木进行为害。小幼虫食叶肉，大幼虫蚕食叶片，使叶片出现缺刻、窟窿或被啃食仅剩叶脉。轻者使树木生长受到影响，重者叶片全部被吃光或枝梢枯萎，整棵树被食为"光头"。

三、发生规律

桑褶翅尺蛾在河北1年发生1代，3月中旬为羽化盛期，成虫昼伏夜出，有趋光性。其产卵持续约20天，卵多产在光滑的枝条上，堆生，排列松散，每堆产卵600～1000粒。4月上旬幼虫孵化为害（即榆钱出现时开始孵化），幼虫发育很快，4月下旬至5月上旬达到为害盛期，该虫具有吐丝下垂和夜间取食的习性，并且有保护色，不易被发现，当幼虫裸栖于植株小嫩枝、枝梢或叶柄上时，将头卷曲于腹部呈"弓"字形或半圆形。5月中旬老熟幼虫爬到树基部6～9cm的土中或根颈部，贴树皮吐丝结茧化蛹越夏和越冬。

四、防控技术

桑褶翅尺蛾的发生时期较为一致，成虫羽化盛期、一龄和二龄幼虫盛期、下树化蛹盛期是防治的最佳时期。

（一）农业防治

1. 人工捕杀

冬季挖除虫茧，4月下旬幼虫发生期至幼虫下树结茧时捕杀。利用幼虫具有吐丝下垂的习性，在幼虫为害期用振荡喷水等方法使其坠地消灭。在雌虫产卵期，加强林间树下视察，及时剪除带有虫卵的树枝并焚毁。在冬初上冻前，可人工挖蛹集中销毁，切断虫源。

2. 加强养护管理

对果木加强养护管理，适时疏枝修剪，保持良好通风、透光条件；适时进行肥水管理，加强树势，提高抗性。

（二）物理防治

在树干60～80cm处，用塑料薄膜绕树做一个宽15～20cm的光滑圈，防止雌虫爬上树冠与雄虫交尾繁殖幼虫，造成危害；采用黑光灯诱杀成虫。

（三）生物防治

保护麻雀、土蜂等天敌；采用青虫菌或其他生物制剂防治，如苏云金芽孢杆菌乳剂600～800倍液。

（四）化学防治

1）在幼虫发生期，采用2.5%溴氰菊酯2000～2500倍液、辛硫磷乳油1000倍液、20%氰戊菊酯乳油2000倍液等化学药剂喷洒防治。喷药最好在夜间进行，可达到事半功倍的效果。

2）可采用毒环法，即在树干60～80cm处，涂15～20cm宽的农药原液圈，当雌虫爬上树经过毒环时即可被灭杀。

3）在成虫破茧之前或过程中，可以在树木根部周围用药剂进行灌根，将破茧成虫灭杀在萌芽状态。

撰稿人：谭树乾（中国农业大学植物保护学院）
审稿人：刘小侠（中国农业大学植物保护学院）

第十七节　橘小实蝇

一、诊断识别

橘小实蝇（*Bactrocera dorsalis*），别名柑橘小实蝇、东方果实蝇，俗称针蜂、果蛆、黄苍蝇、柑蛆，属于双翅目（Diptera）实蝇科（Tephritidae），是一种世界性检疫害虫。其生长发育主要包括成虫、卵、幼虫、蛹4个阶段。

成虫：体长7～8mm，翅透明，翅脉黄褐色，有三角形翅痣；全体深黑色和黄色相间；胸部背面大部分黑色，淡黄色的"U"形斑纹十分明显；腹部黄色，第1节、第2节背面各有1条黑色横带，从第3节开始中央有1条黑色的纵带直抵腹端，构成1个明显的"T"形斑纹；雌虫产卵管发达，由3节组成（图3-29A～C）。

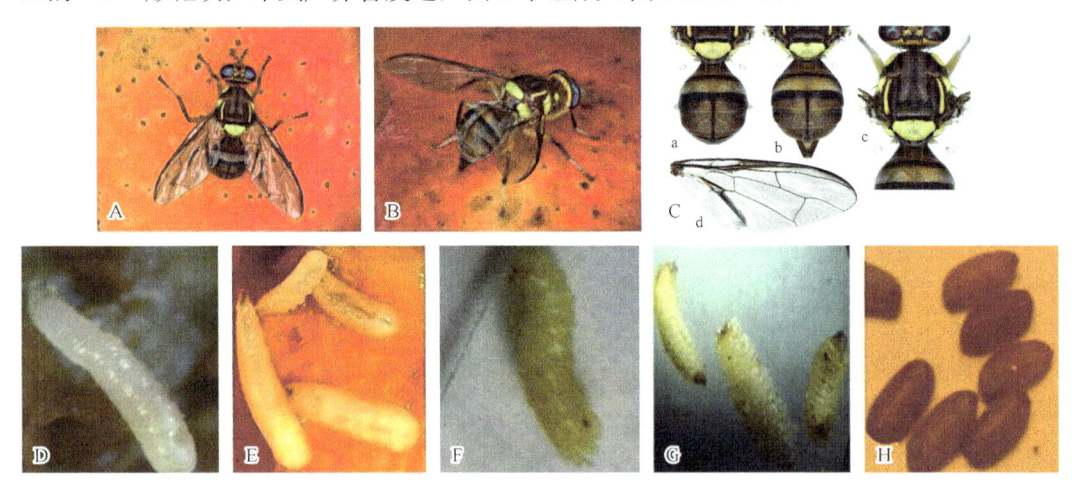

图3-29　橘小实蝇形态特征
A：雄成虫；B：雌成虫；C：成虫鉴别特征（a.雄成虫腹部，b.雌成虫腹部，c.成虫胸部，d.成虫翅）；D：一龄幼虫；E：二龄幼虫；F：三龄幼虫；G：预蛹；H：蛹。A～C由A. Frank拍摄；D～H引自Amur等（2017）

卵：梭形，长约 1mm，宽约 0.1mm，乳白色。

幼虫：蛆形，无头无足型，老熟时体长约 10mm，黄白色（图 3-29D～F）。

蛹：围蛹，长约 5mm，全身黄褐色（图 3-29G 和 H）。

二、分布为害

橘小实蝇原产于亚洲的东南亚地区，最初的分布仅局限于印度、琉球群岛等地带。适宜的气候、广泛的寄主以及较强的飞行能力使得橘小实蝇进一步向东南亚、印度次大陆一带迅速扩散。国际贸易的开展进一步扩展了橘小实蝇的传播范围，向西传播进入非洲大陆，向东扩散至太平洋诸岛，甚至美洲大陆。在我国，分布于广东、广西、湖南、贵州、福建、海南、云南、四川、台湾等地。橘小实蝇为多食性害虫，寄主范围广，可为害柑橘、番石榴、阳桃、杧果、香蕉、茄子、辣椒、瓜类等 40 多科 250 多种水果和蔬菜，对番石榴、杧果、阳桃、蒲桃、沙田柚等水果为害最为严重。近年来，橘小实蝇在全国不断向北扩散、分布范围不断扩大、为害程度加重，对我国水果生产造成了严重威胁。

橘小实蝇雄虫不为害，仅以雌虫在产卵时对寄主果实造成伤害。雌虫产卵于果皮与果肉之间，产卵初期，产卵处常会出现针尖大小的产卵孔，一段时间后常会出现变色和流液现象，即使伤口愈合，表面也会形成疤痕；产卵造成的伤口也容易导致病原菌侵染。幼虫孵化后潜居在果肉内部取食为害，造成烂果和落果（图 3-30）。由于水果种类、为

图 3-30　橘小实蝇为害症状（Akbar et al.，2020）

A：橘小实蝇在杏上产卵；B：橘小实蝇在杏上的产卵孔；C：橘小实蝇为害杏；D：橘小实蝇在苹果上的产卵孔；E 和 F：橘小实蝇为害苹果；G 和 H：橘小实蝇为害梨；I 和 J：橘小实蝇为害油桃；K 和 L：橘小实蝇为害榅桲

害时期或气候条件的不同，果内幼虫数量和为害程度会有所差异，表现出的症状也不尽相同。若果内幼虫数量少，为害轻，受害果实常挂在树上较长时间不脱落。

三、发生规律

橘小实蝇1年可发生4～11代，具有明显的世代重叠，同一时期成虫、卵、幼虫和蛹均能见到。成虫羽化后需要经历较长时间的补充营养（夏季10～20天、秋季25～30天、冬季3～4个月）才能交配产卵，卵产于将近成熟的果皮内，每头雌虫产卵量400～1000粒，每处5～10粒。卵期夏秋季1～2天，冬季3～6天；幼虫期夏秋季需7～12天，冬季13～20天；老熟幼虫脱果入土化蛹，深度3～7cm；蛹期夏秋季8～14天，冬季15～20天。

研究表明，橘小实蝇种群数量与其虫口基数、寄主果实的成熟度和数量以及环境温湿度的适宜性密切相关，而其发生代数主要取决于一年中寄主植物可供取食的天数和有效积温。4～11月是橘小实蝇主要为害期，一般一年有2个高峰期，常出现在5月和9月。3月虫口密度较低，但呈上升趋势；4月下旬开始出现为害果，主要为桃、李、枇杷、番石榴等水果；5月虫口出现第一次高峰，之后虫口密度一直较高，水果、瓜类作物都会受到不同程度的为害；8月至9月上旬若温度过高，气候干燥，虫口密度会有所下降；9月中下旬虫口密度再次明显上升，且数量较大，此时主要为害番石榴、柑橘、柿子等水果；11月至第二年2月，由于气温下降和寄主作物减少，虫口密度明显减少。年平均气温高的地区为害高峰出现早、受害期长。混栽果园重于单一种植果园，尤其以番石榴、阳桃、桃、柑橘、柚、枇杷等水果混栽受害更加严重。

四、防控技术

植物检疫和农业防治是橘小实蝇防控的基础，同时可以结合物理、生物和化学防治提升害虫的综合防控效果。

（一）植物检疫

橘小实蝇的幼虫在果实内部取食为害，可以随着果品贸易进行远距离扩散。因此，进出口岸应加强果品检疫，同时做好外检和内检，特别要加强对果品生产基地、农产品市场等地域的检疫和疫情监测，及时隔离疫区和扑灭疫情，降低经济损失，保护农林生产安全。

（二）农业措施

1. 调整作物布局

避免在同一地区种植同一品种或成熟期相近的水果品种，也要避免在同一果园种植成熟期不同的水果，尽量阻断橘小实蝇的寄主食物来源，避免其大发生或转主为害完成周年繁殖。例如，不要把杧果、番石榴、番荔枝、桃、梨、番茄和苦瓜等作物混栽或邻近种植。

2. 种植抗虫品种

橘小实蝇对果实的侵害率与果树的抗虫性和品种的成熟期密切相关,因此种植对橘小实蝇具有抗性或果实成熟期与其发生高峰期错开的品种均可有效降低果树生产中的经济损失。

3. 科学修整管理

适时修剪果园,避免果树枝条生长过密,提升果园的通风透光度并降低果园湿度,创造不利于橘小实蝇生长和繁殖的环境,降低害虫的发生和为害。

4. 及时清理果园

被橘小实蝇蛀食为害的果实会提前脱落,而且落果超过 3 天后,大部分幼虫已经逃逸或钻入土中化蛹。因此,应及时摘除树上的虫青果和过熟果实、收集果园地面上的落果,落果要集中深埋、沤烂、用水浸泡 8 天以上,或装入厚塑料袋密封后在太阳光下高温闷杀,减少入土化蛹的虫源。

5. 冬季果园翻耕

橘小实蝇在土中化蛹越冬。因此,在当年果实采摘后,结合冬季、春季管理翻耕果园及其附近的土壤,可以减少和杀死土中的老熟幼虫和蛹,降低越冬虫口基数。

(三)物理防控

1. 果实套袋

在果实坐果期内、转色前 10～15 天,采用质地坚韧的纸质果袋对果实进行套袋,可以显著减轻橘小实蝇的危害。注意套袋前应对果园进行一次病虫害的全面消杀。

2. 诱杀技术

采用人工合成的化学引诱剂甲基丁香酚和异丁香酚配合罐式诱捕器或黄色粘虫板诱杀橘小实蝇成虫;根据橘小实蝇成虫需要补充营养的特点,采用水解蛋白和糖做成食饵诱杀,主要诱杀雌成虫。

(四)生物防控

科学合理使用化学杀虫剂,保护和利用自然天敌进行橘小实蝇的防控。目前已经发现的橘小实蝇寄生性天敌种类包括实蝇茧蜂、跳小蜂、黄金小蜂等。另外,隐翅虫、步甲、白僵菌等对橘小实蝇也具有一定的自然防控作用。

(五)化学防控

1. 土壤处理

在春季越冬成虫出土前或果实采收后结合清理落果,在全园内土壤表层喷洒辛硫磷、马拉硫磷等药剂。也可以将药剂或生石灰粉混合制成毒土于傍晚在全园进行撒施，撒施后浅耕并用地膜覆盖果园地面，可以提高杀虫效果。

2. 树上喷药

在果实转色、橘小实蝇产卵盛期前开始喷药，根据橘小实蝇发生和为害情况每隔1~2周喷药1次，连续喷3或4次，注意轮换用药和果实采收前10天停止用药。可采用的药剂：毒死蜱、马拉硫磷、辛硫磷等有机磷类，高效氯氰菊酯、高效氯氟氰菊酯、溴氰菊酯等拟除虫菊酯类，苦参碱、鱼藤酮等植物源杀虫剂，以及阿维菌素、多杀霉素等生物源杀虫剂。

3. 引诱毒杀

橘小实蝇成虫发生期，采用97%甲基丁香酚加3%二溴磷杀虫剂混合液，浸泡药棉，用飞机或人工散放在实蝇发生区的树荫下，每月散放2次，吸引成虫取食中毒死亡。另外，还可以用酵素蛋白0.5kg加25%马拉硫磷可湿性粉剂1kg，加水30~40kg配成诱杀剂，可诱杀产卵前雌成虫。

撰稿人：李　贞（中国农业大学植物保护学院）
审稿人：刘小侠（中国农业大学植物保护学院）

第十八节　梨　茎　蜂

一、诊断识别

梨茎蜂（*Janus piri*），别名梨梢茎蜂、梨茎锯蜂、截芽虫，属于膜翅目（Hymenoptera）茎蜂科（Cephidae）。其生长发育主要包括成虫、卵、幼虫、蛹4个阶段。

成虫：成虫体黑色、有光泽，触角丝状，翅透明。唇基、上颚及上颚须、下颚须、前胸后缘两侧、翅基部、中胸侧板、后胸背板后端呈黄色，其余各部位为黑色；除后足腿节末端及胫节前端黑褐色外，其余各足部位均为黄色。腹部除第2节背面为黄色外，其余各节背面呈黑色。雌成虫体长7.5~10.0mm，翅展15~19mm，腹部全部为黑色，第9节后腹面中央具一纵沟，内有一锯齿状产卵器，腹端部产卵鞘长而直（图3-31A）。雄成虫体长6.0~7.5mm，翅展13~14mm，腹部腹面黑色，背板折过的两侧及腹端部为黄色。外生殖器抱瓣基部较粗短（图3-31B）。

卵：长椭圆形，略弯曲，长0.9~1.0mm。初产卵乳白色，透明，表面光滑，后色加深（图3-31C）。

幼虫：老熟幼虫体长8~11mm，头部淡褐色，胸部、腹部黄白色。体稍扁，多皱纹，头和胸部向下垂，尾端上翘，呈"～"形。胸足短，腹足退化，各体节侧板突出形成扁平侧缘。沿腹部末节背面后缘具一列褐色刚毛，中央部有一褐色硬化突起，上生硬刺，在突起的中央又有一小圆柱状黑褐色突起（图3-31D和E）。

图 3-31 梨茎蜂形态特征（魏明峰和赵龙龙　拍摄）
A：雌成虫；B：雄成虫；C：卵；D：低龄幼虫；E：老熟幼虫；F：蛹

蛹：蛹为裸蛹，长 7~11mm，预蛹圆筒形，头胸部向下弯，腹部末端不上翘。蛹初期全体乳白色，后逐渐变深，近羽化时呈黑色（图 3-31F）。复眼红色，羽化前变为黑色，后足长达腹部腹面第 8 节。茧长椭圆形，棕褐色，膜状。

二、分布为害

1. 分布

梨茎蜂在国内分布广泛，河北、北京、山西、安徽、浙江、四川、江西等地的梨产区均有分布。国外在日本、朝鲜、欧洲等地也有分布。该虫主要以梨为寄主，也可为害苹果、海棠、沙果等。

2. 为害

以雌成虫产卵为害春梢和幼虫为害 1~2 年枝。当新梢长至 6~7cm 时，雌成虫用锯状产卵器将嫩梢端部锯伤，再将伤口下方 3 或 4 个叶柄锯断，仅留基部，然后将产卵器插入断口下方嫩枝韧皮部与木质部之间产卵，不久后产卵处的嫩茎表皮上可见一黑色针刺状产卵痕。新梢被锯断后下垂，凋萎干枯，遇风脱落，成为光秃断枝。卵孵化后在残余的枝干内继续蛀食为害，受害部位逐渐枯死（图 3-32）。

图 3-32　梨茎蜂为害症状（魏明峰　拍摄）

三、发生规律

梨茎蜂 1 年发生 1 代，发生期整齐，以老熟幼虫在受害枝内结薄茧化蛹越冬。成虫产卵时，先用锯状产卵器将嫩枝 4 或 5 个叶柄锯伤，将卵产在伤口下 2~6mm 处的幼嫩组织中，成虫产卵期持续 10~15 天，卵期约 7 天，幼虫孵化后向枝橛下方蛀食为害，5 月中下旬蛀食到 2 年枝附近，6 月中旬全部蛀入 2 年枝条内，老熟幼虫在受害枝内结茧进入休眠并越冬。

在华北地区，越冬蛹于 3 月下旬开始羽化，枝内停留 3~6 天后于受害枝近基部咬一圆形羽化孔，于天气晴朗的中午前后从羽化孔飞出。成虫白天活跃，飞翔于寄主枝梢之间，早晚及夜间栖息于梨树叶背，阴雨天隐蔽。寄主尚未抽梢时，成虫取食花蜜与露水，大都栖息于附近作物及果树上。3 月底至 4 月初开始交尾产卵，成虫交尾产卵在晴天 10:00~14:00 最为活跃，单雌产卵约 50 粒。卵于 4 月中旬开始孵化，孵化幼虫蛀食嫩茎髓部，并排粪于其中，受害嫩枝日久变黑褐色，脆而易断，5 月中下旬向下蛀食老枝，并于老枝内蛀食成弯曲的长椭圆形空穴，幼虫为害至老熟幼虫后在穴内掉头向上，于 6 月上旬至 7 月上旬作一褐色膜状薄茧，不食不动，进入休眠。10 月中旬开始变为预蛹，当年 12 月下旬或第二年 1 月上旬开始化蛹越冬。

四、防控技术

农业防治：4 月，于成虫产卵结束后，及时剪除受害梢，剪除部位应在断口枝条下方 1.5~3cm 处；冬季结合修剪剪除有虫（枝橛）枝梢，剪除部位应在与枝橛相连 2 年枝条下方 2~3cm 处，并集中烧毁或深埋；成虫羽化时，可利用其背光习性，于早晚或阴天捕杀成虫。

物理防治：梨树开花前，在树冠中上部背阴面空旷处悬挂黄色粘虫板诱杀成虫，每亩悬挂 20cm×30cm 黄色粘虫板 10~20 块，并于梨树坐果后解去。

化学防治：在幼树园或高接换头梨园，虫量大时则需在成虫高发期喷药防治。一般在花序分离期至铃铛球期进行第一次喷药，落花后立即进行第二次喷药，可选用4.5%高效氯氰菊酯水乳剂2000～3000倍液等药剂。

撰稿人：魏明峰（山西农业大学棉花研究所）
审稿人：马瑞燕（山西农业大学植物保护学院）

第十九节 梨 实 蜂

一、诊断识别

梨实蜂（*Hoplocampa pyricola*），又名梨实叶蜂、梨实钻蜂、钻蜂，属于膜翅目（Hymenoptera）叶蜂科（Tenthredinidae）。其生长发育主要包括成虫、卵、幼虫、蛹、茧5个阶段。

成虫：体长约5.0mm，全体黑色，翅淡黄色，透明，翅展11.0～12.0mm，触角9节，丝状，1～2节为黑色，其余7节雌虫为褐色，雄虫为黄色，雌虫具有锯状产卵器（图3-33A）。

图3-33 梨实蜂成虫（A）与幼虫（B）（赵龙龙 拍摄）

卵：长0.8～1.0mm，白色，长椭圆形，近孵化时为灰白色。
幼虫：体长7.5～8.5mm，头部橙黄色或黄色，半球形，胸足3对，腹足8对，胴部黄白色，尾端背面有一块褐色斑纹，老熟时头部橙黄色（图3-33B）。
蛹：裸蛹，长约4.5mm，初为白色，以后渐变为黑色。
茧：黄褐色，形似绿豆。

二、分布为害

梨实蜂在我国分布于辽宁、吉林、内蒙古、河北、河南、山东、山西、安徽、江苏、浙江、湖北、陕西、四川、甘肃等地，在国外分布于日本和朝鲜。20世纪50年代，梨实蜂在我国华北地区梨产区曾经严重发生为害。随后曾一度得到有效控制，80年代后其发生和为害又有增加。1996 年，山东阳谷县的一个梨园果实受害率达 12.7%；1997 年前后，在甘肃兰州地区，一般虫果率为 30%～50%，严重者可达 70%。2004 年前后，山东威海地区部分梨园虫果率达 70% 左右。

梨实蜂以幼虫蛀食花萼和幼果，数量大时，一个花丛全部花朵被蛀食，有时 1 朵花中有 2 或 3 头幼虫。常造成大量落花落果，危害严重。该虫仅为害梨，以幼虫蛀食花蕾和幼果。为害初期，受害花萼出现一个鼓起的黑点，类似苍蝇的粪便，其中暗藏白色虫卵。落花后，花萼筒中有一个黑色的虫道。后期小果受害，虫果上出现一个较大的虫孔，受害处凹陷，之后干枯变褐，早期落地（图 3-34）。

图 3-34　梨实蜂为害症状（赵龙龙　拍摄）

三、发生规律

梨实蜂 1 年发生 1 代。越冬幼虫在梨树萌芽期开始化蛹，蛹期约 7 天。成虫羽化初期在梨树开花期，高峰期在梨树盛花期，羽化期比较集中，一般为 10 天左右。梨树盛花初期为成虫产卵盛期。卵期 5～6 天。幼虫在梨树盛花后期开始孵化，幼虫期 15～20 天。

在辽宁西部梨产区，越冬幼虫化蛹在 4 月中旬，成虫发生期在 4 月下旬至 5 月上旬。在河北北部梨产区，成虫发生期在 4 月中下旬，幼虫从 4 月下旬开始孵化；在中南部梨产区，成虫发生期在 3 月末至 4 月初。在山东威海地区，成虫发生期在 4 月上旬，盛期在 4 月中下旬，盛期约 10 天。在陕西关中地区，成虫发生期在 4 月上中旬，4 月下旬之后不再出现成虫，幼虫为害盛期在 4 月下旬至 5 月中旬，尤其以 4 月底和 5 月初为害最重。在湖北武汉，越冬幼虫于 3 月下旬开始化蛹，3 月中旬成虫羽化，3 月中下旬成虫产卵，4 月初孵化幼虫，幼虫孵化盛期在 4 月上旬，4 月下旬为幼虫脱果盛期，脱果末期在 4 月底至 5 月初。

以老熟幼虫在土中结茧越冬，多在距离树干半径 1m 范围 3～10mm 深的土壤中结茧越冬。梨树现蕾期或杏树、杜梨初花期成虫开始羽化，一般在降雨 1～2 天后出现大量成虫，雄虫会先于雌虫出土。白天成虫活动，具有假死性，早晚温度低时假死习性更明显，天气晴朗时喜欢在树冠上层飞舞或在花上爬行，早晚或低温阴雨时常静伏在花中或花萼下，此时摇动树干会有成虫落地。在梨树开花前羽化的成虫，大多集中在梨园附近的杏、李等早花果树上栖息，并取食花粉，但不产卵。梨花开放时，大部分成虫转移到梨树上取食并产卵。成虫产卵期较短，一般仅为 7～8 天。成虫产卵于花萼组织内，一般 1 朵花产卵 1 粒，也有的产 2 或 3 粒。成虫每次产卵 1 粒，1 头雌虫产卵 30～70 粒。产卵处出现稍微鼓起的小黑点，此时剖开小黑点即可见到卵。幼虫孵化后先在萼片基部窜食，受害处变黑。幼虫稍大后即蛀入幼果，直至果心。幼果受害初期，受害处凹陷，以后干枯变黑，以致脱落。幼虫有转果为害的习性，一生可为害 2~4 个果。幼虫共 5 龄。老熟后脱果落地，爬行不久即入土。土壤潮湿时，入土较浅，干燥时入土较深。幼虫入土后，先做一个土室，然后吐丝作椭圆形茧越冬和越夏。

梨实蜂的发生与梨园周围有无杏树密切相关，凡是园内或附近有杏树或豆梨、杜梨的梨园，梨实蜂发生较重，这与早花果树为成虫提供补充营养有关。在早、中、晚花品种混栽的梨园，梨实蜂多集中在早花品种上产卵，因此早花品种受害相对较重。

四、防控技术

（一）农业措施

根据幼虫在土中越冬的习性，在冬季或早春深翻树盘，重点是枝干周围 2m 范围以内、15cm 深的表土层，可消灭越冬幼虫。

利用成虫的假死习性，在成虫发生期振落捕杀成虫，早、晚捕杀效果较好。

结合疏花疏果，剪除成虫产卵的花和受害幼果。

（二）化学防治

化学防治主要有树上防治和树下防治两种方法。害虫发生严重的果园，成虫出土前或幼虫脱果落地前采用地面用药，杀死出土成虫或落地幼虫。一般可使用 50% 辛硫磷乳油或 48% 毒死蜱乳油 300~400 倍液喷洒地面，或使用 25% 辛硫磷微囊悬浮剂拌 100 倍细土在土壤表面撒施。在梨花铃铛球期至初花期或梨落花 90% 时采取树上喷药，注意避开盛花期，效果较好的药剂有 2.5% 高效氯氟氰菊酯乳油 1500~2000 倍液、4.5% 高效氯氰菊酯乳油 1500~2000 倍液等。

撰稿人：张怀江（中国农业科学院果树研究所）
审稿人：刘小侠（中国农业大学植物保护学院）

第二十节 中国梨木虱

一、诊断识别

中国梨木虱（*Cacopsylla chinensis*），又名中国梨喀木虱，属于半翅目（Hemiptera）木虱科（Psyllidae），是我国梨产区的主要害虫种。

成虫：中国梨木虱的成虫在梨树休眠期至展叶期前和梨树生长期，呈现出两种明显不同的形态特征，分别称为冬型成虫、夏型成虫。

夏型成虫（图 3-35A、C、E）。体色变化较大，主要以绿色、黄色为主。体色为绿色的中胸背板多为黄色，盾片具有黄褐色纵带，腹部淡绿色；体色为黄色者，仅胸背斑纹呈黄褐色，其他部位为黄色或淡黄色；翅卵圆形，翅脉较淡，浅绿色或黄色，无翅痣；触角特征同冬型；雌成虫前翅长2.2~2.4mm、体长2.3~2.8mm，雄成虫前翅长2.1~2.3mm、体长2.1~2.6mm。

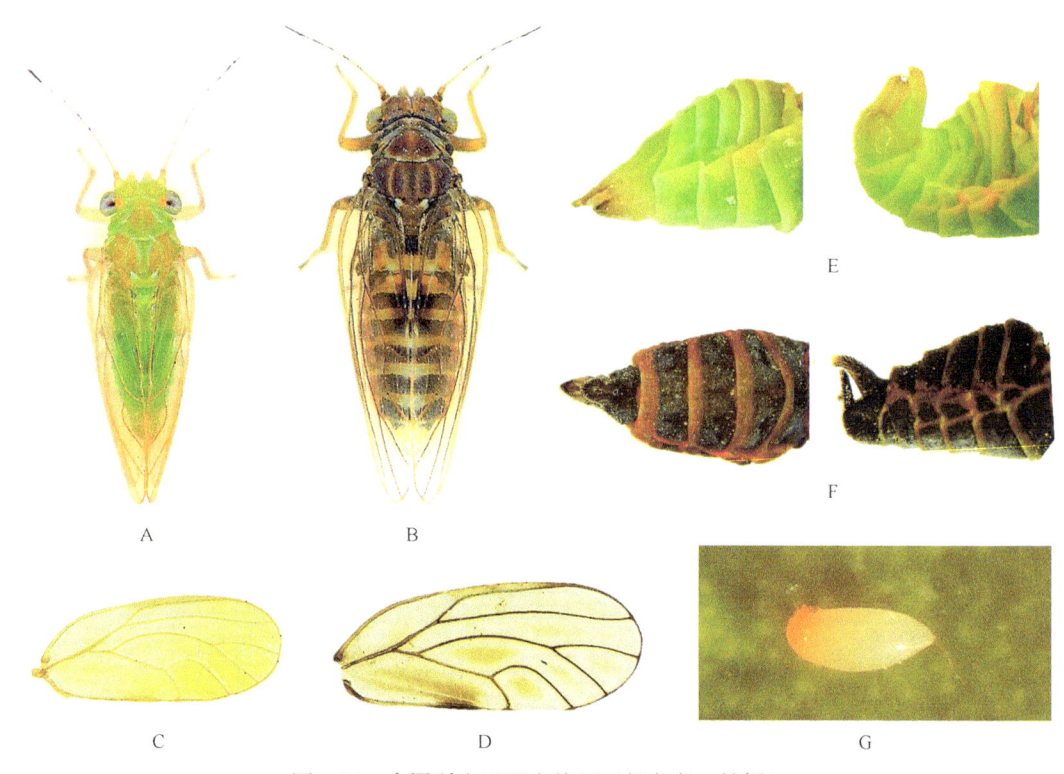

图3-35 中国梨木虱形态特征（赵龙龙 拍摄）
A：夏型成虫；B：冬型成虫；C：夏型成虫前翅；D：冬型成虫前翅；E：夏型成虫雌雄腹部；
F：冬型成虫雌雄腹部；G：卵

冬型成虫（图3-35B、D、F）。体色褐色至深褐色，头部和足部体色较淡；前翅长椭圆形，翅脉明显，前翅后缘在臀区有斑纹，翅长约为宽的2.6倍。头顶中缝、前缘下黑色或褐色、颊锥黄色或棕黄色；单眼橘黄色，复眼黄褐色或黑色；触角10节，丝状，长约为头宽的2倍，黄褐色，从触角第3节起各端部为深褐色或黑色，第9~10节全黑。雌成虫：前翅长2.8~3.2mm，体长2.6~3.2mm；生殖节侧视三角形，背视端部尖突，肛节腹缘中部前后缘平行，呈倒梯形，内产卵瓣端尖而下弯，肛门卵圆形。雄成虫：前翅长2.4~2.6mm，体长2.2~2.7mm，雄虫第9腹节宽大，生殖节侧视肛节粗壮，腹缘基膨突，端变细向后；阳基侧突锥状，基窄向端渐加粗，端向后弯。

卵：长椭球形，一端钝圆，下有刺状突起，固定于植物组织上，卵纵径长约0.40mm、横径长约0.13mm。初产卵为淡黄白色，逐渐变为黄色，预孵化前可见红色眼点（图3-35G）。

若虫：初孵至三龄前为扁椭圆形、淡黄色或乳白色、复眼红色；三龄后，体呈扁圆形，颜色渐深，呈绿色或深绿色，翅芽椭圆形，突出于身体两侧；随虫龄增加，颜色加深，胸部、腹部各节背面前缘左右有黑褐色斑纹，腹部第6节以后愈合成一块，呈深褐色（图3-36）。

一龄　　　　　二龄　　　　　三龄　　　　　四龄　　　　　五龄

图 3-36　中国梨木虱若虫（一龄至五龄）（赵龙龙和魏明峰　拍摄）

二、分布为害

中国梨木虱广布于我国各大梨树产区。中国梨木虱的年发生代数随纬度变化明显，在东北地区1年发生2~3代，在华北、西北、西南高原地区1年发生4~5代，在华中地区1年发生5~6代，在华东地区及沿海地区1年发生6~7代。中国梨木虱成虫、若虫刺吸为害梨树幼嫩组织（花、芽、叶、枝），致使叶片卷曲变形，受害叶面多出现褐斑，严重时变黑、引起早期落叶；中国梨木虱若虫多群集于枝梢取食，明显抑制新梢生长，削弱树势；中国梨木虱发生数量较大时，可造成枝条伤流等（图3-37）。中国梨木虱若虫除直接刺吸为害外，其分泌的蜜露易感染杂菌、灰尘等，或使叶片与叶片、叶片与果实相互粘连，在叶片或果面形成的煤污影响到叶片的光合作用和果面的光洁度，部分梨品种感染后易形成果锈，降低了果实的商品性。中国梨木虱对白梨、砂梨等品系为害较重，对西洋梨等为害较轻。

图 3-37　中国梨木虱为害症状（赵龙龙　拍摄）
A：叶片畸形；B：抑制树势；C：叶片粘连；D：污染果面；E：形成煤污；F：枝条伤流

三、发生规律

在中国梨木虱年生活史中，中国梨木虱成虫随季节变化呈明显的冬夏两型分化。冬型成虫为中国梨木虱的越冬虫态，主要发生于梨树休眠期至展叶期前，夏型成虫主要发生于梨树生长期。10月中下旬，田间冬型成虫陆续增多，当平均气温降低至5℃以下时，冬型成虫陆续转入梨树粗皮、裂缝、落叶、杂草等越冬场所进行越冬，也可飞离梨园在其他果树上进行越冬。冬型成虫耐寒和耐饥能力极强，在无外源水分条件下，过冷却点（-14℃左右）以上的低温对其存活影响较小，当温度低于过冷却点温度时仍可短时存活；5℃条件下，在无外源水分条件下冬型成虫可存活5个月，无食物有水分条件下可存活7个月；自然条件下，冬型成虫寿命长达5～7个月，而夏型成虫寿命最长仅1个月。早春梨树树液开始流动时冬型成虫相继出蛰，其出蛰期和产卵高峰期随纬度增加而推迟，南北相差近1个月，南方地区出蛰期多在2月上中旬，中部地区多分布在2月下旬，东北地区集中在3月下旬，出蛰后约25天为产卵高峰期。冬型成虫出蛰后具有暴食习性，多集中在芽和新梢等部位进行取食和交尾，冬型成虫选择的产卵部位随梨树物候而改变（图3-38A～E）。梨树萌芽前，中国梨木虱主要在顶花芽和短果枝基部的刻痕处产卵；开花展叶期，主要选择在花萼片、花柄和幼叶部位进行产卵，其产卵期持续约40天，每头雌虫可产卵200～300粒。初孵的若虫潜藏在花丛、鳞片、绒毛、叶背下，二龄以上若虫则多聚集于幼果、嫩梢、嫩叶、卷叶等部位取食。夏型成虫主要选择在叶片主脉两侧、叶柄凹槽处、叶缘缺刻处产卵（图3-38F～J），所孵化幼虫喜好在卷叶内、叶果粘连处、叶背及其他阴暗处活动和取食。中国梨木虱卵期约10天，若虫期约30天，完成一个世代约40天，中国梨木虱的发育速度与温度密切相关，低于20℃或高于30℃均不利于发

图3-38 冬型成虫与夏型成虫的主要产卵部位（赵龙龙和魏明峰 拍摄）
A：花芽基部；B：枝条基部；C：花萼片；D：花柄；E：幼叶；F：叶背主脉；G：叶面主脉；
H：叶缘锯齿；I：叶柄沟槽；J：叶背茸毛。A～E：冬型成虫；F～J：夏型成虫

育，其发育的相对湿度以 70%～80% 为宜，降雨对其存活影响明显。受南方高温和高湿天气的影响，中国梨木虱在南方发生较北方轻、低海拔较高海拔轻。

四、防控技术

防治中国梨木虱应区分冬型成虫和夏型成虫，重点防控冬型成虫，充分抑制冬型成虫虫口基数，以降低梨树生长期防治夏型成虫的压力。

（一）冬型成虫防治

1. 农业措施

梨树休眠期，清除园内枯枝、落叶、杂草，刮除梨树老粗皮和翘起的树皮，将所清除的杂物带出果园销毁或掩埋处理，降低冬型成虫的数量。

2. 物理措施

（1）绑缚瓦楞纸

绑缚瓦楞纸诱集冬型成虫前，需要恶化中国梨木虱的自然越冬场所，如刮除树干老粗皮或涂白处理等。瓦楞纸绑缚时间应在梨树落叶前约20天进行，绑在主干中部（瓦楞纸宽度以 25～30cm 为宜）。在冬型成虫出蛰前，解除和清除瓦楞纸内越冬的冬型成虫的时间，一般以1月底至2月初为宜，解除后的瓦楞纸带出田园，集中销毁（图3-39）。

图3-39 绑缚瓦楞纸诱集冬型成虫越冬并清除（赵龙龙 拍摄）

（2）喷水灭虫

利用冬型成虫虫体沾水耐寒性降低的特点，可选择-10℃及以下低温来临时于树干、枝杈处喷水，使冬型成虫结冰致死。

（3）恶化冬型成虫产卵环境

对梨树进行涂白或涂布高岭土（含量为95%的高岭土保护剂和30～35倍的清水混合）以降低冬型成虫的产卵趋向并恶化其产卵环境，降低产卵量（图3-40）。

图 3-40 恶化冬型成虫的产卵环境（赵龙龙和魏明峰 拍摄）

（4）粘虫板诱控

在冬型成虫出蛰期至梨树开花前，在梨树枝梢部位悬挂黑色或红色粘虫板进行诱集防治（图3-41）。

图 3-41 粘虫板诱杀冬型成虫（赵龙龙 拍摄）
A：悬挂黑色粘虫板诱虫；B：悬挂红色粘虫板诱虫

3. 化学防治

梨芽萌动前，选择晴朗无风的天气全园喷施4.5%高效氯氰菊酯乳油1500～2000倍液或48%毒死蜱乳油1200～1500倍液，杀灭出蛰的越冬代冬型成虫。梨花铃铛球期，当百枝虫数大于10头时，需再防治1次。

梨树萌芽前，利用冬型成虫在梨树芽、枝条基部刻痕位置产卵的特点，可对树体及枝条喷施3～5°Be石硫合剂、3～4g/L松脂酸钠或3～4g/L石硫矿物油，杀死中国梨木虱卵兼防害螨及蚜类害虫越冬卵（图3-42）。

（二）夏型成虫防治

1. 农业措施

梨树萌芽后，冬型成虫主要于花或嫩叶部位产卵且相对集中，在所孵化的夏型低龄幼虫未扩散开之前，检查畸形叶或带有蜜露的花束，摘除并销毁。

图 3-42　梨树萌芽前田间喷药杀灭中国梨木虱成虫和卵（赵龙龙　拍摄）

2. 化学防治

梨树落花后、夏型成虫尚未出现前，是防控中国梨木虱的第一个关键期，可喷施 15% 阿维·螺虫乙酯悬浮剂 2000～3000 倍液，或 22.4% 螺虫乙酯悬浮剂 4000～5000 倍液等进行防控。梨幼果期和果实膨大期为防控中国梨木虱的第二个关键期，可交替使用 22.4% 螺虫乙酯悬浮剂 4000～5000 倍液、3% 阿维菌素微乳剂 3000～4000 倍液、5% 啶虫脒微乳剂 2500～3000 倍液、10% 吡虫啉可湿性粉剂 4000 倍液、0.5% 苦参碱水剂 600～1000 倍液等。中国梨木虱为害严重时，可在药液中加入矿物油类助剂，提高防治效率。防治中国梨木虱第一代夏型成虫时，建议将上述药剂与 22.4% 螺虫乙酯悬浮剂 4000～5000 倍液混配喷雾，防治效果最佳。

3. 生物防治

5 月以后，梨园天敌种类和数量逐渐增多，应尽量减少化学防治，或者在梨园行间种植显花或含蜜源植物以保护自然天敌，发挥其控制作用。中国梨木虱常见的捕食性天敌有草蛉、瓢虫、蛇蛉、食蚜蝇、小花蝽等，寄生性天敌有梨木虱跳小蜂。

撰稿人：赵龙龙（山西农业大学果树研究所）
审稿人：马瑞燕（山西农业大学植物保护学院）

第二十一节　乌苏里梨喀木虱

一、诊断识别

乌苏里梨喀木虱（*Cacopsylla burckhardti*），属于半翅目（Hemiptera）木虱科（Psyllidae），是我国落叶果树上的重要害虫。其生长发育主要包括成虫、卵、若虫 3 个阶段。

成虫：越夏雌成虫、雄成虫体黄色，具黄褐色斑（图 3-43A）；越冬雌成虫、雄成虫体深褐色，具暗红色斑。雄成虫体长 1.76～1.78mm，雌成虫体长 2.38～2.40mm；头顶后缘中部呈黑褐色，两侧凹陷处呈褐色；前胸背板中央具 2 块黑斑，前翅端具刺，翅脉黄至黄褐色；后足腿节背面呈黑褐色，端跗节褐色（马艳芳等，2012）。

卵：长 0.14～0.16mm，宽 0.06～0.08mm，初产卵淡黄色，渐渐变为橘黄色，临近孵化期黑褐色。呈纺锤形，光滑无刻纹，端部尖，以卵柄固着在寄主植物上。

若虫：体呈椭圆形，一龄若虫淡黄色，二龄若虫黄色，体背开始出现 2 列纵向黑斑，三龄至五龄若虫棕色。复眼红色，触角端节端部黑色，各骨片和翅芽褐色（图 3-43B）。

图 3-43　乌苏里梨喀木虱成虫（A）和若虫（B）（刘军　拍摄）

二、分布为害

2010 年在甘肃省和政县三十里铺镇皮胎果（蔷薇科梨属秋子梨系统的一个地方栽培品种）上首次发现该害虫，乌苏里梨喀木虱以若虫和成虫刺吸皮胎果芽、叶、嫩枝及果实为害，致使芽无法正常萌发，叶片反卷、提前脱落（图 3-44）。同时，若虫在寄主植物上排蜜露，招致杂菌，引发煤污病，使枝条长势衰弱，果实的品质严重下降。

图 3-44　乌苏里梨喀木虱为害症状（刘军　拍摄）
A：叶片反卷；B：芽无法正常萌发

三、发生规律

乌苏里梨喀木虱在甘肃省临夏地区 1 年发生 1 代，以成虫在树皮的裂缝、杂草或落叶中越冬，第二年 3 月中旬越冬成虫出蛰，并在嫩枝上取食、交配和产卵。越冬成虫的卵多产于芽鳞、嫩叶叶背和叶脉两侧，4月下旬为卵孵化的高峰期。一龄至二龄若虫多群聚在嫩芽和嫩叶上为害，三龄以上若虫分泌褐色胶质物，严重时分泌物会淋湿枝条，易招致杂菌，引发煤污病，四龄、五龄若虫群多聚于枝条和嫩果为害（常承源等，2014）。

四、防控技术

（一）农业措施

加强果园管理，在梨树休眠期给树干涂白，夏天定期剪除若虫集群为害的枝叶，并集中烧毁，减少乌苏里梨喀木虱若虫的发生量。

（二）物理防控

5月下旬至10月上旬可在果园悬挂黄色粘虫板诱捕成虫：迎风向间距15m南北方向、距离地面1.5m高处悬挂一块黄板，保持黄板无叶片、枝条遮挡，根据所诱捕数量及时更换黄板。

（三）生物防治

利用瓢虫、草蛉、姬蜂、食蚜蝇等天敌昆虫对乌苏里梨喀木虱的自然控制能力进行防治，应尽量避免天敌种群高峰期施药。

（四）化学防治

5月中旬三龄若虫后，2周喷施1次1.8%阿维菌素乳油3000倍液，0.5%藜芦碱可溶液剂6000倍液或1%苦参碱可溶液剂4000倍液，连续喷施3次可以有效减少若虫数量，从而控制若虫为害（常承秀等，2012）。

撰稿人：张松斗（中国农业大学植物保护学院）
审稿人：刘小侠（中国农业大学植物保护学院）

第二十二节　山楂叶螨

一、诊断识别

梨树叶螨是我国梨树上的重要害虫，主要有山楂叶螨（*Tetranychus viennensis*，图3-45）和二斑叶螨（*Tetranychus urticae*）两种，均属于蛛形纲（Arachnoidea）蜱螨目（Acarina）叶螨科（Tetranychidae）。山楂叶螨又名山楂红蜘蛛。

成螨：呈卵圆形。雌成螨体长0.54～0.69mm，冬型橘红色，夏型初期为红色，取食后为暗红色。体背前端稍隆起，后部有横向表皮纹。刚毛较长，基部无瘤状突起。背毛12对，缺臀毛，肛后毛2对。须肢跗节粗壮，呈圆锥形。跗节2对毛长度相等。跗节1刚毛15根，胫节间刚毛6根。雄成螨体长0.35～0.45mm，末端尖细，初期为浅黄绿色，渐变为绿色，后期变为橙黄色。背毛 12 对。须肢跗节长、宽约为雌成螨的 1/2。足胫节刚毛 13 根，跗节 19 根（图 3-46A）。

卵：圆球形，半透明，春季卵橙黄色，夏季卵黄白色（图 3-46B）。

幼螨：初孵化时圆形、黄白色，取食后转为淡绿色，3 对足（图 3-46C）。

若螨：4 对足。前期若螨体背有刚毛，两侧有明显墨绿色斑；后期若螨体形较大似成螨（图 3-46D 和 E）。

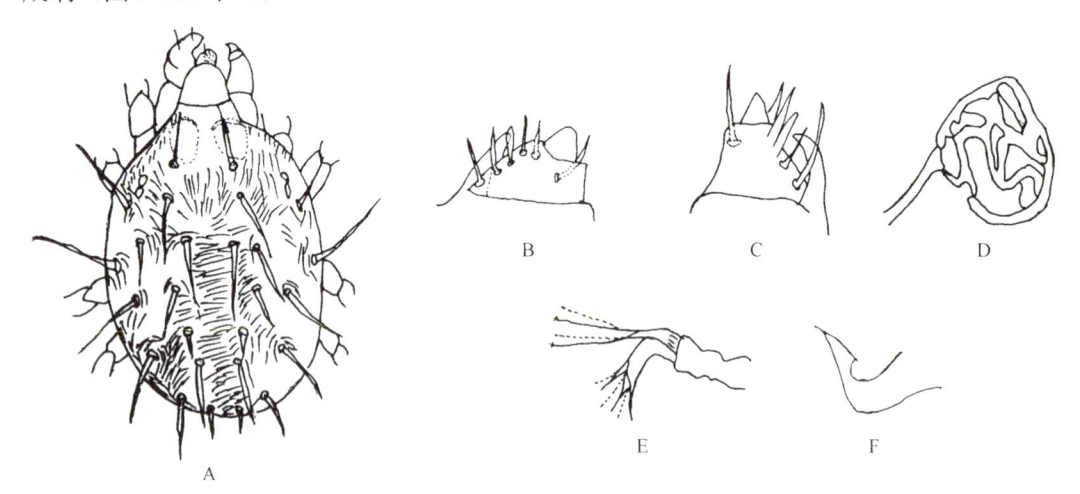

图 3-45　山楂叶螨形态特征手绘图［仿王慧芙等（1981）］
A：山楂叶螨雌成螨背面；B：山楂叶螨雌成螨须肢跗节；C：山楂叶螨雄成螨须肢跗节；
D：山楂叶螨气门；E：山楂叶螨足、跗节 1 爪和爪间突；F：山楂叶螨阳具

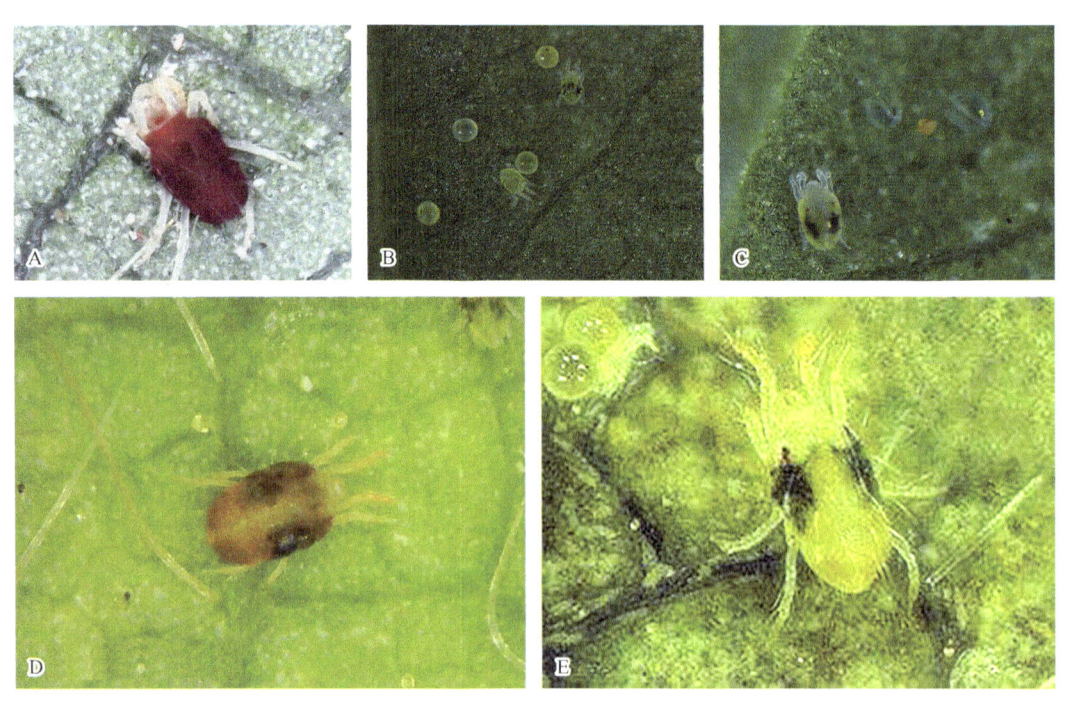

图 3-46　山楂叶螨形态特征（赵龙龙和李娅　拍摄）
A：成螨；B：卵；C：幼螨；D 和 E：若螨

二、分布为害

山楂叶螨主要为害梨、苹果、桃、樱桃、山楂、李等多种果树，分布于我国东北、华北、西北、华东各地，是黄河故道的优势螨类。山楂叶螨以成螨、幼螨、若螨吸食叶片汁液。山楂叶螨先从叶背近叶柄处的主脉两侧开始为害，为害后的叶片出现黄白色或灰白色小斑点，严重时扩大成片，叶片焦枯脱落（图3-47）。

图3-47　山楂叶螨为害叶片症状（庾琴　拍摄）

三、发生规律

在梨园中，山楂叶螨和二斑叶螨常混合发生，但其发生时间和为害程度不同。山楂叶螨卵发育起点温度为13.41℃，有效积温为78.3～116.9℃·d。幼螨、若螨发育起点温度为16.6℃，适宜生长发育温度为25～30℃。在辽宁1年发生5～6代，在山西1年发生6～9代，在河南1年发生12～13代。春、秋季雌成螨寿命为20～30天，每头雌成螨产卵量为70～80粒，完成1代约需20天；夏季雌成螨寿命为7～8天，每头雌成螨产卵量为20～30粒，完成1代需9～15天。山楂叶螨发生和为害受气候影响明显，高温干旱条件下为害严重；多雨年份或季节发生较轻。

山楂叶螨以受精雌成螨在树缝内或树干基部土壤中群集越冬。第二年春季日平均气温达9～10℃、花芽膨大时出蛰为害；花序分离期为雌成螨出蛰盛期，出蛰期达40天以上。出蛰后个体转移到花柄、花萼等幼嫩组织为害，叶片展叶后转至叶背为害。盛花期前后是越冬雌成螨产卵高峰期，花后7～10天为孵化盛期。春季温度较低时种群增加缓慢，夏季高温干旱时种群快速增加。8月下旬随气温下降，种群开始消退；9月中旬出现越冬态雌虫，以末代受精雌成螨潜伏越冬。

四、防控技术

山楂叶螨个体小、世代短，易受环境影响，适宜条件下为害严重。因此，对于果树叶螨要通过压低越冬代虫源基数、抓住关键期进行化学防治，并与加强检疫、物理防治、生物防治等技术配合进行综合防控。

（一）压低虫源基数

冬季在梨树干上涂白。涂白剂由水 72%、生石灰 22%、石硫合剂 3%、食盐 3% 混合制成，分别于果树落叶后土壤结冻前和第二年初春时涂白。

土壤解冻初期，在树干基部培土并拍实，封闭根茎部位土壤缝隙，防止越冬螨出蛰上树。早春越冬螨出蛰前，刮除树干上的翘皮、老皮，清除果园里的枯枝、落叶和杂草，并集中深埋或烧毁，消灭越冬雌成螨。

（二）物理诱杀

9 月上中旬，在梨树主干上绑缚草环或诱虫带诱杀越冬型雌成螨，春季果树萌芽前及时取下销毁，减少越冬雌成螨。或在梨树主干距离地面 40cm 处和主枝基部 30～40cm 处涂抹粘虫胶或绑扎双面胶带，诱杀出蛰雌成螨。

（三）生物防治

山楂叶螨天敌有食螨瓢虫、小花蝽、草蛉、蓟马、隐翅虫、条纹新小绥螨等。在叶螨盛发期人工释放天敌，或在果园行间生草，种植三叶草、黑麦草或毛豌豆等，增加天敌种类和数量。亦可喷施植物源杀虫剂 0.51% 藜芦碱根茎提取物可溶液剂 600～800 倍液、0.35% 苦参碱水剂 1000～1500 倍液进行防治。

（四）化学防治

梨树萌芽前，全园喷 3～5°Be 石硫合剂，杀灭树体和地面越冬害螨。

山楂叶螨化学防治的关键期为其第二代，时间在麦收前后。当平均成螨 5 头/叶时，交替喷施 240g/L 螺螨酯悬浮剂 4000 倍液，或 110g/L 乙螨唑悬浮液 5000 倍液，或 43% 联苯肼酯悬浮液 2000～3000 倍液、500g/L 丁醚脲悬浮剂 1000～2000 倍液等，减少阿维菌素、三唑锡、炔螨特等杀螨剂施药次数，降低山楂叶螨的抗药性。

撰稿人：庚　琴（山西农业大学植物保护学院）
审稿人：马瑞燕（山西农业大学植物保护学院）

第二十三节　二斑叶螨

一、诊断识别

二斑叶螨（*Tetranychus urticae*），又名白蜘蛛、二点叶螨，属于蛛形纲（Arachnoidea）蜱螨目（Acarina）叶螨科（Tetranychidae）。

雌成螨：体长 0.42～0.59mm，椭圆形，体背刚毛 26 根，排成 6 横排。生长季节为白色、黄白色，体背两侧各具一黑色长斑，取食后呈浓绿、褐绿色；种群密度大或迁移扩散前体色变橙黄色。生长季节无红色个体出现。滞育型呈淡红色，体侧无斑（图3-48A）。

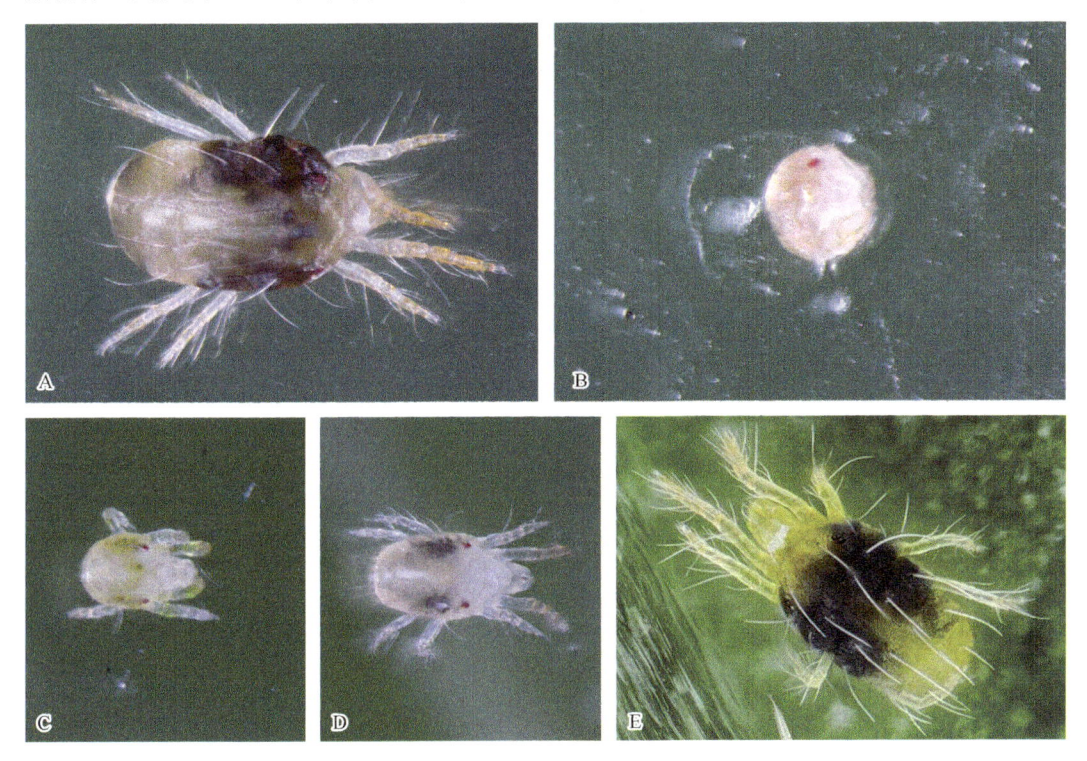

图3-48 二斑叶螨形态特征（庾琴 拍摄）
A：雌成螨；B：卵；C：幼螨；D：前若螨；E：后若螨

雄成螨：体长0.26～0.40mm，近卵圆形，前端近圆形，腹末尖，多呈绿色。

卵：球形，光滑透明，长0.12～0.14mm，初产卵乳白色，渐变橙黄色，将孵化时有红色眼点（图3-48B）。

幼螨：体半球形，体长0.15～0.21mm，宽0.12～0.15mm，体淡黄或黄绿色。取食后变暗绿色，眼红色，足3对。腹毛7对（图3-48C）。

若螨：分前若螨和后若螨，体椭圆形，长0.21～0.36mm，宽0.15～0.23mm，体背有色斑，背毛数同雌成螨，腹毛数共有基节毛4对，肛毛及肛后各2对。足4对（图3-48D和E）。

二、分布为害

二斑叶螨是一种世界性多食性害螨，主要为害多种苹果树、蔬菜、作物及近百种杂草。主要分布于俄罗斯、日本、英国、土耳其、地中海沿岸等。从20世纪90年代起，逐渐成为山东、辽宁、陕西等果树主产区的重大害螨，严重威胁我国果业生产。

二斑叶螨成螨、若螨、幼螨喜在叶背群集为害，吸食叶片和嫩芽汁液，受害叶片先在近叶柄处的主脉两侧出现白色斑点，危害重的叶片呈灰白色或暗褐色，提早脱落。二斑叶螨释放的毒素会引起植物生长失衡，使幼嫩叶片凹凸不平（图3-49）。

图 3-49　二斑叶螨为害叶片症状（庾琴　拍摄）

三、发生规律

二斑叶螨分为卵、幼螨、前若螨、后若螨、成螨共 5 个阶段。受寄主植物影响，成螨体色多变，有橙黄、褐绿、浓绿、橙红或绣红，通常为橙黄和褐绿色。

二斑叶螨发育起点温度为 7℃，适宜温度为 25～31℃，上限温度为 40.1℃。在北京昌平 1 年发生 10～13 代，在山东胶州 1 年发生 12～15 代，自北向南逐渐增加，江浙等地 1 年发生 20 代以上。高温、干旱有助于加快其繁殖和为害。

二斑叶螨以越冬型受精雌成螨在树裂缝、杂草根或落叶下越冬，其越冬位置与果树树龄相关，在幼树上主要在根颈周围的土缝中越冬；在 10 年以上大树上，主要在树体翘皮和裂缝处越冬。春季平均气温达 7℃时开始出蛰，出蛰后主要在早春绿色植物上产卵为害。越冬螨出蛰期、产卵期、第一代若螨期均较长，从第二代起有世代重叠现象。随着气温升高，二斑叶螨从地下杂草向树上扩散，第二代成螨至第三代若螨期是该螨上树为害关键期，上树后一般先在树冠内膛和下部叶片上为害，逐渐向整个树冠蔓延。7 月上中旬至 8 月中下旬，二斑叶螨进入全年为害高峰期，如遇高温干旱，易暴发为害。10 月以后开始出现滞育个体。

四、防控技术

二斑叶螨发生世代多且世代重叠，易产生抗药性，防治难度较大。应加强检疫，通过压低越冬代虫源基数，进行物理防治、生物防治、抓住关键期、合理使用化学药剂等综合防控。

（一）加强检疫

在储存流通期间，二斑叶螨随果实、果箱、果筐进行转移扩散，应加强检疫，防止通过流通渠道引进或输送虫源。

（二）压低虫源基数

冬季在苹果树干上涂白。涂白剂由水72%、生石灰22%、石硫合剂3%、食盐3%混合制成，分别于果树落叶后土壤结冻前和第二年初春时涂白。

土壤解冻初期，在树干基部培土并拍实，封闭根茎部位土壤缝隙，防止越冬螨出蛰上树。早春越冬螨出蛰前，刮除树干上的翘皮、老皮，清除果园里的枯枝、落叶和杂草，并集中深埋或烧毁，消灭越冬雌成螨。春季及时中耕除草，特别要清除阔叶杂草，及时剪除根蘖，消灭其上的二斑叶螨。

（三）物理防治

9月上中旬，在梨树主干上绑缚草环或诱虫带诱杀越冬型雌成螨，春季果树萌芽前及时取下销毁，减少越冬雌成螨。或在梨树主干距离地面40cm处和主枝基部30~40cm处涂抹粘虫胶或绑扎双面胶带，诱杀出蛰雌成螨。

（四）生物防治

二斑叶螨的天敌有食螨瓢虫、小花蝽、草蛉、蓟马、隐翅虫、条纹新小绥螨等。在叶螨盛发期人工释放天敌，或在果园行间生草，种植三叶草或黑麦草等，增加天敌种类和数量。亦可喷施植物源杀虫剂0.5%藜芦碱可溶液剂400~600倍液、0.3%苦参碱水剂400~600倍液进行防治。

（五）化学防治

梨树萌芽前，全园喷施3~5°Be石硫合剂，杀灭树体和地面越冬害螨。

二斑叶螨的化学防治有两个关键期：一是其上树为害初期；二是其从树冠内膛向外围扩散初期。其他阶段的活动态螨达到7或8头/叶时开始喷药。二斑叶螨已对目前常用的多种杀螨剂，如阿维菌素、哒螨灵、唑螨酯、噻螨特等有较高抗性，应尽量避免使用。可交替使用43%联苯肼酯悬浮液2000~3000倍液，或30%乙唑螨腈悬浮剂3000倍液，或240g/L螺螨酯悬浮剂4000~5000倍液，或30%腈吡螨酯悬浮剂2000~4000倍液等。

在二斑叶螨为害严重期，可添加矿物油类的功能助剂迈润500倍液，或迈道1000倍液，增加杀螨剂的渗透性。夏季气温较高时，梨园中使用功能助剂应在10:00前或16:00后，以防产生药害（图3-50）。由于梨树树体大、冠层厚，使用常规柱塞泵喷雾器施药时，药液在树体外围、叶面等部位受药量较大、流失严重，而在内膛、叶背等部位受药量少，防治效果差。施药时可采用弥雾机、使用雾滴测试卡确定施药技术参数，以获得较好的防治效果。

图 3-50　梨园化学防治施药技术（庚琴　拍摄）
A：功能助剂使用不当造成梨果药害；B 和 C：梨园施药效果测定；D：梨园弥雾机施药；E：梨园施药效果示范展示

撰稿人：庚　琴（山西农业大学植物保护学院）
审稿人：马瑞燕（山西农业大学植物保护学院）

第二十四节　梨叶锈螨

一、诊断识别

梨叶锈螨（*Epitrimerus pyri*），又名锈壁虱、锈蜘蛛，属于蛛形纲（Arachnoidea）蜱螨目（Acarina）瘿螨科（Eriophyidae）。其生长发育主要包括成螨、卵、若螨 3 个阶段。

成螨：体型小，呈纺锤形，淡黄色，体长小于 0.2mm；其颚体具须肢和螯肢各一对，螯肢呈针状；足 2 对，生于体躯前端；体躯具许多环状纹，尾端长有 2 根长刚毛，雌性腹部稍膨大，生殖盖有肋 12 条，具有羽状爪 4 枝，雄性腹部尖削，个体相比雌性略小些（图 3-51）。

卵：极小，呈圆球形，卵体为蛋白色，略透明，待成熟时呈淡黄白色。

若螨：形似成螨，体较小，腹部光滑，环纹不明显，尾端尖细，足 2 对，一龄若螨淡白色，二龄若螨淡黄白色，胸部颜色比腹部略深些。

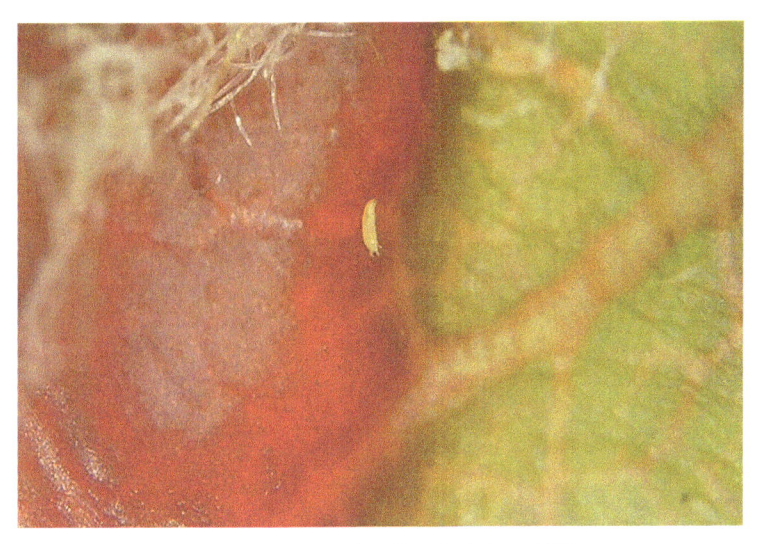

图 3-51　梨叶锈螨成螨（赵龙龙　拍摄）

二、分布为害

　　梨叶锈螨为刺吸式害螨，成螨、若螨均可为害，是梨树的主要害虫之一。为害部位主要为梨树嫩芽、嫩叶、嫩梢。梨叶锈螨在甘肃、山西、山东、辽宁、河北、浙江、湖南、陕西等地均有分布，梨叶受害后，受害叶片初期叶缘变肥增厚，由叶背两侧向叶面纵卷，严重时卷成双筒状，受害叶片叶面扭曲；后期受害部位叶组织呈海绵状，叶背多为绿色，叶面变为红锈色并向下凹陷，叶片明显扭曲皱缩，似瘤蚜为害状，受害叶片最终变为褐色或赤褐色（图 3-52）；老叶受害后仅表现为叶缘卷曲，受害重的树体，光合作用受阻，会严重影响树势，波及来年开花结果质量。

图 3-52　梨叶锈螨为害症状（赵龙龙　拍摄）
A：受害叶片边缘向内卷曲；B：叶片呈赤褐色、双筒状

三、发生规律

梨叶锈螨1年发生多代，世代重叠现象比较严重。产卵繁殖，卵单产、裸露，孤雌生殖，多产于叶背主脉两侧。每年9月中旬以成螨在土壤或主干树皮裂缝中越冬，第二年4月上中旬出蛰，全年为害期约150天，越冬期约210天。一年出现两次螨口高峰：5月初至6月中旬为第一高峰期；7月初至8月中下旬为次高峰期。环境因素是影响该螨大发生的主要原因，主要有温度、降雨、食料、梨树品种和生物天敌。该螨喜高温干燥季节，受害症状明显，以夏季生长的新梢树叶受害最重，常以成螨、若螨群集在叶背及果实上吸取汁液；锈螨为害果实后，果实的芳香烃喷出，引起果面变黑污染，阻碍果实正常膨大并伴有大量落果；后期果实受害，果皮呈紫红色或黑褐色，失去经济价值。

四、防控技术

（一）农业防治

选择抗病虫害的品种，这是病虫害防治最经济有效的方法；合理轮作、配植，可以最大可能地避开病虫害高发期，具有很好的防控效应。在做好清园工作的基础上，及时摘除病虫、枯枝落叶并且集中烧毁，以消灭越冬虫源；秋季对土地进行深耕松土，冬灌也可消灭大量越冬成螨。

（二）化学防治

梨树花芽膨大期是锈螨从芽鳞下出蛰盛期，可适时适量地喷施石硫合剂，开花后至套袋前，喷施500g/L氟啶胺悬浮剂1000~2000倍液和1.8%阿维菌素乳油3000~5000倍液等内吸性杀螨剂防治梨叶锈螨；套袋后，在虫树上喷施15%哒螨灵乳油3000倍液等，可有效防治梨叶锈螨。

撰稿人：赵志国（山西农业大学植物保护学院）
　　　　李　霞（临汾市农业生态保护发展中心）
审稿人：马瑞燕（山西农业大学植物保护学院）

第二十五节　梨叶肿壁虱

一、诊断识别

梨叶肿壁虱（*Briophyes pyri*），又名梨叶肿瘿螨，别名梨潜叶壁虱，属于蛛形纲（Arachnoidea）蜱螨目（Acarina）瘿螨科（Eriophyidae），为害叶片的症状称作"梨叶肿病"或"梨叶疹病"。其生长发育主要包括成螨、卵、若螨3个阶段。

成螨：体微小，体长约0.25mm，呈圆筒形，白色至灰白色，个别体色略红，体躯具许多环状纹，2对足着生于体前端，尾端具有2根刚毛（图3-53）。

图 3-53　梨叶肿壁虱成螨（赵龙龙　拍摄）

卵：肉眼不可见，半透明，圆形。

若螨：体黄白色，细小，与成虫极相似，但体较小。

二、分布为害

梨叶肿壁虱分布于辽宁、河南、河北、吉林、山东、山西、陕西、宁夏、青海、新疆等地，成虫、若虫均可为害，主要为害梨树嫩叶，严重时也为害果梗、幼果、叶柄等。除为害梨树外，还发现其为害苹果和山楂。叶片受害初期，受害状呈现芝麻大小的浅绿色疱疹，后逐渐扩大，并变成红褐色，最后变成黑色，受害部位多集中于叶片主脉两侧及叶片中部，常密集成行，使叶面隆起，叶背凹陷卷曲（图 3-54），受害叶早期脱落，营养积累减少，树势被削弱，影响花芽形成。

图 3-54　梨叶肿壁虱为害叶片症状（赵龙龙　拍摄）

三、发生规律

梨叶肿壁虱1年发生多代,有世代重叠现象,孤雌生殖。卵产于受害部组织内,1周后孵化,一直在叶内为害,并在叶面蔓延。在春季梨树萌芽后开始活动,越冬成虫在展叶后从叶背气孔钻入叶组织,晚期出蛰可侵入幼果,其为害刺激使叶组织肿起。5月上旬梨树叶面开始出现疱疹,5月下旬症状表现最明显,形成第一个为害高峰。6月下旬至7月随气温的增高,不利于梨叶肿壁虱的繁殖和蔓延,其为害程度减轻,受害叶减少。9月初,随着气温的回落,成虫逐渐从叶片中脱出,形成第二个为害高峰,并钻入芽鳞下越冬。

四、防控技术

(一)农业防治

在做好清园工作的基础上,及时剪除虫枝梢叶,并集中烧毁,以消灭越冬虫源;秋季对土地进行深耕松土,冬灌也可消灭大量的越冬成螨;选择抗病虫害的品种,这是虫害防治最经济有效的方法;合理轮作、配植,避免同科属植物混栽,可以尽可能地避开病虫害高发期;选择无虫接穗进行嫁接。

(二)化学防治

梨树花芽膨大期喷施3~5°Be石硫合剂,落花后,当梨树上梨叶肿壁虱发生株率大于10%以上时,应及时采取化学防治,可喷施10%吡虫啉可湿性粉剂1500~2500倍液或50g/L虱螨脲乳油1500倍液和1.8%阿维菌素水乳剂3000~5000倍液;梨树生长期,当梨叶片出现疱疹时可喷施50%溴螨酯乳油2000倍液、5%噻螨酮乳油1000倍液、500g/L氟啶胺悬浮剂1000~2000倍液或25%灭螨猛1500倍液等内吸性杀螨剂,交替喷雾防治,间隔7~10天喷施1次,连续喷施3次,可达到防治效果。

撰稿人:赵志国(山西农业大学植物保护学院)
　　　　李　霞(临汾市农业生态保护发展中心)
审稿人:马瑞燕(山西农业大学植物保护学院)

第二十六节　梨黄粉蚜

一、诊断识别

梨黄粉蚜(*Aphanostigma jakusuiense*),俗称黄粉蚜、黄粉虫,属于半翅目(Hemiptera)胸喙亚目(Sternorrhyncha)根瘤蚜科(Phylloxeridae)。虫体鲜黄色,具有黄色蜡质粉状分泌物。梨黄粉蚜虫体很小,肉眼不能分辨出卵、若虫、成虫形态,只能看见一堆黄粉,只有在10倍放大镜下才可看清楚。

成虫：成虫为多型性蚜虫，有干母、普通型、性母和有性型 4 种，均为无翅蚜，不发生有翅蚜。干母、普通型、性母均为雌性，行孤雌胎生，形态相似，虫体呈倒卵圆形，长约 0.73mm，全体鲜黄色，有光泽，触角 3 节，喙发达，足短粗，体上有蜡腺，腹部无腹管及尾片。有性型成蚜有雌雄两性，均为长椭圆形，鲜黄色，雌虫体长约 0.47mm，雄虫体长约 0.35mm，无翅及腹管，口器退化。

卵：卵有 4 种类型，均为椭圆形，极小。越冬卵即产生干母的卵，长 0.25~0.40mm，淡黄色，表面光滑，常成堆似一团黄粉；产生普通型和性母的两类卵长 0.26~0.30mm，初产淡黄绿色，渐变为黄绿色；产生有性型的卵，雌卵长 0.40mm，雄卵长 0.36mm，黄绿色。

若虫：淡黄色，形似成虫，仅虫体较小。

二、分布为害

梨黄粉蚜食性单一，只为害梨树，在中国各主要梨产区均有分布，主要在北京、辽宁、河北、山东、安徽、江苏、河南、陕西、四川等地发生。在国外主要分布于朝鲜、日本。

梨黄粉蚜主要为害梨树果实、枝干、果苔枝等，叶片很少受害，尤以果实急剧膨大期和成熟期为害最为严重。成虫、若虫常堆积一处，似黄色粉末，故称"黄粉虫"。以成虫、若虫吸食果汁为害，梨果受害处产生 1mm 左右下陷黄斑，黄斑周缘产生黄色晕圈，最后变成黄褐色斑，造成果实腐烂。前期多在果实萼洼处及梗洼处为害，上果早的危害严重时一般自萼洼处变为圆形黑褐斑并腐烂，俗称"膏药顶"，挂在树上或掉落只剩果皮与果汁，又称"一袋水"。上果迟的危害轻，后期在果实胴体处为害，常造成果实表皮粗糙、龟裂，严重影响品质（图 3-55）。

在套袋梨园，梨黄粉蚜可从未扎紧的果袋口进入，在袋口折叠缝内大量繁殖。套袋果受害，多从果柄基部开始发生，逐渐向胴部及萼洼方向蔓延，易造成果实脱落。6 月有一个明显的入袋小高峰，7 月下旬至 8 月中旬又有一个入袋小高峰。若采收较早，带有虫体的梨果在储藏、运输和销售期间可继续繁殖为害，引起梨果腐烂。

三、发生规律

梨黄粉蚜喜荫忌光，多在背阴处栖息为害，虫口数量在梨树上部树冠较少，下部最多。套袋处理的梨果因袋内避光，更易遭受为害。降雨量大、持续时间长的年份，虫口增长受到抑制，危害轻；干燥少雨的年份，梨黄粉蚜繁殖迅速，危害较重。成蚜无翅，不能飞行，且爬行较慢，活动力差，主要借助梨苗输送、风力和鸟类携带等方式传播。在温暖干燥的环境中如气温为 19.5~23.0℃，相对湿度为 68%~78% 时，活动猖獗，高温低湿或低温高湿均对其发生不利。

梨黄粉蚜 1 年发生 8~10 代，以卵在果苔残橛、树皮裂缝、剪锯口周围或枝干上的残附物内越冬（图 3-56）。生殖方式为孤雌生殖，雌蚜和性蚜都为卵生，生长期干母和普通型成虫产孤雌卵，过冬时性母型成虫孤雌产生雌、雄不同的两种卵，雌、雄蚜交配

图 3-55　梨黄粉蚜为害症状（庾琴　拍摄）

A：成虫和若虫堆积在一起似黄色粉末；B 和 C：萼洼处变为圆形黑褐斑并腐烂；
D：挂在树上或掉落只剩果皮与果汁；E：受害枝干呈黑褐色病斑

图 3-56　梨黄粉蚜的越冬部位与越冬卵（李霞　拍摄）

A：粗皮缝隙中的卵；B：越冬卵

产卵，以卵过冬。普通型成虫每天最多产 10 粒卵，一生平均产卵约 150 粒；性母型成虫每天约产 3 粒，一生约产 90 粒，雌蚜一生只产 1 粒卵。

不同品种中受害程度也有差异，一般无萼片的梨品种受害轻，有萼片的受害略重。老树受害重于幼树，地势高处较地势低处受害率轻。水晶、华山、德玉等受害较重，圆黄、爱宕、黄金等受害较轻。套袋梨果，尤其是套深色或双层果袋的梨园，易受其为害（图 3-57）。

图 3-57 在果袋中的成堆"黄粉"（杨丽芳 拍摄）

四、防控技术

（一）农业措施

1. 清洁果园，降低虫口基数

梨树落叶后至发芽前彻底刮除粗、老翘皮，消除树皮下缝隙内的越冬虫卵；结合冬剪，剪除病虫枝；清除树上和树下病虫枯枝、落叶、落果及残附物，带出园外集中烧毁或深埋。

2. 树干涂白

越冬前给梨树主干涂白，用生石灰 10 份、食盐 1 份、水 30 份、黏着剂（如油脂或面粉等）1 份配制，用刷子涂抹主干，减少越冬基数。

3. 加强栽培管理，破坏虫口生存环境

生长季加强肥水管理，干旱时及时灌水。合理修剪，调整树冠结构，压缩顶端优势，调节枝条数量，促进通风透光，避免果园郁闭，且便于农事操作，同时增强树势和抗逆性。树行间留有间隔，避免果园郁闭，且便于农事操作，创造不利于虫口生存的环境。需转运的带虫苗木，可将苗木泡于水中 24h 以上，再阳光暴晒，可杀死其上的虫和卵。

（二）物理防治

1. 优化套袋质量及技术

套袋前病虫害防治是否到位、纸袋质量的好坏，袋口是否浸药、袋口绑扎紧不紧，都直接关系到爬入果袋的梨黄粉蚜数量。最好选择坚韧性强、透气性好的优质防虫纸袋。

2. 截杀若虫

依据梨黄粉蚜经过枝干向树冠爬行的转移规律，5月上旬在梨树中、下部主枝3~5cm无侧枝处环涂宽约1cm粘虫胶。配方是机油1.5份、黄油5份，充分搅拌均匀，涂抹宽度1cm，对一龄若虫有很好的粘杀效果。

3. 诱杀成虫

8月下旬在树干上绑缚草帘或瓦楞纸，诱杀越冬成虫，早春梨树萌芽前解下并烧毁。

（三）生物防治

梨黄粉蚜常见的捕食性天敌有七星瓢虫、异色瓢虫、龟纹瓢虫、中华草蛉、丽草蛉、晋草蛉、黑翅小花蝽、东亚小花蝽及蜱螨目的小型捕食螨，其中异色瓢虫捕食量大，对梨黄粉蚜有一定的控制作用。

1. 树行间种草招引天敌

在梨树行间离树干80cm处撒播紫花苜蓿或白三叶草，不仅能够招引瓢虫，还能为其繁殖生存提供良好的生存环境。

2. 人工助迁瓢虫

5月下旬是瓢虫产卵盛期，从麦苗或菜田采集带有瓢虫卵的叶片，按卵块大小用剪刀裁开，用胶水粘贴在6.5cm×7.0cm的纸卡上，每卡10~20粒为宜，然后选择树体蔽荫处的叶片，用回形针将卵卡与叶背夹在一起，悬挂高度不低于1.5m。

3. 应用生物农药

套袋前树体喷洒0.26%苦参碱水剂1000倍液，可避开瓢虫发生盛期，还能降低高毒、剧毒农药给天敌带来的伤害，可起到早期预防的作用。

（四）化学防治

1）梨果采收、叶片脱落后，在梨黄粉蚜为害严重果园全园喷施1次50%硫悬浮剂300倍液或3~5°Be石硫合剂，尤其要重喷主干、主枝、侧枝及果台，杀灭即将进入越冬场所产卵的成虫。

2）早春萌芽前，在距地面10cm处刮除粗皮至白绿相间处，用10%吡虫啉可湿性粉剂或 50% 吡蚜酮水分散粒剂 10 倍液涂干。3 月中旬使用 3～5°Be 石硫合剂或 95% 机油乳剂 400 倍液喷布全树,尤其是树干和主、侧枝翘皮缝隙,杀灭存活的越冬虫卵。

3) 花序分离期,喷施 1.8% 阿维菌素微乳剂 1500～2000 倍液防治幼虫。

4) 果实套袋前,喷施 10% 烯啶虫胺水剂 1500 倍液,或 10% 吡虫啉可湿性粉剂 1000 倍液,或 10% 啶虫脒微乳剂 4000 倍液,袋口用药液浸湿或夹入带有药液的卫生纸,防止害虫入袋。药干后应及时套袋,间隔不要超过 36h。

5) 套袋后(5 月底至 8 月),不定时解袋抽查,如发现袋内有梨黄粉蚜,应及时处理,当发现有少量梨黄粉蚜时,以此为点,对周围梨树上的梨果进行排查,如无扩散则进行点片、局部挑治。当发现有大量梨黄粉蚜或全园都有分布时,全园解袋统一防治。可选择喷施 25% 噻虫嗪水分散粒剂 4000～6000 倍液、10% 啶虫脒微乳剂 4500～5000 倍液、1.8% 阿维菌素微乳剂 2000～4000 倍液。

撰稿人:郭艳琼(山西农业大学植物保护学院)
审稿人:马瑞燕(山西农业大学植物保护学院)

第二十七节 梨 二 叉 蚜

一、诊断识别

梨二叉蚜(*Schizaphis piricola*),又名梨蚜、梨腻虫、卷叶蚜等,属于半翅目(Hemiptera)蚜科(Aphididae),是梨树上的主要害虫。

1. 无翅孤雌胎生蚜

体长约 2mm,宽约 1.1mm,体绿色、暗绿色或黄褐色,常被白色蜡粉;头部额瘤不明显,口器黑色,基半部色略淡,端部伸达中足基节,复眼红褐色,触角 6 节,丝状,端部黑色,第 5 节末端具感觉孔 1 个;体背骨化,无斑纹,有菱形网纹,背毛尖锐、长短不齐,背中央有 1 条深绿色纵带,腹背各节两侧具 13 个白粉状斑;各足腿节、胫节的端部和跗节黑色;腹管长,黑色,圆柱状,末端收缩;尾片圆锥形,侧毛 3 对(图 3-58A)。

2. 有翅孤雌胎生蚜

体长 1.5mm,翅展 5mm 左右;头、胸部黑色,腹部淡色,额瘤略突出,口器黑色,端部伸达后足基节,复眼暗红色,触角 6 节,丝状,淡黑色,第 3～5 节依次有感觉孔 18～27 个、7～11 个、2～6 个;前翅中脉分二叉,故名"二叉蚜"。足、腹管及尾片同无翅孤雌胎生蚜(图 3-58B)。

3. 卵

椭圆形,长径约 0.7mm,初产淡黄褐色,后变黑色,有光泽(图 3-58C)。

图 3-58 梨二叉蚜形态特征（赵龙龙 拍摄）
A：无翅蚜；B：有翅蚜；C：卵；D：若虫

4. 若虫

与无翅孤雌胎生蚜类似，无翅，体长 2mm 左右，体小，绿色，有翅若蚜胸部发达，有翅芽，腹部正常（图 3-58D）。

二、分布为害

梨二叉蚜在全国各梨产区都有分布，主要在辽宁、河北、山东和山西等梨主产区发生和严重为害。梨二叉蚜以成蚜、若蚜群集在梨树新梢叶片刺吸为害，为害后的叶片卷曲、易脱落，且易招致中国梨木虱潜入。寄主有白梨、棠梨、杜梨、狗尾草等多种果树及其他植物。幼龄期梨树受害后影响树冠形成、结果推迟，盛果期梨树受害后树体衰弱、产量下降。

梨二叉蚜主要以春季为害为重。先为害膨大幼芽，展叶后，转移到嫩枝或嫩叶上为害。幼叶为害后，叶缘两侧呈纵向向叶面翻卷，皱缩为筒状，称为"包饺子"。为害加重时，常导致梨树落叶，使梨树的树势极度衰弱，进而导致果实畸形，无食用价值和商品价值（图 3-59）。

三、发生规律

梨二叉蚜 1 年发生 20 代左右，属于乔迁式蚜虫。其寄主因季节不同有差异，冬、春、秋季梨树是其主要寄主；5~6 月梨二叉蚜开始转寄于梨园间禾本科植物狗尾草等其他寄主上越夏，9月左右，再迁回梨树进行产卵，并以卵进行越冬（图3-60）。梨二叉蚜主要在梨树叶芽部位产卵，梨树萌芽期卵开始孵化，所产幼虫多聚集于花、幼叶处取食。梨二叉蚜卵多呈散产状态，一个叶芽部位多产1粒卵，也有多卵共存现象。

图3-59 梨二叉蚜为害症状（赵龙龙 拍摄）
A：叶缘两侧呈纵向向叶面翻卷，皱缩为筒状；B：梨树树势衰弱

图3-60 梨二叉蚜越冬卵（赵龙龙 拍摄）

孤雌生殖是梨二叉蚜的主要生殖方式。两性生殖极少，仅在越冬前进行。梨二叉蚜的繁殖能力极强。一头雌蚜一生可产50~80头若虫。温度16~25℃、相对湿度75%是梨二叉蚜的适宜生殖环境，当温度大于30℃时梨二叉蚜的生殖过程受阻。

四、防控技术

（一）农业防治

从梨二叉蚜为害卷叶初期开始，结合其他农事活动，早期摘除受害卷叶，集中深埋或销毁，消灭卷叶内梨二叉蚜，降低园内虫量，并铲除园内的狗尾草，使其不能完成乔迁生活史。

（二）消灭越冬虫卵

上一年秋季梨二叉蚜数量较多的梨园，结合其他害虫防治，在梨树萌芽前喷施1次3~5°Be石硫合剂或45%晶体石硫合剂50~70倍液，杀灭越冬虫卵。

（三）生物防治

梨二叉蚜的天敌有卵形异绒螨、食蚜蝇、草蛉、异色瓢虫、蚜茧蜂、龟纹瓢虫、七星瓢虫等，应注意保护和利用。

1. 利用黑带食蚜蝇

在黑带食蚜蝇与梨二叉蚜1∶200情况下不要喷施杀虫剂，依靠黑带食蚜蝇即可控制蚜害。果园间种植绿肥作物和蔬菜，增加越冬数量。将黑带食蚜蝇的蛹和成虫低温（5~7℃）保存，土壤不宜太干，待梨二叉蚜为害时放回果园。

2. 利用梨蚜茧蜂

梨蚜茧蜂幼虫或蛹在艾草、小麦、蔬菜的梨二叉蚜尸体内越冬。第二年4月发生越冬代成虫，产卵于梨二叉蚜体内，1头梨蚜茧蜂产1粒卵。被寄生梨二叉蚜尸体膨大，渐变为淡褐色。梨蚜茧蜂成虫羽化时在梨二叉蚜背部咬一圆孔而出。

（四）化学防治

花序分离期至开花前和落花后10天是药剂防治的两个关键期，避开梨树花期，交替喷施22%氟啶虫胺腈悬浮剂5000~10 000倍液、70%吡虫啉水分散粒剂8000~10 000倍液、10%啶虫脒微乳剂4000~5000倍液、10%烟碱乳油800~1000倍液、25%吡蚜酮可湿性粉剂2000~3000倍液、0.8%苦参碱·内酯水剂800倍液、4.5%高效氯氰菊酯水乳剂1500~2000倍液、1.8%阿维菌素微乳剂3000~4000倍液、10%烯啶虫胺可溶液剂4000~5000倍液等进行防治。

撰稿人：郭艳琼（山西农业大学植物保护学院）
审稿人：马瑞燕（山西农业大学植物保护学院）

第二十八节　绣线菊蚜

一、诊断识别

绣线菊蚜（*Aphis citricola*），又称苹果黄蚜，属于半翅目（Hemiptera）蚜科（Aphididae），分为无翅孤雌胎生蚜和有翅孤雌胎生蚜。

无翅孤雌胎生蚜：体长1.4~1.8mm，体近纺锤形，体色为鲜黄、黄绿或绿色。头、复眼、口器、腹管和尾片均为黑色，中颚瘤平整，额瘤微隆。口器伸长至中足基节窝，触角为体长的3/4，具瓦纹，基部浅黑色，无次生感觉圈。腹管圆筒形，具瓦纹，末端渐细，长毛9～13根。尾片圆锥形（图3-61D～F，图3-62A和B）。

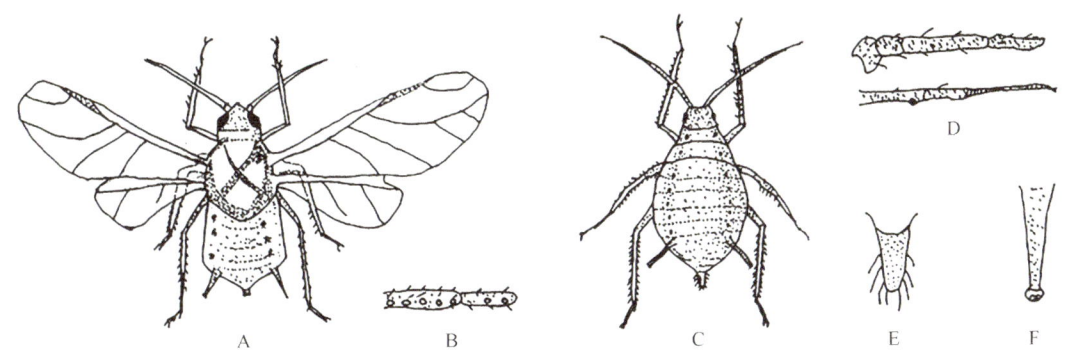

图3-61 绣线菊蚜形态特征手绘图［仿陈其瑚和芦银仙（1988）］
A：有翅孤雌胎生蚜成虫；B：有翅孤雌胎生蚜触角第3节及第4节；C：无翅孤雌胎生蚜成虫；
D：无翅孤雌胎生蚜触角；E：无翅孤雌胎生蚜尾片；F：无翅孤雌胎生蚜腹管

图3-62 绣线菊蚜形态特征（庾琴 拍摄）
A：无翅孤雌胎生蚜成虫；B：无翅孤雌胎生蚜若蚜；C：有翅孤雌胎生蚜若蚜；
D：有翅孤雌胎生蚜成蚜；E：有翅孤雌胎生蚜成虫翅脉

有翅孤雌胎生蚜：体长1.5～1.7mm，翅展约4.5mm，体近纺锤形，头、胸、口器、腹管和尾片均为黑色，腹部绿、浅绿或黄绿色，复眼暗红色。口器黑色，伸长至后足基节窝。触角丝状，为体长的3/5，第3节有圆形次生感觉圈6～10个，第4节有感觉圈2～4个，体两侧有黑斑，具乳头状突起（图3-61A和B，图3-62C～E）。

越冬卵：椭圆形，长约0.5mm，初产卵浅黄色，渐变黄褐、暗绿色，孵化前漆黑色，有光泽。

若虫：鲜黄色，无翅若蚜腹部肥大、腹管短；有翅若蚜胸部发达，具翅芽，腹部正常。

二、分布为害

绣线菊蚜为害苹果、桃、梨等果树和绣线菊等，主要分布于日本、朝鲜、印度、巴基斯坦、澳大利亚、新西兰、非洲和美洲。在我国，随着套袋技术的实施，绣线菊蚜已由梨园次要害虫上升为优势种群。北起黑龙江，南至台湾、广东、广西均有分布，主要分布于华北、西北等果树主产区，是我国北方梨园的重要害虫之一。

绣线菊蚜以若蚜、成蚜群集于梨树幼嫩部位刺吸为害，叶片受害后常呈现褪绿性斑点，为害严重时绣线菊蚜覆满嫩梢和嫩叶叶背，使叶片畸形，果树生长停滞或延迟。种群群体密度较大时，常有蚂蚁与其共生（图3-63）。

图3-63 绣线菊蚜为害症状（赵龙龙 拍摄）
A：若蚜、成蚜群集于梨树幼嫩部位；B：绣线菊蚜覆满嫩梢和嫩叶叶背，使叶片畸形

三、发生规律

绣线菊蚜属于留守式蚜虫，全年在一种或几种近缘寄主上完成其生活周期，无固定转换寄主现象。绣线菊蚜发育起点温度为5℃，25℃为其生长发育适宜温度。绣线菊蚜1年发生10余代，以卵在枝杈、芽旁及皮缝处越冬，以2~3年枝条分杈处和树皮缝隙中的卵量为多。

第二年春季寄主萌芽时，绣线菊蚜越冬卵孵化成干母，聚集于新芽、嫩梢、新叶叶背处为害，10余天后发育成熟，称为干雌，开始进行孤雌生殖。

春季气温低，绣线菊蚜繁殖慢，多产无翅孤雌胎生蚜。春梢旺长期，绣线菊蚜繁殖速度加快，虫口密度迅速增加，危害加重。夏季温度较高时，绣线菊蚜产生大量有翅蚜并开始扩散。秋冬季节，无翅雌蚜和有翅雄蚜进行两性生殖，交配产卵越冬。

绣线菊蚜具有趋嫩性。在多汁的新芽、嫩梢和新叶上，绣线菊蚜有很强的增长势能，发育和繁殖均较快；在成熟叶片上，其发育历期延长，存活率、无翅蚜比例、成蚜寿命和产卵量均下降,很难建立起种群。高温干旱有利于绣线菊蚜的生长发育和繁殖,危害较重;多雨季节和年份,其发生危害较轻。

四、防控技术

防治绣线菊蚜应采用压低虫源基数、物理诱杀、生物防治和化学防治等技术进行综合防控。

(一)压低虫源基数

冬季刮除老树皮,消灭绣线菊蚜越冬卵;春梢期人工剪除并销毁虫量大、为害重的枝条。

(二)物理防治

在绣线菊蚜有翅蚜迁飞高峰期,避开梨花期和天敌盛发期,于梨树树冠外围、距地面150cm处悬挂黄色粘虫板,每亩悬挂40~50块,诱杀绣线菊蚜有翅蚜。

(三)生物防治

绣线菊蚜的天敌主要有瓢虫(图3-64)、草蛉、食蚜蝇、蚜茧蜂等。在绣线菊蚜发生期直接释放天敌,或在梨树行间种植长柔毛野豌豆或紫花苜蓿后,饲养天敌昆虫草蛉、瓢虫、食蚜蝇等,控制绣线菊蚜数量。亦可喷施植物源杀虫剂80亿孢子/mL金龟子绿僵菌CQMa421可分散油悬浮剂1000~2000倍液,或0.3%苦参碱水剂400~600倍液进行防治。

图3-64 瓢虫正取食绣线菊蚜(李霞 拍摄)

(四)化学防治

果树萌芽前是多数害虫出蛰期,此时害虫种群数量少、虫态整齐,是控制害虫关键期,全树喷施3~5°Be石硫合剂,杀灭绣线菊蚜越冬卵。

春梢旺长期,蚜梢率大于60%时,交替轮换使用21%噻虫嗪悬浮剂3000~4000倍液、48%噻虫啉悬浮剂8000倍液、22%螺虫·噻虫啉悬浮剂4000倍液、22%氟啶虫胺腈悬浮剂8000倍液或50g/L双丙环虫酯可分散液剂2000倍液进行防治。

撰稿人：庚　琴（山西农业大学植物保护学院）
审稿人：马瑞燕（山西农业大学植物保护学院）

第二十九节　朝鲜球坚蜡蚧

一、诊断识别

朝鲜球坚蜡蚧（*Didesmococcus koreanus*），又称朝鲜球坚蚧、桃球坚蚧、杏球坚蚧、杏虱子，属于半翅目（Hemiptera）蜡蚧科（Coccidae）。

雌成虫：体长约2.0mm，近球形，后面垂直，前面、侧面下部凹入，背部有数条紫黑色横纹。触角6节，第3节最长。足正常，跗冠毛、爪冠毛均细。雌介壳初期质软，黄褐色，后期硬化，紫色，体表皱纹不显，背面具纵列刻点3或4行，或者无规则，体腹淡红色，腹面与贴枝处具白色蜡粉（图3-65A和B）。

图3-65　朝鲜球坚蜡蚧
A：雌成虫（赵龙龙　拍摄）；B：雌成虫显微图（王芳　绘制）；C和D：为害症状（赵龙龙　拍摄）

雄成虫：体长1.5～2.0mm，翅展约5.5mm，体红褐色，腹部淡黄褐色，眼紫红色，体表近尾端1/3处有2块黄色斑纹，体表中央具1条浅色纵隆线，向两侧伸出较明显的横隆线7或8条。触角10节，丝状，上生黄白色短毛。前翅白色，透明，后翅特化为平衡棒。雄介壳长，扁圆形，蜡质表面光滑。

卵：长约 0.3mm，圆形，半透明，粉红色，初产白色，卵壳上有不规则纵脊并附白色蜡粉。

若虫：初龄若虫体扁，卵圆形，浅粉红色，腹末具 2 根细毛；固着后的若虫体长约 0.5mm，体背被丝状蜡质物，口器棕黄色，约为体长的 5 倍。越冬后若虫体浅黑褐色并具数十条黄白色条纹，上被薄层蜡质。

蛹：雄蛹裸露，赤褐色，体长约 1.8mm，腹末具黄褐色刺状突。

茧：长卵圆形，灰白色，半透明。

二、分布为害

朝鲜球坚蜡蚧在我国主要分布于东北、华北、江苏、江西、浙江、湖北、四川、云南等地；国外分布于朝鲜等地。该虫主要为害蔷薇科植物，主要寄主有李、杏、桃、梅、樱桃、山楂、苹果、梨等多种果树。该虫以若虫和雌成虫刺吸枝干、叶片的汁液，同时排泄蜜露，可诱致煤烟病的发生，削弱树势，影响光合作用，重者枝条或整株干枯死亡，以 1～2 年嫩枝受害为最重，造成大量落叶（图 3-65C 和 D）。

三、发生规律

朝鲜球坚蜡蚧 1 年发生 1 代，以二龄若虫越冬。第二年春季树液流动后开始出蛰并在原处活动为害，3 月下旬至 4 月上旬分化为雌、雄性，4 月中旬出现雌、雄成虫，5 月上旬雌成虫产卵于介壳下，5 月中旬为若虫孵化盛期。初孵若虫由枝条转到叶背为害，其体背有极薄的蜡质覆盖，10 月蜕皮变为二龄，并由叶上转移到枝条为害一段时间后即越冬。雌、雄虫皆为三龄，2 次蜕皮，单雌产卵 2500 粒左右，行孤雌与两性生殖，雌、雄性比为 3∶1，全年以 4 月中旬至 5 月上中旬危害最盛。

四、防控技术

（一）农业防治

虫量发生少时，此时可用硬毛刷刷掉枝干上的虫体。发芽前喷施石硫合剂。在春季雌成虫膨大时人工刷除虫体。

（二）物理防治

休眠季刮除老翘皮，剪除带虫枝条，消灭越冬虫源。用生石灰、石硫合剂和水按照 10∶3∶30 的比例给树干涂白。

（三）生物防治

七星瓢虫、黑缘红瓢虫和寄生蜂等都是朝鲜球坚蜡蚧的优势天敌，充分利用天敌抑制朝鲜球坚蜡蚧的发生，尽量不用或少用广谱性杀虫剂。黑缘红瓢虫一生可捕食 2000 余头蚧虫，若发现枝条上有许多灰白色、纺锤形、体背中央两侧有黑刺的瓢虫幼虫和成虫，梨树上不可使用化学药剂以保护这些天敌。其幼虫高峰期与朝鲜球坚蜡蚧幼蚧盛发期基本吻合，所以对朝鲜球坚蜡蚧有很强的控制作用。每头黑缘红瓢虫二龄幼虫每天最多能捕食 8 头朝鲜球坚蜡蚧雌蚧。故在施用农药防治朝鲜球坚蜡蚧等害虫时应尽量避开黑缘红瓢虫发生高峰期，应选择对黑缘红瓢虫等益虫杀伤力小的高选择性药剂和对黑缘红瓢虫进行人工助迁，以最大限度地充分发挥黑缘红瓢虫对朝鲜球坚蜡蚧的自然控制作用（黄保宏等，2002）。

（四）化学防治

果树萌芽前，全园喷施 3～5°Be 石硫合剂进行清园。

5 月中下旬若虫孵化盛期是防治的最佳时期，其次为 6 月上旬若虫蜡层尚未完全包裹虫体时期。可选用 25% 噻虫嗪水分散粒剂 4000～5000 倍液、22.4% 螺虫乙酯悬浮剂 4000～5000 倍液、95% 矿物油乳油 100～200 倍液、200g/L 双甲脒乳油 1000 倍液、25% 噻嗪酮悬浮剂 1000～2000 倍液喷雾防治。

撰稿人：魏久锋（山西农业大学植物保护学院）
审稿人：马瑞燕（山西农业大学植物保护学院）

第三十节　草履硕蚧

一、诊断识别

草履硕蚧（*Drosicha corpulenta*），别名草履蚧、草鞋介壳虫、柿草履蚧，属于半翅目（Hemiptera）蚧总科（Coccoidea）硕蚧科（Margarodidae）。

雄成虫：体长 5.0～6.5mm，翅展约 10mm，头部及腹部黑色，复眼较突出，触角念珠状，黑色，10 节，除 1～2 节外，各节均环生 3 圈细长毛。腹末具枝刺 17 根，翅淡黑色，1 对，后翅退化为平衡棒，除体形较雌成虫小、色较深外，余皆相似（图 3-66A）。

雌成虫：体长 7.8～10mm，宽 4.0～5.5mm，无翅，体扁平、椭圆形似草鞋，黄褐色至红褐色，周缘淡黄色，体背常隆起，肥大，腹部具横皱褶凹陷，体被稀疏微毛和薄层白色蜡质分泌物（图 3-66B）。

卵：椭圆形，初产黄白色，渐呈黄红色，产于卵囊内，卵囊为白色绵状物，其中含卵近百粒。

雄蛹：圆筒状，褐色，长约 5.0mm，外被白色绵状物。

二、分布为害

草履硕蚧在我国主要分布于河北、河南、山东、山西、内蒙古、西藏、陕西、辽宁、江苏、江西、福建、安徽、四川、云南等地；国外分布于日本、韩国、朝鲜及俄罗斯。主要为害苹果、桃、梨、柿、枣、无花果、柑橘、荔枝、栗、槐、柳、泡桐、悬铃木等多种寄主植物。主要为害症状：以雌成虫、若虫群集于枝干、根部吸食汁液，导致树势衰弱，严重时引起落叶、落果，甚至整枝或整株干枯死亡（图3-66C）。

图 3-66　草履硕蚧成虫及其为害症状（赵龙龙和魏明峰　拍摄）
A：雄成虫；B：雌成虫；C：为害症状

三、发生规律

草履硕蚧在我国北方地区一般1年发生1代，以卵囊在寄主植物根部周围土中越夏、越冬。第二年1月下旬越冬卵开始孵化，若虫孵出后暂时停居卵囊内，2月中旬以后，随着温度上升，若虫陆续出土上树，多在阳面顺干爬至嫩枝、幼芽等处取食，月底达到盛期，3月中旬基本结束。初龄若虫行动较少，喜在树洞或树杈等处隐蔽群居。新叶初展时群集顶芽上刺吸为害，稍大后喜在直径5cm左右粗细的枝上取食，并以阳面为多。3月下旬至4月下旬第2次蜕皮后，陆续转移到树皮裂缝、树干基部、杂草和落叶中、土块下分泌白色蜡质，作薄茧化蛹。5月上旬羽化，雄成虫飞翔力弱，略有趋光性，雌若虫第3次蜕皮后，变为雌成虫，交配后沿树干爬到根部周围的土层中产卵，每个雌成虫可产卵40～60粒，多者可达120粒。雌成虫产卵量与土壤水分含量有关，5cm土壤内含水量18%～20%时，平均每头有卵77.4粒，表土极度干燥，成虫死亡后虫体失水干涸，受精卵全部死亡。卵产于白色囊中越夏、越冬，雌成虫产卵后即干缩死去。田间为害期为3～5个月。

四、防控技术

（一）农业防治

根据草履硕蚧4月下旬开始下树化蛹产卵的生活习性，可在树干根部周围培土15～20cm，等雄成虫、雌成虫下树钻入后，扒开土壤消灭。还可于每年的冬季，将林下土壤浅翻10～15cm，利用冬季低温冻死越冬虫卵。在秋、冬季树木落叶后，清扫树叶、烂草等杂物，集中烧毁，以消灭其中的虫卵。另外，每年的2～6月，草履硕蚧上树以后到成虫下树之前，都不得采伐和运输已发生草履硕蚧的树木，要严格控制人为传播。在草履硕蚧盛发地区调运苗木时，应加强检查，避免把土中的越冬虫卵带入，发现有虫应及时处理。同时应注意当地有草履硕蚧为害的树木不要轻易移植别处，以免虫害扩散蔓延。

（二）物理防治

缠透明胶带，设置阻隔环，利用透明胶带表面光滑不利于若虫爬行、背面发黏可以粘住若虫的特点，切断草履硕蚧上树、下树的通道，从而阻止若虫上树为害或雌成虫下树产卵。或在树干基部刮除老皮，涂一圈约10cm宽的粘虫胶，阻杀若虫上树；或涂油环，取废机油、黄油按4∶1比例混合均匀，然后取混合液在树干上涂10～20cm宽的隔离带；或扎塑料布，用50cm宽的新塑料布缠绕一圈，下端用泥土压实，上端用胶带封口。每天早晚清扫树干基部的草履硕蚧若虫，集中烧毁。根据早春若虫出土上树习性，在主干上环绕式刮去老树皮，环宽约35cm，每日早上涂黏虫胶（废机油或蓖麻油0.5kg，加热处理后，加碎松香0.5kg溶化后备用）或直接使用加热熔化后的棉油泥。缠胶带，在刮树皮处缠6cm宽胶带，缠时保持胶带平滑无褶皱，与树干无缝隙，阻止若虫上树。人工挖除树冠下土中过冬虫卵，减少虫源。5月中下旬在树下挖坑（坑深20cm）堆草，诱使雌成虫在草堆中产卵，6月中旬将树下的草堆连同虫卵一并烧毁。

（三）生物防治

草履硕蚧的天敌类型比较多，如膜翅目小蜂科的许多寄生蜂，鞘翅目瓢虫科内的多种捕食性瓢虫，如黑缘红瓢虫、红环瓢虫以及大红瓢虫等，可对这些天敌进行充分的保护和利用，或者采取引种人工繁殖的方式在田间释放，每点至少释放100头，一般幼虫的最佳释放时间为每年的4月底到5月中旬，以增加林间天敌的数量，有效降低草履硕蚧的危害。红环瓢虫的繁殖能力强，寿命长，每头幼虫捕食草履硕蚧的虫口数量可达50～88头，每头成虫可捕食130～210头，按照要求在林间释放1年后，草履硕蚧虫口的密度可降到低于1.2头/cm^2，释放2年后可将草履硕蚧密度控制在低于0.01头/cm^2，防治效果非常理想。需要注意的是，生长季节尽量不要喷药，以防灭杀天敌。

（四）化学防治

当树上出现若虫时，可采用化学方法防治。选用药剂，参照朝鲜球坚蜡蚧的化学防治。若草履硕蚧上树为害，可选用 90% 矿物油乳油 100～200 倍液或 25% 噻虫嗪水分散粒剂 1000～1500 倍液等。

撰稿人：魏久锋（山西农业大学植物保护学院）
审稿人：马瑞燕（山西农业大学植物保护学院）

第三十一节 梨 圆 蚧

一、诊断识别

梨圆蚧（*Quadraspidiotus pemiciosus*），又名树虱子、梨齿圆盾蚧、梨笠圆盾蚧，属于半翅目（Hemiptera）蚧总科（Coccoidea）盾蚧科（Diaspididae）。

雌成虫：介壳圆形，突起，里层夹若虫蜕，活体介壳蟹青色，死虫灰白色或黑色，直径为 1.5～2.0mm，中央隆起处从内向外为灰白色、黑色、灰黄色 3 个同心圆，隆起处的介壳亦有暗色轮纹。虫体心脏形，后端尖突，老熟时除臀板硬化外，全体膜质。触角退化呈瘤状，彼此距离近，其间距为触角长的 4 倍。各触角有 1 根刚毛，1 或 2 个小型角状感觉器，围阴腺无。臀板褐色，尖削，臀叶 3 对，中臀叶大而靠紧，外缘有明显的凹刻，顶端钝圆；第二臀叶较小而硬化，靠近中臀叶的边缘倾斜；第三臀叶退化，仅留三角形突起，中臀叶之间有臀栉 1 条，刺状；中臀叶及第二臀叶之间各有臀栉 2 条，一条呈刺状，另一条端部具分叉；第二、第三臀叶之间各有 3 条，均较宽，端部具分叉。背腺数少，细长，分布至第三腹节；在臀板上每侧有 4 纵列：第一列约 5 支腺，第二列约 12 支腺，第三列约 9 支腺，第四列约 6 支腺。肛门大，位于臀板近末端处，肛后沟发达（图 3-67A 和 B）。

雄成虫：体长 0.6～0.8mm，宽 0.23mm，翅展 1.3mm。触角 10 节，前翅膜质，半透明，有 1 条简单分叉的翅脉。腹末交尾器细长，占体长的 1/3 左右（图 3-67C）。

若虫：初孵若虫椭圆形，乳黄色，体长 0.2～0.3mm，触角 5 节，足发达，腹部末端有 1 对白色尾毛。固定后身体可稍长大，渐呈圆形，足与触角仍保留。分泌灰白色圆形介壳。介壳直径为 0.25～0.4mm。二龄若虫触角和足退化，若虫与雄成虫体形相似，黑色，介壳直径为 0.65～0.9mm。

图 3-67 梨圆蚧形态特征（E. Beers 提供）
A：雌雄介壳（圆形为雌成虫，椭圆形为雄成虫）；B：雌成虫；C：雄成虫

二、分布为害

梨圆蚧是一种世界性害虫，分布在国内外 66 个国家和地区；国内各省（自治区、直辖市）都有分布。除为害梨树外，还为害苹果、桃、李、山楂、杏、葡萄等及林木 150 多种。

梨圆蚧以若虫或雌成虫刺吸枝干、叶、果实的汁液，轻则树势削弱，重者可枯死。受害果实在介壳周围（即受害处）出现一个红色晕圈。枝条受害后，木质部则变为淡红褐色。苹果受害枝条衰弱，叶稀疏。果实受害处呈黄色圆斑，虫体周围有紫红色晕圈，国光、红玉等品种果面虫口密度大时紫红色晕圈连成片。介壳为灰色，有同心轮纹，略呈圆形，中心有一黄色小突起。剥开介壳虫体为黄色或橙黄色。枝条上一旦发生，大片介壳相连，使枝条表皮由光亮的红褐色变成灰色，并有很多小突起，很易识别（图 3-68）。

图 3-68 梨圆蚧为害症状（E. Pochubay 提供）
A：枝条表皮由光亮的红褐色变成灰色，有很多小突起；B：灰色，有同心轮纹，略呈圆形，中心有一黄色小突起的介壳

三、发生规律

梨圆蚧在我国多为 1 年发生 2～3 代，亦有 4～5 代者。以一龄和二龄若虫固定于介壳下，在寄主的枝干上越冬。以两性和孤雌胎生繁殖。在 1 年发生 2 代的地区，第二年 5 月下旬出现成虫，6 月下旬和 8 月下旬分别出现第一代、第二代若虫，10 月末开始越冬。在 1 年发生 3 代的地区，第二年 5 月上旬出现成虫，之后各代一龄若虫分别为 5 月下旬至 6 月上旬、7 月下旬、9 月中下旬，11 月上旬开始越冬。一龄若虫孵化后，多顺着树枝、树干向上爬行一段距离后在嫩枝上固定取食，数量大时也可在果实及叶片上为害，若虫固定 1～2 天后分泌蜡质覆盖虫体，形成介壳。梨圆蚧世代重叠现象严重。高温干燥或暴风雨可造成初孵若虫大量死亡。

四、防控技术

(一)农业防治

合理进行肥水管理,增强树势,减轻危害,冬春季结合修剪,剪去过密枝、病虫害严重枝,使树冠通风透光。

(二)物理防治

人工刮除或擦除叶片和枝条上的梨圆蚧。落叶后,彻底清园刮树皮,破坏害虫越冬场所,园内杂草、枯枝落叶集中深埋销毁。

(三)生物防治

生物防治在控制梨圆蚧发生方面起到了一定的效果。第一种方法是使用信息素诱集。第二种方法是使用白僵菌(*Beauveria bassiana*)对梨圆蚧进行防治。第三种方法可以采用豆科植物水黄皮(*Pongamia pinnata*)油对受害植物进行处理,防治效果可达41.8%~56.9%。第四种方法是可以通过合理保护和利用天敌来进行防治。例如,寄生性天敌小蜂类及捕食性天敌蓟马等对梨圆蚧均具有较好的控制作用。

(四)化学防治

果树萌芽前,全园喷施3~5°Be石硫合剂进行清园。

在1年发生2代的地区,6月下旬和8月下旬为最佳防治时期;在1年发生3代的地区,5月下旬至6月上旬、7月下旬、9月中下旬为最佳防治时期。选用药剂,参照朝鲜球坚蜡蚧的化学防治。

撰稿人:魏久锋(山西农业大学植物保护学院)
审稿人:马瑞燕(山西农业大学植物保护学院)

第三十二节 康氏粉蚧

一、诊断识别

康氏粉蚧(*Pseudococcus comstocki*),别名梨粉蚧、李粉蚧、桑粉蚧,属于半翅目(Hemiptera)蚧总科(Coccoidea)粉蚧科(Pseudococcidae)。

雌成虫:体长3~5mm,扁椭圆形,体粉红色,体外被白色蜡质分泌物,体缘具17对白色蜡刺。体前端蜡丝较短,后端稍长,最末1对几乎与体等长。触角7或8节,足细长,后足基节具较多透明孔,触角柄节也具几个透明小孔,腹裂1个,较大。肛环具内、外缘2列孔。肛环刺毛6根(图3-69A)。

图 3-69　康氏粉蚧雌成虫（A）与为害症状（B）（赵龙龙　拍摄）

雄成虫：体长约 1mm，翅展约 2mm，翅仅 1 对，透明，后翅退化为平衡棒。具尾毛。

卵：椭圆形，淡橙黄色，长约 0.3mm，常数十粒成块，外被薄层白色蜡粉，形成白絮状卵囊。

若虫：形似雌成虫，初孵扁卵圆形，淡黄色，复眼近半球形，紫褐色。雌性若虫 3 龄，雄性若虫 2 龄。触角 6 或 7 节，粗大；口针伸达腹末。

蛹：长约 1.2mm，淡紫色。

茧：长 2.0~2.5mm，白色棉絮状。

二、分布为害

康氏粉蚧起源于东亚地区，现已经分布在欧洲、亚洲、美洲和大洋洲超过 30 个国家，如日本、朝鲜、印度、斯里兰卡、英国、俄罗斯、美国等地。我国主要分布在东北、华北、四川等地。康氏粉蚧是我国北方果园的一种常见害虫，寄主广泛，可取食超过 47 科 79 属植物，主要为害作物有梨、苹果、桃、李、杏、樱桃、葡萄、柿、山楂、石榴、核桃、梅、枣、桑、杨、柳、洋槐、榆、瓜类及蔬菜等多种植物。

康氏粉蚧主要以成虫、若虫刺吸寄主的幼芽、嫩枝、叶片、果实及根部汁液。嫩枝叶片受害后常肿胀，或形成虫瘿，树皮纵裂枯死，前期果实受害呈畸形。康氏粉蚧喜欢阴暗环境，专一为害套袋果实，套袋前果农很难见到虫，无法引起果农的重视，套袋后该虫钻入果袋为害，果袋的隔绝作用使药剂很难接触到虫体上，也就是说，一旦让虫子钻入果袋，防治是非常困难的。主要为害梨果的萼洼和柄洼处，为害造成果肉木栓化，严重的萼洼处变黑腐烂，失去商品价值（图 3-69B）。

三、发生规律

康氏粉蚧在四川 1 年发生 2 代，在河南、山东 1 年发生 1 代，以若虫于寄主树皮隙缝或枝干树洞等处越冬。在1年发生2代的地区，第二年树液流动后开始出蛰活动，3月中下旬羽化为成虫。5月中旬雌成虫开始产卵，5月中旬末至下旬初为产卵盛期，6月上旬卵开始孵化，6月上旬末中旬初进入孵化盛期，第一代若虫盛发于6月下旬末7月上旬初。第一代雌成虫盛发于7月下旬，8月下旬始见第二代卵，9月上旬为产卵盛期，9月10日第二代若虫出现，9月中旬末至下旬为第二代若虫盛发期，为害至10月陆续进入越冬。在1年发生1代的地区，第二年5月出蛰转移到嫩梢、幼叶及果实上刺吸为害，5月中旬成虫羽化出现，5月下旬转移到叶背分泌白色绵状卵囊，产卵于其中，6月中旬孵出的若虫爬出卵囊，沿叶脉与叶缘寄生为害，10~11月若虫转至越冬场所进行越冬。据研究报道，春季日均气温达11℃时，越冬若虫开始活动，晴天中午常群集于枝头、嫩芽、幼叶及果实等处取食为害，单雌每次产卵300~400粒，第一代卵期为20天左右，第二代卵期约为5天。初孵若虫活动力较强，先爬在芽苞、枝头、果台及叶片上聚集食害。

四、防控技术

（一）农业防治

冬春刮树皮或用硬毛刷、细铁丝、钢丝刷子刷除缝隙中的卵囊及越冬成虫、若虫。晚秋雌成虫产卵或越冬前在树干束草诱引产卵或越冬，第二年春季出蛰孵化前集中烧毁。

（二）生物防治

康氏粉蚧的捕食性天敌主要有两类：一类是鞘翅目瓢虫科的异色瓢虫、龟纹瓢虫等，另一类是脉翅目草蛉科的中华草蛉、丽草蛉等。美国加利福尼亚从日本引进粉蚧玉棒跳小蜂（*Pseudaphycus malinus*）和广腹细蜂（*Allotropa burrelli*）两种寄生蜂，并结合该地区寄生蜂 *Zarhopalus corvinus* 的复合作用下，康氏粉蚧的种群密度减少了68%。乌克兰从乌兹别克斯坦引进跳小蜂属寄生蜂（*Pseudaphycus* spp.），经过繁殖后在康氏粉蚧各代的二龄若虫出现时将其进行定期的释放。经过1977年寄生蜂的大量释放，1978年、1979年康氏粉蚧寄生率分别达76.8%~96.8%、98%，大大降低了其为害程度。2021年，Ricciardi 等研究发现拟寄生蜂黄蜂（*Anagyrus vladimiri*）能够成功地防治康氏粉蚧。

（三）化学防治

果树萌芽前，全园喷施3~5°Be石硫合剂进行清园。

在1年发生1代的地区，6月中旬为最佳防治时期；在1年发生2代的地区，6月中旬和9月中旬为最佳防治时期。选用药剂，参照朝鲜球坚蜡蚧的化学防治。

撰稿人：魏久锋（山西农业大学植物保护学院）
审稿人：马瑞燕（山西农业大学植物保护学院）

第三十三节 大青叶蝉

一、诊断识别

大青叶蝉（*Cicadella viridis*），别名青叶跳蝉、大绿浮尘子，属于半翅目（Hemiptera）叶蝉科（Cicadellidae）。

成虫：雌成虫体长9～10mm，雄成虫体长7～8mm，体黄绿色，头部淡褐色，复眼三角形，绿或黑褐色；触角窝上方，两单眼之间具黑斑1对。前胸背板浅黄绿色，后半部深绿色。前翅浅绿色带有青蓝色光泽，前缘淡白色，端部半透明，翅脉青绿色，具狭窄淡黑色边缘，后翅烟黑色，半透明。腹部两侧、腹面及胸足橙黄色。跗爪及后足胫节内侧细条纹、刺列的每一刺基部黑色（图3-70A）。

图3-70 大青叶蝉形态特征
A：成虫（孟泽洪 提供）；B：卵（孟泽洪 提供）；C：若虫（赵龙龙 拍摄）

卵：长卵形，中部稍弯曲，长约1.6mm，宽约0.4mm，初产乳白色，表面光滑，近孵化时为黄白色（图3-70B）。7或8粒排列成月牙形卵块。

若虫：初孵若虫灰白色，微带黄绿，头大，腹小，胸部、腹部背面无明显条纹，体长6～7mm（图3-70C）。三龄若虫后体黄绿色，胸部、腹部背面具褐色纵列条纹，并出现翅芽，形似成虫。

二、分布为害

分布与寄主：此虫在我国各地均有分布，国外在日本、朝鲜、俄罗斯、马来西亚、印度、加拿大及欧洲等地也有分布。寄主范围广，主要为害苹果、梨、李、桃、沙枣、沙果、海棠、樱桃、柑橘、葡萄、杏、梅、枣、柿、核桃、栗、山楂、榅桲、杧果等多种果树，除此以外，还为害各种林木及多种禾本科单子叶、双子叶植物。目前已知其寄主近40科176种之多。

为害症状：成虫、若虫均可刺吸寄主植物的枝梢、茎、叶，尤其以成虫的产卵为害更为严重。成虫于秋末将卵产于幼龄枝干皮层内，产卵时刺破表皮，造成半月形伤口，严重为害时枝条遍体鳞伤，再经冬春寒冷及干旱与大风，使其大量失水，导致枝干枯死或全株死亡。

三、发生规律

大青叶蝉在东北1年发生2代，在华北1年发生3代，在华南1年发生5～6代，各地均以卵在果树或苗木的枝干表皮下越冬。第二年4月孵化。若虫孵化出约3天后开始由产卵寄主转移至禾本科作物上为害并繁殖，5～6月出现第一代成虫，7～8月出现第二代成虫，9～11月出现第三代成虫。第二代和第三代成虫、若虫主要为害麦类、豆类、高粱及蔬菜等，10月中旬成虫开始迁移至果树上产卵，10月下旬为产卵盛期，并以卵在树干、枝条皮下越冬。

四、防控技术

（一）生态调控

幼树果园、苗圃及附近避免栽种蔬菜和冬小麦，以免诱集成虫、若虫转主为害；进入秋季后，做好果园卫生，清除园内杂草，减少其成虫栖息场所；可在园内适当位置种植若干小块蔬菜作为诱虫带，使用药剂进行集中杀灭。

（二）物理防治

10月上旬，给幼龄树干涂刷涂白剂（配方：生石灰10kg、硫黄粉0.5kg、食盐0.2kg，加少量动物油并用水调成糊状），防止雌成虫产卵；9～10月于果园外设置诱虫灯，诱杀成虫。

（三）灯光诱杀

每2～4hm^{2}设置1台频振式杀虫灯，4月初至9月底开灯诱杀成虫。

（四）化学防治

当秋季第三代成虫、若虫集中到蔬菜、冬小麦等秋播作物上为害，特别是发现成虫转移至幼树园产卵时，可交替喷施1%印楝素微乳剂2000～2500倍液、0.5%苦参碱水剂800～1500倍液、10%吡虫啉可湿性粉剂2000～3000倍液、5%啶虫脒微乳剂2000～2500倍液、25%噻虫嗪水分散粒剂4000～6000倍液、4.5%高效氯氰菊酯水乳剂2000～3000倍液、10%虫螨腈悬浮剂1000～2000倍液等进行防治。

撰稿人：魏明峰（山西农业大学棉花研究所）
审稿人：马瑞燕（山西农业大学植物保护学院）

第三十四节 绿 盲 蝽

一、诊断识别

绿盲蝽（*Apolygus lucorum*），别名花叶虫、小臭虫，属于半翅目（Hemiptera）盲蝽科（Miridae）。

成虫：体长5.0～5.5mm，宽2.2mm，体淡绿至绿色，密被短毛。头部三角形，黄绿色，复眼黑色或红褐色，突出，无单眼。触角4节，丝状，较短，约为体长的2/3，第2节长等于第3节与第4节之和，向端部颜色渐深，1节黄绿色，4节黑褐色。前胸背板深绿色，分布许多小黑点，前缘宽。小盾片三角形，微突，黄绿色，中央具一浅纵纹。前翅革质处绿色，膜质处半透明暗灰色。足黄绿色，末端色较深，后足腿节末端具褐色环斑，雌成虫后足腿节较雄成虫短，不超过腹部末端，跗节3节，末端黑色。羽化初期雌、雄成虫生殖器官均与体色一致，待性成熟后颜色逐渐加深，肉眼可明确区分雌、雄成虫（图3-71A）。

图3-71 绿盲蝽形态特征（赵龙龙 拍摄）
A：成虫；B：卵；C：若虫

卵：长1mm，宽0.3mm，黄绿色，长口袋形，卵盖白色或奶黄色，中央凹陷，中部略有弯曲，底部钝圆，顶部较底部略细，卵盖两端凸起，中间略有凹陷，卵常产于植物组织内部，仅留卵盖处暴露在外。边缘无附属物（图3-71B）。

若虫：5龄，与成虫相似。体呈梨形，头部呈三角形，眼小，位于头部两侧。触角4节，喙4节，腹部10节，臭腺位于腹部第3节，呈横缝状。跗节2节，端部为黑色，爪2个，呈黑色。①一龄若虫：体长约1mm、宽约0.5mm，头大，唇基突出，腹部较小，与胸部宽度相当，背片骨化部分深绿色，周围呈浅绿色，头胸部长度大于腹部。初孵时绿色，复眼桃红色。②二龄若虫：黄褐色，较一龄若虫略大，体长约1.4mm、宽约0.7mm，可见极小翅芽，腹部略微膨大，头胸部长度小于腹部。③三龄若虫：体长约1.6mm、宽约1mm，翅芽较为明显，腹部明显膨大，宽于胸部，且腹部有黑色刚毛。④四龄若虫：个体明显增大，体长约2.5mm、宽约1.4mm，前胸背板呈梯形，盾片三角形，翅芽呈绿色，解剖镜下可观察到雌成虫产卵器藏于腹部下方，产卵器颜色与体色一致，此时已可分辨雌雄。⑤五龄若虫：体长可达3～4mm、宽约2mm，前后翅芽明显，中胸翅芽绿色，后胸翅芽浅绿色，覆于前翅之下，腹部肥大，足绿色，胫节有刺（图3-71C）。

二、分布为害

绿盲蝽是我国盲蝽象中分布最广的一个种，北起黑龙江，南起广东、广西，西至甘肃、青海、四川、云南，东至沿海各省。绿盲蝽寄主植物多，可为害 38 科 147 种植物，包括果树、蔬菜、棉花、苜蓿等多类作物。随着农业产业结构的调整，苹果、葡萄、梨、桃、樱桃等落叶果树种植面积的扩大，绿盲蝽在果树上的为害日益严重，不但为害新梢叶片，还刺吸幼果，造成大量残次果，现已成为落叶果树最为重要的害虫之一。

绿盲蝽以成虫、若虫刺吸为害果树的幼芽、嫩叶、花蕾、幼果，造成受害部位细胞坏死或畸形生长。叶片受害后，先出现枯死小点，随叶片伸展，小点变成不规则的孔洞，严重时叶片残缺不全、支离破碎、皱缩畸形，俗称"破叶疯"（图 3-72）。幼果受害，受害处果肉木栓化，停止发育，果实畸形，呈现凹陷斑点、锈斑、黑点或硬疗。

图 3-72　绿盲蝽为害梨树叶片症状（赵龙龙　拍摄）

梨受害严重时梢端幼叶未伸展即枯死。梨早期幼果受害，受害处停止生长或生长缓慢、凹陷变硬、木栓化，形成畸形果或"猴头果"。随受害时间的推移受害处凹陷变轻，后期幼果受害仅略凹陷。梨幼果受害处渗出淡黄色透明黏液滴，乍看似中国梨木虱或东方盔蚧的分泌液，遇雨即消解。严重受害果的斑点布满果面，呈花脸状，斑点相连则成大斑，有的因影响果实膨大而致果面开裂。

三、发生规律

绿盲蝽在北方 1 年发生 3～5 代，如在山西运城 1 年发生 4 代，在陕西泾阳、河南安阳 1 年发生 5 代；在南方如江西 1 年发生 6～7 代。在北方落叶果树产区，以越冬代和第一代为害为主。当春季（4 月初）日平均气温稳定在 11℃、相对湿度达 70% 时，越冬卵开始孵化，4 月中下旬是越冬卵孵化盛期。初孵若虫集中为害嫩芽、幼叶和幼果，5 月上中旬为越冬代成虫羽化高峰，也是集中为害幼果时期。6月上旬为第一代卵孵化盛期，6月中下旬为第一代成虫羽化高峰。越冬代发生较整齐，以后世代重叠严重，9月下旬至10月上旬迁至越冬果树上产卵越冬。阴雨多，湿度大，气温在30℃以下时易造成大发生。

绿盲蝽以卵在果树冬芽和剪口越冬为主，习惯于晚上产卵，卵散产或呈松散的小群，并呈多层排列现象，产卵量大。葡萄、枣树上越冬卵数量明显高于苹果、梨树。葡萄多集中在冬芽上产卵，单个冬芽的卵数量高达30多粒，枣树越冬卵主要聚集在上一年夏剪的剪口上，许多剪口越冬卵达50粒以上；也可在树皮下、枯枝断面、土壤、杂草等处产卵越冬。

绿盲蝽成虫迁飞扩散能力很强，24h的平均飞行距离为28km，在寄主植物和作物田块上转移能力较强，可造成大面积发生。该虫发生成灾时期较早，桃、苹果、梨树在4月中下旬花后即开始受害，发生与为害盛期在5月上中旬，各种果树及刚出苗的棉花受害严重。一般发芽早的桃、樱桃等树首先为害，然后是苹果、梨，最后为害发芽较晚的葡萄、枣树等。6月中下旬随气温升高，果园中绿盲蝽虫口数量大大降低，逐渐转移到杂草、棉花、豆类、玉米、蔬菜等晚期作物上为害。秋后绿盲蝽迁回果园产卵越冬。

四、防控技术

（一）农业措施

1. 清除越冬卵源

冬春卵孵化前，及时清除并烧掉树下杂草、枯枝落叶、间作物秸秆和根蘖，于早春3月上中旬前刮除树干及枝杈处的粗皮，剪除树上病残枝、枯枝，并收集烧掉或带离果园；夏剪时遗留的残桩是绿盲蝽越冬卵的主要产卵部位，早春3月底对梨园全园仔细进行冬剪，剪除含有绿盲蝽卵粒的残桩和刮除树皮，带离果园并烧毁（图3-73）。

图3-73 刮除树干粗皮以清除越冬卵源（赵龙龙 拍摄）

2. 清除生长期虫源

生长期间及时中耕除草，剪除根蘖；疏果时应将受害果及时疏除以提高商品果率；

利用绿盲蝽在果树上来回攀爬活动的特点,在枝干部位涂抹粘虫胶环或粘贴粘虫胶带,捕获移动的绿盲蝽。

(二)理化诱控技术

1. 黄板诱杀

利用绿盲蝽对色板的趋性悬挂黄色粘虫板等进行防治,每株树悬挂1块。

2. 植物诱集

在果园行间间作或外围种植绿盲蝽喜好的植物,如绿豆、苜蓿、胡萝卜等,吸引绿盲蝽取食并集中防治。

3. 性诱剂诱捕

5月上旬绿盲蝽第一代成虫期开始之前悬挂诱捕器,至9月上旬止。悬挂量为45个/hm^2,悬挂在梨树阴面树枝上,高度约为株高的2/3,按时更换性诱芯,利用人工合成的雌成虫性信息素(性诱剂)诱捕绿盲蝽雄成虫(图3-74)。

图3-74 性诱剂诱捕(胡荣山 拍摄)

4. 灯光诱杀

每2~4hm^{2}设置1台频振式杀虫灯,4月初至9月底开灯诱杀成虫。

(三)生态防控

提高果园物种多样性:在果树生产区布置多个果树品种,增加果树树种的多样性,实现抗性互补,降低绿盲蝽的危害。此外,在果园生态系统中,通过间作多种植物,如显花、蜜源植物等(图3-75),吸引天敌等其他昆虫入住果园以提高果园的物种复杂程度，实现物种之间的制衡作用。向日葵对绿盲蝽及其天敌有着强烈的诱集作用，有利于绿盲蝽天敌的发生。

图 3-75　果园种植多种植物（胡荣山　拍摄）
A：种植油菜花；B 和 C：果园生草

（四）生物防治

在 4 月底至 5 月初第一代绿盲蝽发生时，选择绿盲蝽越冬卵的孵化高峰期开始释放红颈常室茧蜂（*Peristenus spretus*）。调查绿盲蝽种群，按蜂∶蝽为 1∶20 的比例，连续 3 次释放红颈常室茧蜂的蜂茧，选择晴天释放。根据绿盲蝽若虫孵化和发育进度，释放间隔天数为 4~7 天。在田间每隔 10~15m 作为一个释放点，每亩设置 3 或 4 个释放点。将含有蜂茧的释放袋用棉线悬挂在梨树阴面中部梨枝上，同时在棉线上涂抹凡士林，防止蚂蚁爬入并取食蜂茧。

（五）化学防治

1. 植物、矿物源药剂

果树萌芽前，全园喷施 3~5°Be 石硫合剂进行清园，可有效杀死越冬卵。4 月中下旬绿盲蝽若虫孵化高峰期，可选用 0.3% 苦参碱水剂 800 倍液、0.3% 印楝素乳油 1000 倍液等生物农药进行连续轮换施药。抽梢期和新叶生长期，每百梢（芽）2 头以上，幼果生长期每百梢 5 头以上时，需要及时进行施药。注意放蜂期、放蜂前后 10 天左右及花期禁止施药，4~8 月每隔 15 天施药 1 次，共施药 7 次（图 3-76）。

图 3-76 喷施石硫合剂(胡荣山 拍摄)

2. 化学药剂

分别于 4 月中旬、5 月上旬、6 月下旬、7 月中旬各喷一次 5% 高效氯氟氰菊酯水乳剂 3000~5000 倍液、25% 噻虫嗪水分散粒剂 4000~5000 倍液、22% 氟啶虫胺腈悬浮剂 1000~1500 倍液。若为大发生年份，5 月下旬要加喷一次 5% 高效氯氟氰菊酯水乳剂 3000~5000 倍液进行防治。

撰稿人：孔维娜（山西农业大学植物保护学院）
　　　　王　怡（山西农业大学园艺学院）
审稿人：马瑞燕（山西农业大学植物保护学院）

第三十五节　茶　翅　蝽

一、诊断识别

茶翅蝽（*Halyomorpha halys*），俗称臭板虫，又称梨蝽象，属于半翅目（Hemiptera）蝽科（Pentatomidae）。

成虫：体长 15mm 左右，宽约 8mm，体扁平，略呈椭圆形，茶褐色。前胸背板梯形，有 4 个黄褐色横列斑，小盾片倒三角形，基缘横列 5 个小黄点，两侧的斑点明显。头、胸和腹部第 1 节、第 2 节两侧有刺状突起。触角褐色，5 节，第 4 节的两端和第 5 节基部为黄褐色（图 3-77A）。

卵：短圆筒形，周缘环生短小刺毛 45 或 46 根，单行排列。直径为 1mm 左右，初产时乳白色，近孵化时黑褐色（图 3-77B）。常排列成块或排列成不规则的三角形卵块。

图 3-77 茶翅蝽形态特征
A：成虫；B：卵；C：初孵若虫；D：末龄若虫背部；E：末龄若虫腹部。
图 A 由赵龙龙拍摄，图 B～E 引自詹海霞等（2020）

若虫：老熟若虫与成虫相似，无翅。胸部及腹部第1节、第2节两侧有刺状突起，腹部各节中央有黑斑，黑斑中央两侧各有一黄褐色小点，各腹节两侧节间有一小黑斑。①一龄若虫：扁圆形，体长1.9mm、宽1.4mm，初孵若虫（图3-77C）白色，渐变成彩色（通常为橘红色、黄色或黄褐色）；触角4节，第3节末端白色环不明显；足黑色；胸部背面黑色；腹部背面彩色，有3个黑色横斑；无刺突；无翅芽。②二龄若虫：扁梨形，体长2.5mm、宽1.7mm，触角4节，第3节末端出现明显白色环；足腿节基部出现白色斑，足胫节中部黑色；胸部背面黑色，无斑；腹部背面黑色；胸部及腹部第1节、第2节有明显刺突；无翅芽。③三龄若虫：椭圆形，体长4.3mm、宽2.9mm，触角4节，第3节末端白色环明显；足腿节基部白色；足胫节及腹部背面形态有变（足胫节黑色，腹部背面4个黑色横斑上无刻点）；或者足胫节中部具白色环，腹部背面4个黑色横斑上有3对黄色刻点；刺突明显，无翅芽。④四龄若虫：椭圆形，体长6.5mm、宽4.5mm，触角4节，第3节末端白色环明显；足腿节基部白色，足胫节中部白色环明显；腹部背面有4个横斑，其上有3对黄色刻点；刺突明显；前翅翅芽开始显现，并延伸至后胸后缘。⑤五龄若虫：椭圆形，略扁平，体长9.3mm、宽6.2mm，触角4节，第3节末端白色环明显；足腿节基部白色，足胫节中部白色环明显；腹部背面有4个横斑，其上有3对黄色刻点；头及前胸刺突较中后胸及腹部的刺突明显；前翅翅芽末端近达腹部第2节后缘（图3-77D和E）。

二、分布为害

茶翅蝽寄主范围广，在果树、蔬菜、林木及绝大多数农作物上均可取食为害，以苹果、梨、桃、猕猴桃等果树受害最重。近10多年来，茶翅蝽的地理分布区域不断扩大，原分布于东亚地区的茶翅蝽自2000年以后，在美国、巴拿马等国家也相继被发现，并成为当地林果生产中的重要害虫；在我国，除新疆、青海尚未发现外，其余各地均有分布。

茶翅蝽以若虫和成虫吸食嫩叶、嫩梢和果实的汁液。若虫常群集为害，而成虫则常成对在同一果实上为害。受害果树生长衰弱，冠上部受害较重，严重时枝条枯死。叶片受害后，受害处组织死亡，形成黑点，周围组织继续生长，致使叶片皱缩不平，甚至形成破叶。枝梢受害后萎蔫枯死，停止生长，影响抽条；或从受害部位以下的侧芽萌发几个新梢，呈丛生状。幼果的果柄受害后，造成大量落果；稍大的果实受害后，轻则果面被刺吸部位出现青疗，重则果实受害部位变硬，发育停止而下陷，形成畸形果、疙瘩果，果肉木栓化，失去商品价值，甚至提早脱落。

梨幼果受害多天后，呈凹凸不平的畸形果，受害处变硬；接近成熟的梨果受害后，受害处果肉变松，木栓化，味苦，成为疙瘩梨，又称"猴梨"（图3-78）。茶翅蝽单果为害斑点少而大，仅1至数个斑点，而绿盲蝽则少者1至数个，多者十数个、数十个，达百个者亦不鲜见；绿盲蝽为害果树种类多，几乎所有果树、林木均受害，而茶翅蝽未见为害葡萄；茶翅蝽发生较晚，一般5～6月以后才活动为害，而绿盲蝽发生早，果树开花后即可受害；茶翅蝽为害后果肉变褐，木栓化部分较深，而绿盲蝽为害的部位则较浅，一般仅限于表皮，为害越早，果实畸变程度越重，损失越大。

图 3-78　茶翅蝽为害梨果症状（赵龙龙　拍摄）

三、发生规律

茶翅蝽以成虫在墙缝、屋檐下、草堆里等隐蔽场所越冬，在北方地区1年发生1~2代。越冬代成虫3月下旬和4月上中旬开始出蛰，出蛰后的成虫早期多集中在农林作物上取食，5月中下旬以后开始迁入梨园。麦收前后为迁入梨园高峰期。成虫有假死性，尤其是早晨不活动，振树即假死掉落地面。5月下旬和6月中旬越冬代成虫开始交尾产卵，8月上中旬产卵结束。7月中旬前羽化的第一代成虫能繁殖第二代，7月中旬后羽化成虫可以产卵，但不能产生第二代成虫。孵化后若虫先集中活动，二龄以后分散。8月下旬开始寻找越冬场所，到9月中旬进入出蛰高峰期，下旬以后陆续越冬。

成虫午后活跃，交尾产卵，卵块多集中在叶背。每头雌成虫一生最多产卵4块，最少产卵1块；最多产卵82粒，最少产卵12粒；大部分卵块的卵粒数比较固定，80%以上的卵块含28粒卵。在日均温25℃的条件下，卵历期为5~6天。若虫孵化较集中。1个卵块一般在1~2h即可孵化。初孵化的小若虫群集静伏于空卵壳周围，二龄若虫在叶背取食，如受到外界惊扰会很快分散，一旦散开则不再聚集。若虫发育到三龄后开始大量取食为害，若虫期为30~55天。7月中旬开始出现当年成虫，并继续为害梨果。9月下旬至10月上旬陆续飞往越冬场所越冬。

四、防控技术

（一）清园

1. 清除越冬成虫

做好冬季果园内部和外部的清理工作，彻底清除茶翅蝽可能的越冬场所，减少茶翅蝽在果园的存活比率，降低第二年成虫基数；早春季节，可采取堵树洞、刮老翘树皮等措施消灭越冬成虫；9月中下旬，可在果园内或果园附近的树上、墙上等处挂瓦楞纸箱、编织袋等折叠物，诱集成虫在其内越冬，第二年出蛰前收集消灭（图3-79）；亦可在傍晚时分捕杀屋舍向阳墙面上准备越冬的成虫。

图3-79 诱集茶翅蝽越冬成虫（胡荣山 拍摄）

2. 清除生长期虫源

生长期间，可摘除有卵块或若虫团的叶片，并集中销毁。

（二）物理防控

套袋是减少茶翅蝽对果实为害的有效措施之一。注意根据不同果树的特性选择不同的果袋。最好选用大型果袋，使果实在袋中悬空生长，果与袋之间要有2cm的空隙，以防茶翅蝽隔着果袋为害。

（三）理化诱控与驱避

1. 植物诱集

（1）油葵诱集

茶翅蝽成虫喜爱聚集在向日葵盘上吸食汁液，可以利用这一特点零星种植油葵诱集成虫，加以捕杀。捕杀的方法是在每天16:00以后，用干净的编织袋迅速将葵花盘套住，双手抓紧袋子猛烈摇动，使成虫都落在袋内，然后绑紧袋口，带出果园后销毁。为达到长时间诱集防治的目的，从3月下旬开始到4月中旬，宜每隔5～7天播种一期，每亩分期分散零星点播10穴左右，每穴播种2或3粒，出苗五叶时定苗留单株。

（2）酸枣诱集

茶翅蝽在 7~8 月大量聚集在果园周边酸枣幼果上取食，可以在果园周边种植酸枣等植物进行诱集，到茶翅蝽大量聚集时统一采用常规药剂防治或人工捕杀。

2. 毒饵诱杀

茶翅蝽喜食甜食，可配制毒饵进行诱杀。具体方法：用 20 份水、20 份蜂蜜、1 份 20% 甲氰菊酯混合制成毒饵，均匀涂抹在部分 2~3 年枝干上。该方法整个生长季节均可使用，但幼果期使用效果最佳。

3. 灯光诱杀

每 2~4hm² 设置 1 台频振式杀虫灯，4 月初至 9 月底开灯诱杀成虫。

4. 浸出液驱避

搜集约 400 只成虫捣烂，放入塑料袋内扎口，阳光下暴晒，有臭味散发后，加入乙醇或清水（以全浸没为度）浸泡 3h，然后滤出浸出液。加入 100 倍清水喷洒。

（四）生物防控

1. 以虫治虫

蝽象沟卵蜂（*Trissolcus flavipes*）、茶翅蝽沟卵蜂（*Trissolcus japonicus*）、平腹小蜂（*Anastatus* sp.）等寄生蜂对茶翅蝽卵的自然寄生率较高，捕食性的虎斑食虫虻、大食虫虻等是茶翅蝽的天敌。5 月下旬是茶翅蝽的产卵高峰期，也是寄生蜂的盛发期。此时可收集寄生蜂卵块放在容器中（上盖纱布），待寄生蜂羽化后，将其放回梨园，以提高自然寄生率。

2. 喷施生物农药

在若虫期，迁移能力相对较弱时，喷施 1.5% 除虫菊素水乳剂 600~1000 倍液、0.5% 苦参碱水剂 600~1000 倍液、80 亿孢子/mL 金龟子绿僵菌 CQMa421 可分散油悬浮剂 1000~2000 倍液。

（五）化学防治

1. 药物熏杀越冬成虫

冬季，在果园内及果园附近无人居住的房屋内进行药物熏杀。具体方法：将 50% 辛硫磷或其他烟雾杀虫剂与锯末按 1 : 3 的比例混合点燃，每立方米空间用药 5~10g，熏杀时须将门窗关闭 24h 以上。

2. 产卵前喷药封锁

可在 5 月上旬对果园外围树木喷药封锁，阻止成虫迁飞入园产卵。选用药剂，参照绿盲蝽的化学防治。

5 月下旬至 6 月上旬应是防治的关键时期。选用药剂，参照绿盲蝽的化学防治。对连片果园及周围的林木同时喷药防治，可有效提高防治效果。

撰稿人：孔维娜（山西农业大学植物保护学院）
　　　　王　怡（山西农业大学园艺学院）
审稿人：马瑞燕（山西农业大学植物保护学院）

第三十六节　麻　皮　蝽

一、诊断识别

麻皮蝽（*Erthesina fullo*），又名黄斑蝽、黄霜蝽，属于半翅目（Hemiptera）蝽科（Pentatomidae）。其生长发育主要包括成虫、卵、若虫 3 个阶段。

成虫：体长 20～25mm，宽 10～12mm。体黑褐色，密布黑色刻点及细碎不规则形黄斑。头部狭长，侧叶与中叶末端约等长，侧叶末端狭尖。触角 5 节，黑色，第 1 节短而粗大，第 5 节基部 1/3 为浅黄色。喙浅黄色，4 节，末节黑色，达第 3 腹节后缘。头部前端至小盾片有 1 条黄色细中纵线。前胸背板前缘及前侧缘具黄色窄边。胸部腹板黄白色，密布黑色刻点。各腿节基部 2/3 浅黄色，两侧及端部黑褐色，各胫节黑色，中段具淡绿色环斑，腹部侧缘各节中间具小黄斑，腹面黄白色，节间黑色，两侧生黑色刻点，气门黑色，腹面中央具一纵沟，长达第 5 腹节（图 3-80A）。

图 3-80　麻皮蝽形态特征
A：成虫（魏明峰　拍摄）；B：卵与初孵若虫（Mi et al.，2020）；C：末龄若虫（Mi et al.，2020）

卵：灰白色，近圆柱状，顶端有盖，周缘具刺毛（图 3-80B）。

若虫：各龄均为扁洋梨形，前尖削、后浑圆，老龄体长约 19mm，似成虫，自头端至小盾片具一黄红色细中纵线。体侧缘具淡黄色狭边。腹部 3～6 节的节间中央各具一块黑褐色隆起斑，斑块周缘淡黄色，上具橙黄或红色臭腺孔各 1 对。腹侧缘各节有一黑褐色斑。喙黑褐色，伸达第 3 腹节后缘（图 3-80B 和 C）。

麻皮蝽与茶翅蝽的形态特点及其区别如表 3-1、图 3-81 所示。

表 3-1　麻皮蝽与茶翅蝽的形态特点及其区别

虫态	麻皮蝽	茶翅蝽
卵	球形，灰白色，常 12 粒并列成行	短圆筒状，形似茶杯，灰白色，常 28 粒并列在一起
若虫	初龄时，胸部和腹部有许多红、黄、黑三色相间的横纹；二龄时，体灰黑色，腹部背面具红黄色斑 6 个	前胸背板两侧有刺突，腹部各节背面有黑斑，黑斑中央各有一黄褐色小点，各腹节两侧节间均有一黑斑
成虫	体长 22mm，宽 11mm 左右 体黑褐色，具不规则形黄斑 头端至小盾片基部有一条黄色细纵中线 前胸背板前缘和侧缘具黄色窄边	体长 14mm，宽 7mm 左右 体茶褐色，具紫绿色光泽 小盾片基缘具 5 个黄色小斑 前胸背板前缘有 4 个黄色横列斑

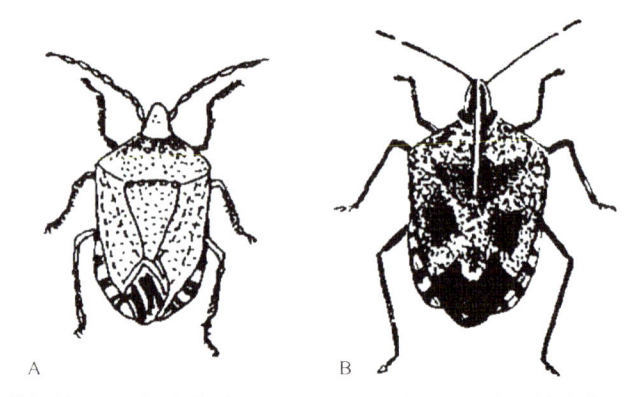

图 3-81　茶翅蝽（A）与麻皮蝽（B）的成虫形态对比（许明伟和蒋玉超，1999）

二、分布为害

分布于我国内蒙古、辽宁、陕西、四川、云南、广东、海南及台湾，黄河以南密度较大；寄主有苹果、枣、沙果、李、山楂、梅、桃、杏、石榴、柿、海棠、板栗、龙眼、柑橘、杨、柳、榆等果树和林木植物。

麻皮蝽主要为害果树幼嫩枝梢和果实。枝梢受害后萎蔫枯死，停止生长，影响抽条，削弱树势。茎、叶受害出现黄褐色斑点，严重时叶片提前脱落。果实被刺吸为害后，果肉变硬、木栓化，形成畸形果，失去商品价值。

三、发生规律

麻皮蝽在北方果区 1 年发生 1 代，以成虫于草丛、树洞、树皮裂缝、向阳面的屋檐下、墙缝间越冬。第二年果树萌芽后逐渐开始出蛰活动，先在其他寄主植物上为害，5 月中旬开始进入梨园。5 月中下旬开始交尾产卵，6 月上旬为产卵盛期，卵多呈块状产于叶背，卵期约 10 天。5 月中旬至 6 月初逐渐见到若虫，初龄若虫常群集于叶背，二龄、三龄若虫分散活动。7～8 月羽化为成虫。10 月开始越冬。成虫飞翔力强，喜于树体上部栖息为害，有假死性，受惊时分泌臭液。

另外，麻皮蝽在江西 1 年发生 2 代。越冬成虫 3 月下旬开始出现，4 月下旬至 7 月中旬产卵。第一代若虫 5 月上旬至 7 月下旬孵化，6 月下旬至 8 月中旬初羽化；第二代若虫 7 月下旬初至 9 月上旬孵化，8 月底至 10 月中旬羽化。均为害至秋末陆续越冬。

四、防控技术

（一）清园

1. 清除越冬成虫

在秋、冬季节，或梨树发芽前，彻底清除果园内的枯枝落叶、杂草等，集中深埋或烧毁，破坏害虫越冬场所，消灭越冬害虫；秋季在果园内设置草堆（特别是在果园内小房的南面），或将瓦楞纸箱、编织袋、干草等捆绑在果树枝杈上，诱集成虫越冬，进入冬季后集中烧毁；利用石灰水、石硫合剂或波尔多液涂刷树干，可破坏麻皮蝽越冬地点。

2. 清除生长期虫源

利用其假死性，在成虫、若虫为害期，清晨振落捕杀，注意要在成虫产卵前进行。

（二）理化诱控与驱避

1. 毒饵诱杀

利用茶翅蝽喜食甜液的特性，用蜂蜜 20 份、水 20 份、20% 甲氰菊酯乳油 1 份配制成毒饵，涂抹在果园周边树木 2～3 年枝条上，诱集茶翅蝽吸食。

2. 灯光诱杀

每 2～4hm^2 设置 1 台频振式杀虫灯，4 月初至 9 月底开灯诱杀成虫。

3. 药物驱避

5 月底以后可在果园悬挂驱避剂驱赶蝽类，每亩可悬挂 40～60 支驱避剂驱赶茶翅蝽。

（三）生物防控

1. 以虫治虫

沟卵蜂（*Trissolcus* sp.）、平腹小蜂（*Anastatus* sp.）、蝽象沟卵蜂（*Trissolcus flavipes*）、白蛾周氏啮小蜂（*Chouioia cunea*）等是麻皮蝽卵寄生的主要天敌，这几种天敌对麻皮蝽卵的寄生率很高，可起到明显的自然控制作用。

2. 喷施生物农药

喷施生物农药，参照茶翅蝽的生物防控。

(四)物理防控

参照茶翅蝽的物理防控。

(五)化学防治

1. 烟剂熏杀

阴天傍晚或清晨在果园内及附近无人居住的房屋内,用40%辛硫磷乳油或其他烟雾杀虫剂,与锯末按1:3的比例混合点燃熏烟,每立方米用药5~10g,点燃后将门窗关闭24h以上。

2. 昆虫生长调节剂

4~6月,可选用20%杀铃脲悬浮剂2000~3000倍液或2%灭幼脲悬浮剂1500倍液喷雾防治,连续用药3或4次杀灭若虫。

3. 化学药剂

结合防治适期及时施药,最好选用速效性好、击倒力强的药剂。在药液中混加有机硅等农药助剂,可显著提高杀虫效果。

撰稿人:孔维娜(山西农业大学植物保护学院)
　　　　王　怡(山西农业大学园艺学院)
审稿人:马瑞燕(山西农业大学植物保护学院)

第三十七节　梨冠网蝽

一、诊断识别

梨冠网蝽(*Stephanotis nashi*),又称梨网蝽,俗称军配虫,属于半翅目(Hemiptera)网蝽科(Tingidae)。其生长发育主要包括成虫、卵、若虫3个阶段。

成虫:体长2.2~2.5cm、宽1.0~1.2cm,灰白色,头小且具5根黄白色头刺,复眼暗黑色,触角丝状,翅上布满网状纹。前胸背板黄褐色,网纹,具3条纵脊,中脊最长,背缘呈圆弧形,具有3列小室,侧背板短而低,长度仅为中纵脊的1/3,向后延伸呈三角形,盖住中胸,侧向外凸出呈翼片状,前部形成囊状头兜,覆盖头部后面,三南突末端黄白色。前翅膜质透明且宽大,翅面褐色斑较明显,最宽处具有4小室,各室脉上均长有直立长毛,略呈长方形,具网纹,静止时两翅叠起,黑褐色斑纹呈"X"状。虫体胸腹面黑褐色,有白粉,腹部金黄色,有黑色斑纹,足黄褐色。雌成虫腹部末端半圆形,雄成虫平截状(图3-82A)。

卵:长椭圆形,长0.35~0.40mm,宽0.13~0.18mm,稍弯,初淡绿色,后逐渐变为淡黄色。上口稍弯,有卵盖,且白色项圈露出于叶片表皮,开口处有黄褐色或黑色领口(图3-82B)。

图 3-82 梨冠网蝽形态特征
A:成虫;B:卵;C:初孵若虫;D:若虫腹部;E:若虫背部。B和C由魏明峰拍摄,A、D和E由孔维娜和王怡拍摄

若虫:暗褐色,身体扁平,体缘具黄褐色刺状突起。①一龄若虫:乳白色,长约0.5mm,宽约0.2mm,后渐变为嫩黄色。②二龄若虫:腹部变黑,周边有刺突。③三龄若虫:前胸背板隆起,向后延伸呈喇叭形扁板状,翅芽明显。④四龄若虫:前胸背板末端延伸遮住翅根,翅长接近腹部。⑤五龄若虫:明显可见三角形小盾片,翅芽长已达腹部,在前胸、中胸和腹部第3~8节的两侧均有明显的锥状刺突(图3-82C~E)。

二、分布为害

梨冠网蝽分布很广,主要为害梨、苹果、海棠、花红、沙果、桃、李、杏、樱桃等果树,在我国中部地区为害尤为严重。

梨冠网蝽以成虫产卵于叶肉组织内,破坏叶片组织结构;成虫、若虫在叶背取食汁液,群居为害,受害叶背呈现许多黑褐色小斑点,是害虫的分泌物和排泄物,使叶背呈现黄褐色锈斑,引起煤污(图3-83);若虫和成虫偶见于寄主叶面活动,但不取食。叶面初期产生黄白色小斑点,虫量大时斑点扩大连片,导致叶片苍白,局部发黄,影响光合作用,严重时叶片变褐,甚至全叶枯黄,容易脱落。

图 3-83　梨冠网蝽为害梨树叶片状（赵龙龙　拍摄）

越冬成虫清明前后出蛰，在果树展叶后将卵产于叶背的组织中。由于若虫活动能力较弱，孵化后多集中在叶背叶脉两侧为害。取食时多在叶脉中段，蜕皮时在叶脉底端近叶柄处，用前足、中足紧抓叶面，腹部翘起，蜕皮后旧壳能长时间悬挂于叶背不脱落。

三、发生规律

梨冠网蝽成虫、若虫在叶背排泄大量的黑褐色分泌物，污染下部叶片，有利于霉菌孳生，不仅阻碍光合作用，还可造成病害流行。

梨冠网蝽在南方1年发生4~5代，在华北地区1年发生3~4代，在黄河故道地区1年发生4~5代，以成虫在枯枝落叶、翘皮缝、杂草及土石缝中越冬。第二年4月上旬越冬成虫开始活动。6月初始见第一代成虫，7月中旬至8月上旬进入为害盛期，并出现世代重叠现象。10月中旬以后成虫陆续寻找适宜场所越冬。越冬成虫在梨树展叶时开始活动，群集于叶背取食为害、繁殖，但出蛰期很不整齐，5月中旬以后出现世代重叠现象。成虫产卵于叶背主脉两侧的组织内，卵期15天左右。若虫孵化后群集在叶背主脉两侧为害。

以新疆为例，梨冠网蝽1年发生4代。4月中旬越冬代成虫开始出蛰，与梨树的物候期一致。出蛰成虫在树皮周围缓慢爬动，遇到天气变化，如温度降低时躲在树皮裂缝中。气温达10℃以上后，梨花开放，梨叶充分展开，成虫开始到叶背取食补充营养，6~10天开始交尾。5月上旬开始产卵，将卵产在叶背叶肉较厚处，卵期12~14天，卵比较集中，每处产卵6~26粒；5月上中旬，第一代若虫出现，若虫经过4次蜕皮转化为成虫，历时17~19天，第一代历期30~35天，越冬代成虫出蛰时间不一致，后代中出现世代重叠现象。7~8月温度高，梨冠网蝽的发育速度快，种群数量急剧加大，世代重叠现象非常明显。9月中下旬可见到第四代成虫，该代成虫至10月中下旬开始寻找越冬场所，10月下旬未发育至成虫的若虫死亡，绝大多数成虫陆续越冬。直至落叶期，树上观察不到成虫。雌成虫寻找新鲜的叶片进行产卵，一般从树冠底部开始，随着世代增加，向树冠上部蔓延，叶面除叶脉能见到绿色外，叶肉部分变成淡黄色，在虫口基数很大的

8月中旬，整个树冠开始发黄，在周围其他树种还是鲜绿色时，被梨冠网蝽为害的树就有提前入秋的景象。

四、防控技术

（一）清园

冬季结合果树修剪，认真清扫果园落叶、烂果、枯枝，并耕翻树盘，破坏越冬场所；春季越冬成虫出蛰活动前，结合病害防治刮除粗皮，给树干涂抹30倍50%硫黄悬浮剂或熬制石硫合剂的废渣，消灭越冬成虫；亦可在芽期喷施1次3~5°Be石硫合剂或45%石硫合剂晶体40~60倍液，杀灭越冬成虫。

（二）物理防控

9月在树干上绑草把诱集越冬成虫，冬季解下绑缚的草把集中于园外烧毁，在诱杀的过程中应保护越冬的天敌。

（三）化学防控

1. 封闭式埋药

采用全封闭式的地下埋药防治法，用容量为500mL左右广口玻璃容器，在盖上打2个孔，然后挖开地面，露出树根，将根从一个孔插入容器内，另一个孔插入一根直管，露出地面约50cm，之后覆土埋严，将药剂配成药液，从直管灌入。药液不要超过容器容量，以免溢出造成污染。

2. 喷药防治

药剂防治有两个关键时期：一是越冬成虫出蛰至第一代若虫发生期；二是夏季虫害严重发生前（害虫开始分散为害初期）。每个关键时期喷1或2次药即可，喷药时以喷洒叶背为主。

撰稿人：孔维娜（山西农业大学植物保护学院）
　　　　王　怡（山西农业大学园艺学院）
审稿人：马瑞燕（山西农业大学植物保护学院）

第三十八节　苹毛丽金龟

一、诊断识别

苹毛丽金龟（*Proagopertha lucidula*），又称苹毛金龟子，属于鞘翅目（Coleoptera）丽金龟科（Rutelidae）。其生长发育共经历成虫、卵、幼虫、蛹4个阶段。

成虫：卵圆形至长卵圆形，体长9~10mm，宽5~6mm，胸部古铜色，除鞘翅鞘和小盾片光滑无毛外，皆密被黄白色细绒毛，雄成虫绒毛长而密；头、胸部古铜色，有光泽；鞘翅茶褐色，半透明，有淡绿色光泽，上有纵列成行的细小刻点，从鞘翅上可透视出后翅折叠成"V"形；腹部末端露出鞘翅（图3-84）。

图3-84 苹毛丽金龟成虫（李建成 拍摄）
A：成虫外观；B：成虫群集；C：黄板诱捕成虫

卵：椭圆形，长约1mm，初乳白色，渐变为米黄色，表面光滑。

幼虫：老熟幼虫体长15~20mm，体乳白色，头部黄褐色；头部前顶刚毛每侧7或8根，呈一纵列。

蛹：长卵圆形，长约10mm，初黄白色，渐变为黄褐色。

二、分布为害

苹毛丽金龟分布于吉林、辽宁、河北、河南、山东、山西、陕西、甘肃、安徽、江苏等地。寄主有11科30余种。在苹果、梨、葡萄、桃、李、杏、樱桃等果树上均有发生，主要以成虫啃食花、叶幼嫩组织（图3-85），虫量较大时可将幼嫩部分吃光，靠近山地的果园受害较重。能在短期内大量取食，且为害时间长，在短期内可使大片果树受害，丧失结果能力，即使能少量结果，所结果实也多失去商品价值，影响当年产量和果实品质。幼虫以植物的细根和腐殖质为食，危害不明显。

图3-85 苹毛丽金龟为害症状（李建成 拍摄）

三、发生规律

苹毛丽金龟1年发生1代，以成虫在30mm左右的土壤中越冬。第二年4月当气温达11℃以上时即出土活动，不取食，只在地面或杂草上爬行。成虫发生期40～50天，气温达20℃左右时多在向阳处沿地表成群飞舞或在地面上寻求配偶，至14:00以后随气温下降又潜伏土中，当气温达20℃以上时不再下树。成虫为害约1周后交尾产卵，交尾多集中在附近的疏松土壤内，产卵深度5～10mm，平均单雌产卵17粒，有隔日产卵现象，卵历期17～25天。一龄和二龄幼虫在10～15cm的土层内生活，三龄后开始下移至20～30cm的土层中化蛹。8月上旬幼虫向上移动到地表10cm深的土层中做土室化蛹，蛹期16～20天，土室比较松软。8月中下旬为化蛹盛期，9月上旬开始羽化为成虫，羽化后在深层土壤中越冬。成虫有假死性，无趋光性，气温较高时多在树上过夜，气温较低时潜入土中过夜，喜食花器组织。

四、防控技术

（一）农业防治

农业防治参照白星花金龟。在深秋或者初冬进行土壤深翻；禁止施入未腐熟的农家肥；利用田边、地头、村边、沟渠附近的零星空地种植蓖麻，降低成虫基数，轮作倒茬；深耕晒垡；保持田园的清洁。

（二）物理防治

1. 人工捕杀

利用其假死习性，在成虫发生期，于清晨或傍晚将虫振下，树下用塑料布接虫，集中消灭。

2. 糖醋液诱集

挂设糖醋液瓶诱杀苹毛丽金龟能显著降低苹毛丽金龟的危害，糖醋液可自制，一般糖∶醋∶酒∶水=1∶4∶1∶16。将装有糖醋液的小盆或广口瓶悬挂在树上，每亩悬挂8～10个，引诱苹毛丽金龟飞入，再将其捞出处理，药液不足时随时添加。下雨时应及时遮盖，以免雨水落入糖醋液盆中影响引诱效果。

（三）生物防治

1. 保护利用天敌

天敌有红尾伯劳、灰山椒鸟、黄鹂等益鸟和深山虎甲、粗尾拟地甲及寄生蜂、寄生蝇、寄生菌等。

2. 生物药剂

斯氏线虫、绿僵菌、白僵菌、苏云金芽孢杆菌均可侵染苹毛丽金龟幼虫，在处理粪堆时可将这些生物农药洒施到粪堆中，感染幼虫，降低幼虫越冬基数。

（四）化学防治

1. 幼虫防控

上一年苹毛丽金龟发生较重的园区，可结合秋冬季开沟施肥，或春耕、秋耕，采用5%辛硫磷颗粒剂掺混沙土制成毒土撒施地面（3kg/亩），然后浅耕；或用辛硫磷乳油兑水稀释成500～600倍液均匀喷洒地面，然后浅耕；或将树冠下表土挖开10cm，用辛硫磷稀释液灌根。上述方式对苹毛丽金龟幼虫均有很好的杀灭作用。

2. 成虫防控

苹毛丽金龟成虫为害期，可用拟除虫菊酯类或辛硫磷等药剂，对树冠枝梢喷雾防治，在秸秆覆盖和种草的果园，还可对秸秆和草丛喷药，以杀灭隐藏其中的苹毛丽金龟成虫。

撰稿人：李建成（河北省农业科学院植物保护研究所）
审稿人：刘小侠（中国农业大学植物保护学院）

第三十九节　白星花金龟

一、诊断识别

白星花金龟（*Protaetia brevitarsis*），属于鞘翅目（Coleoptera）金龟科（Scarabaeidae）花金龟亚科（Cetoniinae）。其生长发育共经历成虫、卵、幼虫、蛹4个阶段。

成虫：体长16～24mm，宽9～13mm，椭圆形，通体黑铜色，较光亮，有古铜色或青铜色光泽，前胸背板具不规则白线斑；复眼突出，黄铜色，带有黑色斑纹；前胸背板后角与鞘翅前缘角之间有一个显著的三角形盾片；鞘翅宽大，近长方形，肩部最宽，侧缘前方内弯；后缘圆弧形，缝角不突出。体背面有粗大刻纹，白绒斑多为横波纹状，多集中在鞘翅的中后部；臀板短宽，密布皱纹和黄绒毛，腹部末端外露，臀板两侧各有3个小白斑；中胸腹突扁平，腹部光滑，两侧刻纹较密粗，1～4节近边缘处和3～5节两侧有白绒斑。通常雄成虫略大于雌成虫，两者区别在于雄成虫前臀节腹板中间有一条明显的纵凹陷，而雌成虫腹板饱满，没有凹陷（图3-86）。

卵：乳白色，圆形或椭圆形，长1.7～2.0mm，同一雌成虫所产的卵大小不同。

幼虫：初孵时体长15～18mm，老熟幼虫体长24～39mm，头部褐色，胸足3对，且短小，腹部乳白色，肛腹片上有2根纵倒"U"形刺毛，每行刺毛数为19～22根，体向腹面弯曲呈"C"形，背面隆起，多横皱纹，头较小，胴部粗胖，黄白或乳白色。

蛹：裸蛹，卵圆形，长20～23mm，初期为白色，渐变为黄褐色。

图3-86　白星花金龟成虫（李建成　拍摄）

二、分布为害

白星花金龟分布于中国、日本、蒙古国、朝鲜及俄罗斯，在我国的分布范围较广，包括华北、东北、西北以及黄淮海等地区。白星花金龟主要以成虫为害，寄主范围比较广泛，据统计，目前寄主植物种类有14科26属29种，可取食果树、蔬菜、花卉、农作物、林木、杂草、中草药等。在我国玉米主产区，白星花金龟成虫取食花丝、花粉、籽粒，严重为害玉米果穗，影响授粉受精，导致减产，甚至绝收。而在水果主产区，白星花金龟成虫喜食成熟的果实，因不同果树树种成熟期各不相同，白星花金龟可连续为害樱桃、杏、李、桃、苹果等的果实。为害时常在果实伤口、裂果和病虫果上开始取食，一般数头聚集在同一果实上，取食汁液，啃食成空洞，引起落果和果实腐烂，使果实失去商品性，造成经济损失，对水果产业造成严重威胁（图3-87）。

图3-87　白星花金龟为害症状（李建成　拍摄）
A：白星花金龟啃食；B：落果和果实腐烂

三、发生规律

白星花金龟1年发生1代,成虫将卵产在粪堆以及腐殖质多的土壤中,幼虫在土壤中越冬,尤其喜好在未腐熟好的粪肥中越冬。每年春季成虫羽化出土上树为害,成虫羽化期因地区、作物不同而有差异。华北地区一般发生期在5~9月,9月下旬开始逐渐减少,个别地区10月上旬成虫期才结束,为害盛期在6~8月。6月下旬至7月上旬成虫大多开始在腐殖质丰富或堆肥较多的地方产卵,平均每头成虫产20~30粒,卵孵化约12天。幼虫5~6月化蛹,蛹期1个月,成虫寿命92~135天。

白星花金龟幼虫又称蛴螬,在土壤中生活一般不为害作物根系,但是成虫在苹果、桃、葡萄等果园内可昼夜取食、活动,并且通过释放信息素,引诱其他个体聚集,造成群集性为害。取食时一旦受到惊扰即假死落地飞逃。成虫的迁飞能力很强,一般能飞5~30m,最多能飞50m以上。成虫具有假死性、群聚性、趋化性、趋腐性,没有趋光性。

四、防控技术

(一)农业防治

1)在深秋或者初冬进行土壤深翻,将土壤里面的越冬幼虫翻至土壤表面,暴露在空气中,在冬季低温条件下能够集中消灭土壤中越冬的幼虫,从而减少白星花金龟的越冬基数。自然生草的果园可以结合秋季翻草,冬季既可防止火灾又能杀死白星花金龟幼虫。

2)禁止施入未腐熟的农家肥,秋施基肥是果园的常规作业,但是一旦施入未腐熟的农家肥,不但刺激果树根系,还给白星花金龟成虫产卵和幼虫生长创造有利条件。果园周边沤肥或堆肥时,要在秋末或者来年春季至4月底,将粪堆翻2次,集体消灭、捡拾粪土交界处的白星花金龟幼虫。翻捣粪堆时,可以一边翻动一边使用农药灭杀,也可以喷施绿僵菌溶剂进行生物防治。在6~8月,用棚膜覆盖封闭粪堆,提高温度,促进发酵,也能杀菌灭虫,而且防止成虫到粪堆内部产卵繁衍,减少虫口数量。

3)果园大面积主栽的树种、品种不宜过多过杂,树种或品种越多,成熟期跨越时间越长,间隔也越小,为白星花金龟聚集取食创造有利条件。同一个品种的物候期基本一致,栽培管理和病虫害防控的时期与节奏比较统一,能够更加有效地防治白星花金龟成虫,从而减轻其对果园的危害。

4)除樱桃、杏、李等树种外,其余果树树种包括苹果、梨、桃等尽量套袋栽培,可以保护果实免受白星花金龟为害,提高果实安全性。

(二)物理防治

1. 人工捕杀

利用白星花金龟的聚集特性,在成虫活动较少的时间,特别是早上或傍晚,用塑料袋将群聚果实上取食的成虫连同烂果带出园外并集中销毁。对于树冠高大的果园,可在地上铺塑料膜，用木棒将白星花金龟振落在塑料膜上并立即收集，集中杀死。

2. 引诱捕杀

白星花金龟有喜糖醋的习性，在成虫发生盛期，可以在小盆中倒入配好的糖醋液，悬挂于树枝上，引诱成虫，悬挂高度距地面 1.5m 左右，悬挂数量可以根据发生虫量而增减。糖醋液比例为白酒∶红糖∶食醋∶水＝1∶3∶6∶9，在诱杀过程中，要及时捞出已淹死的成虫，以防小盆液面堆满死虫影响继续引诱，此外还要及时补充糖醋液，防止液体挥发减少，影响效果。也有果农将腐烂的苹果、桃或带瓜瓤的西瓜皮撒上杀虫剂，放置到果园中诱杀。这种方法效果不错，但要注意防止牲畜误食中毒。

（三）生物防治

斯氏线虫、异小杆线虫、绿僵菌、白僵菌、黏质沙雷氏杆菌、苏云金芽孢杆菌均可侵染白星花金龟幼虫，在处理粪堆时可将这些生物性制剂喷施到粪堆中，感染幼虫，降低幼虫越冬基数。据报道，绿僵菌有几种菌株对白星花金龟幼虫的致死率可达 70%～100%，龄数越低，致死率越高。并且绿僵菌在室内可以进行大批量的人工培养，利用绿僵菌以菌治虫是一种有效防治白星花金龟的途径。

（四）化学防治

1）在沤肥或堆肥时，可在翻捣过程中喷洒化学农药，从源头上压低幼虫基数。推荐使用 50% 辛硫磷 1000 倍液喷洒其中，反复混匀，间隔 15～20 天再喷洒、翻捣一次，可杀死粪肥中的大量幼虫。也可在白星花金龟发生严重的果园，于 4 月下旬至 5 月上旬成虫羽化盛期前，用 3% 辛硫磷颗粒剂 75～120kg/hm² 拌土后均匀地撒在地表，深耕耙地 20cm 深，可杀死幼虫和即将羽化的蛹，也可兼治其他地下害虫，药土比例为 1∶（6～10）。

2）成虫为害盛期，果园喷施低毒化学农药也具有很好的防控作用，2.5% 高效氯氰菊酯乳油 2000 倍液、50% 辛硫磷乳油 1000 倍液对白星花金龟有一定的防治效果。

撰稿人：李建成（河北省农业科学院植物保护研究所）
审稿人：刘小侠（中国农业大学植物保护学院）

第四十节　黑绒鳃金龟

一、诊断识别

黑绒鳃金龟（*Maladera orientalis*），别名东方绢金龟、东方金龟子，属于鞘翅目（Coleoptera）鳃金龟科（Melolonthidae），为害梨、苹果、柿、葡萄、桃、李、樱桃、梅、山楂、草莓、桑、杨、柳、榆、松、臭椿、豆类、麻类、禾谷类、瓜类、花生、啤酒花、蒲公英、龙葵、烟草、苎麻、杏、枣等 149 种植物。其生长发育主要包括成虫、卵、幼虫、蛹4个阶段。

成虫（图3-88A）：体长6～10mm，宽3.4～6.0mm，卵圆形，体表较粗，背面隆起。体黑褐色或黑紫色，少数淡褐色，体表灰暗，有微弱丝绒般闪光。头大，唇基黑色油亮，密布皱刻点，有少量刺毛，中央微隆凸，前缘中间凹入较浅，额唇基缝钝角形后折，额上刻点较浅，头顶后头光滑。触角鳃叶状，黄褐色或黑色，9节，少数10节；基部一节膨大，上生4根较长的刚毛。前胸背板短阔，侧缘弓形，并有一列刺毛，后缘无边框。小盾片三角状，顶端变钝。鞘翅短，长度为前胸背板宽的1.5倍，具9条刻点沟，外缘具稀疏刺毛。臀板大三角形，密布刻点。胸腹板具刻点且密被绒毛，腹部每腹板具1列毛。前足胫节外缘具2齿，后足胫节端两侧各具1端距。腹部最后一对气门露出鞘翅外。

图3-88　黑绒鳃金龟成虫（A）与幼虫（B）（李建成　拍摄）

卵：椭圆形，长1～2mm，初产时乳白色，表面光滑，有光泽，后变为淡黄色，近孵化前褐色。

幼虫（图3-88B）：体长14～16mm，头宽2.5～2.6mm。头部黄褐色，头顶刚毛每侧1根，上唇基部刚毛较多，分两组横列。胴部乳白色，多皱褶，被黄褐色细毛。臀节腹板刚毛1列，位于腹毛区的后缘，呈横弧状弯曲，具16～21根锥状针刺。

蛹：长6～9mm，宽3.5～4.0mm。黄褐至黑褐色，裸蛹。腹部第1节、第2节腹板被后足基部遮盖，腹部第1～4节气门近圆形，腹部第1～6节背板中间具横向峰状锐脊。尾节近方形，尾角很长。

二、分布为害

黑绒鳃金龟在我国分布于河北、黑龙江、吉林、辽宁、内蒙古、陕西、甘肃、宁夏、山西、山东、河南、江苏、安徽、浙江、湖北、江西、四川、台湾等地，我国东北、华北地区危害严重。国外分布于朝鲜、日本、俄罗斯、蒙古国。

黑绒鳃金龟是春末夏初早期发生的害虫，主要以成虫为害，食性较杂。为害苹果、大樱桃等的幼芽、嫩叶和花蕾，常群集取食，受害重的叶片只剩叶脉基部，轻的常将叶片食成缺刻和孔洞。以成虫取食寄主的芽、叶和花，间或啃食果实。以幼虫食害寄主根部幼嫩组织。果苗受害损失严重。受害叶呈不规则缺刻或仅残留叶脉；果受害后，果实呈不规则孔洞，易被病害感染变黑变腐；幼苗常被环剥，严重时寄主根部出现断根、缺苗、断垄或削弱树势。

三、发生规律

黑绒鳃金龟1年发生1代，以成虫或幼虫于土中越冬。3月下旬至4月上旬开始出土，4月中旬为出土盛期，5月下旬为交尾盛期，6月上旬为产卵盛期，6月中下旬卵大量孵化，为害约80天老熟、化蛹，9月下旬羽化为成虫，成虫不出土，在羽化原处越冬。

以幼虫越冬者，第二年4月化蛹、羽化出土。成虫于6~7月交尾、产卵。卵孵化后在耕作层内为害至秋末下迁，以幼虫越冬，第二年春季化蛹羽化为成虫。

成虫出土活动时间与温度有关，早春低温时活动能力差且多在正午前后取食为害，很少飞行，早晚均潜伏土中。5~6月，成虫则白天潜伏，黄昏后开始出土活动、为害，并可远距离迁飞，常具有群集为害幼果树、林木的嫩梢及顶芽的习性，并交尾产卵。卵多堆产于受害植株根部附近5~10cm土中，每堆卵约8粒，单雌平均产卵40粒，卵期约9.5天。成虫为害期可达3月余。另外，成虫具有趋光性和假死性。幼虫孵化后先在植物幼嫩根部为害，后转至地下部组织食害，但危害性不大。幼虫期约76天。老熟后深入约35cm土层处做土室化蛹，蛹期约19天。发生早的则羽化为成虫，以成虫越冬。发生晚的则以幼虫越冬。此虫主要以成虫为害，常将叶片食成不规则缺刻或孔洞，严重时常将叶、芽、花食光，尤其对刚定植的果苗、幼树威胁更大。

成虫有"雨后出土"习性。早春出土，先在荒草地取食刚发芽的杂草及榆、杨、柳的嫩芽，苹果发芽时，转移到果园，先在果园边行为害，逐渐迁入果园中，夜晚和上午都潜伏在土中，15:00之后，陆续上树为害嫩芽，22:00左右又入土潜伏。成虫在荒草地产卵，幼虫取食杂草。以无风温暖的天气出现最多，成虫活动的适宜温度为20~25℃。降雨较多，湿度高有利于出土和盛发。雌虫产卵于受害植株根际附近5~15cm土中，单产，通常4~18粒为一堆。雌虫一生能产卵9~78粒。

四、防控技术

（一）农业防治

1. 翻耕整地

春、秋翻地，特别是深翻耕耙，能明显减轻第二年蛴螬的危害。

2. 适时灌溉、合理施肥

增施腐熟肥，能改良土壤，促进作物根系发育、壮苗，从而增强其抗虫能力。合理施化肥作底肥和追肥，对蛴螬有一定的控制作用。

3. 蘸药树枝诱杀成虫

在苗圃或新植果园中，成虫出现盛期为15:00左右，插蘸有80%敌百虫100倍液的榆、柳枝条，诱杀成虫，可收到良好效果。

（二）物理防治

1. 人工诱杀

在果园中，于黄昏时分插杨枝条（事先浸好农药）6或7根1捆，进行诱杀。

2. 套袋阻隔

用旧报纸或塑料薄膜做成袋，套在幼树的中央及主、侧枝端部，可保护芽眼免受其害，此法适用于新植果树和幼树。注意及时取下此袋，以免嫩芽、嫩叶黄化而影响生长。

（三）生态防治

在室内试验中，小麦、大麦、紫苏叶和薰衣草对黑绒鳃金龟有较强的驱避效果，对叶片的选择率依次为紫苏叶＞薰衣草＞大麦＞小麦。苹果园间作小麦后，对黑绒鳃金龟的驱避率最高，叶片为害率最小。因此在生产实践中应优先考虑果园间作小麦。也可在果园养鸡，作为鸡饲料。

（四）化学防治

1. 土壤处理

每公顷50%辛硫磷乳油3.7~4.5L，结合灌水施入土中；或用50%辛硫磷乳油250g，加水1000~1500kg；或用90%敌百虫800倍液浇灌。成虫发生前在树下撒施5%辛硫磷颗粒剂，施后耙松表土。在果园进行土壤施药，每亩用50%辛硫磷、敌百虫粉剂1~2kg与沙土混合后均匀撒在地面并松土混合，该法效果很好。

2. 树上喷药

成虫发生量大时，树上喷施10%高效氯氰菊酯2000倍液、25%溴氰菊酯乳油2000~2500倍液、40%速扑杀乳油1500倍液、50%辛硫磷乳油1000倍液或20%杀灭菊酯乳油3000倍液，均可收到良好效果。

撰稿人：李建成（河北省农业科学院植物保护研究所）
审稿人：刘小侠（中国农业大学植物保护学院）

第四十一节　梨实象甲

一、诊断识别

梨实象甲（*Rhynchites foveipennis*），又称梨果象甲、朝鲜梨象甲、梨虎等，俗称梨狗子，属于鞘翅目（Coleoptera）象甲科（Curculionidae）。其生长发育主要包括成虫、卵、幼虫、蛹4个阶段。

成虫：体长12～14mm，暗紫铜色，有金属光泽。头管长度与鞘翅纵长相似，雄虫头管先端向下弯曲，触角着生在前1/3处；雌虫头管较直，触角着生在中部。头背面密生刻点，复眼后密布细小横皱。触角棒状11节，端部3节宽扁。前胸略呈球形，密布刻点和短毛，背面中部有"小"字形凹纹（图3-89A）。

图3-89 落果内梨实象甲成虫（A）及其幼虫为害症状（B）（张怀江 拍摄）

卵：椭圆形，长约1.5mm，初产时乳白色，后逐渐变为乳黄色。

幼虫：体长约12mm，乳白色，体表多横皱，略弯曲，头小，大部分缩入前胸内，前半部和口器暗褐色，后半部黄褐色；各节中部有一横沟，沟后部生有一横列黄褐色刚毛，胸足退化（图3-89B）。

蛹：长约9mm，前期乳白色，后逐渐变为黄褐色至暗褐色，被细毛。

二、分布为害

梨实象甲在国内多分布于辽宁、河北、河南、山东、山西、陕西、湖北、江苏、浙江、福建、广东、四川、云南、贵州等地，国外分布于朝鲜。在20世纪50年代，梨实象甲在北方梨产区尤其是山地梨园，曾经造成严重危害，如在河北昌黎一带，梨果受害率可达30%～40%。20世纪90年代至21世纪初，在管理粗放的梨园，梨果受害后减产可达20%～30%，重者可达70%～80%。

梨实象甲除了为害梨，还可为害苹果、桃、山楂、杏等多种果树，是果树上的主要害虫之一。主要以成虫食害嫩枝、叶片、花和果实，幼果受害后呈现条状斑或坑洼，果面粗糙，不落者受害处愈合呈疮痂状，俗称"麻脸梨"（图3-90），严重者常常干枯脱落。成虫产卵前后

图3-90 梨实象甲成虫为害症状（张怀江 拍摄）

咬伤产卵果的果柄，部分产卵果逐渐脱落；有时成虫也可啃食叶肉。幼虫孵化后在果内蛀食，导致多数受害果皱缩脱落，少数不脱落者多形成凹凸不平的畸形果。

三、发生规律

梨实象甲大部分以成虫，少部分以幼虫在土壤中越冬。越冬后成虫在梨树开花时出土。成虫出土与降雨、气温及土壤状况密切相关。出土时遇干旱或土壤板结，不利于成虫出土，出土期向后推迟；降雨后气温低，成虫出土量少；如果降雨后气温升高，成虫会顺利出土，并顺利达到出土高峰。气温在22~25℃时成虫活跃，低于16℃时不太活动。成虫出土后先在地面爬行，然后进行短距离飞行，在夜间或早晚气温较低时，成虫多停留在新梢枝杈处不动，受惊即坠落假死。成虫多在白天活动，中午前后活动最盛，喜好啃食花丛、嫩枝和幼果。1头成虫可为害上百个果实。成虫取食1~2周后开始交尾、产卵，产卵时先咬伤果柄，然后在幼果上咬一个产卵孔，将卵产于其中。每个果面上产卵1或2粒，产卵后用黏液连同碎屑将洞口封住。每头雌虫每天产卵1~6粒，一生平均产卵70~80粒，最多可达150粒。幼虫孵化后蛀果为害，1天内即可到达果心深处。受害果呈皱缩形，容易脱落（图3-91）。虫果落地后，幼虫仍在其中取食，老熟后脱果入土，入土深度一般为5~7cm，土质疏松时可达11cm，土壤板结时为3~4cm。梨实象甲在不同类型的土壤中入土化蛹的深度为沙土＞暗棕壤＞红壤；在不同紧实度的沙土中，随土壤紧实度的降低，梨实象甲入土化蛹的深度逐渐增加；梨实象甲幼虫更偏好选择在遮阴、含水量较高和土壤颗粒相对较大的土壤中化蛹。土壤含水量在20%时，幼虫可正常化蛹；低于12%时不能化蛹；土壤含水量低于7%时，幼虫死亡。

图3-91　梨实象甲为害后果实皱缩（张怀江　拍摄）

梨实象甲大多1年发生1代，少数2年发生1代。1年发生1代时，以成虫在6cm左右深的土层中越冬；2年发生1代时，先以幼虫在土中越冬，到第二年9月化蛹，10月羽化为成虫，成虫不出土，继续在土中越冬，到第三年出土为害。在梨树开花期，日平均气温高于8.5℃时，成虫开始出土，幼果拇指大小时为出土盛期。成虫出土持续时间较长,至果实采收时还能偶尔见到成虫。在辽宁沈阳地区,成虫出土期为4月下旬,终止期为6月上旬,盛期为5月中旬,历期40天左右。成虫产卵开始时间为6月上旬,终止期为7月底,盛期为6月中旬到7月中旬。老熟幼虫在6月下旬开始脱果,8月下旬结束。8月上旬开始化蛹,化蛹期约2个月。在辽宁西部及河北北部梨产区,成虫出土期为5月上旬至7月下旬,盛期为5月下旬至6月下旬。成虫产卵期持续时间较长,为6月上旬到8月上旬,盛期为6月下旬至7月上旬。卵期约7天,受害果着卵后4~20天脱落。幼虫在果内取食19~45天。受害果脱落后一周左右,幼虫从中脱出,入土化蛹。幼虫脱果期为7月上旬至8月上旬,8月中旬开始化蛹。脱果早的幼虫入土后1个月开始化蛹,蛹期33~62天。在贵州梨产区,成虫出土期在3月底至5月上旬,盛期为4月中旬。5月下旬开始产卵,盛期为6月下旬,8月上旬结束,产卵期14~70天。成虫寿命60~90天。幼虫在5月下旬开始孵化,在果内为害约40天,老熟后脱果,经过2个月的预蛹期,至9月中旬化蛹,10月中旬羽化为成虫。

成虫产卵对梨的品种有一定的选择性,早熟品种如香水受害最重,其次是鸭梨和白梨,安梨和秋子梨中的花盖梨受害最轻。

四、防控技术

(一)农业措施

利用成虫的假死习性,在成虫出土期的清晨振树,树下铺设塑料布搜集成虫,之后集中杀死,每5~7天进行1次。同时在成虫产卵期及时捡拾落地虫果并集中销毁。

(二)生物防治

幼虫脱果期,树冠下喷施异小杆线虫,每亩1亿~1.5亿条,或喷施芜菁夜蛾线虫,每亩4亿~5亿条,4周后幼虫死亡率可达80%。

(三)化学防治

1. 地面喷药

在越冬幼虫出土前,在地面喷施50%辛硫磷乳油或480g/L毒死蜱乳油300~500倍液,然后耙松土壤表层。第一次施药后15天再喷药1次。

2. 树上喷药

在成虫出土高峰期后3天,有大量成虫啃食幼果时开始喷药。常用药剂:80%敌敌畏乳油1000倍液、1.8%阿维菌素乳油1000~1200倍液、4.5%高效氯氰菊酯乳油1000~1500倍液等。第一次喷药后间隔10天再喷1次,共喷2或3次。

撰稿人:张怀江(中国农业科学院果树研究所)
审稿人:刘小侠(中国农业大学植物保护学院)

第四十二节　梨金缘吉丁

一、诊断识别

梨金缘吉丁（*Lampra limbata*），又名金缘吉丁、金缘斑吉丁、翡翠吉丁、梨吉丁虫、串皮虫等，属于鞘翅目（Coleoptera）吉丁甲科（Buprestidae），是一种主要为害蔷薇科果树的蛀干害虫。其生长发育主要包括成虫、卵、幼虫、蛹4个阶段。

成虫：体长13～17mm，整体呈蓝绿色，具有金属光泽。前胸背板和鞘翅表面具大小不一的粗刻点，外缘呈棕红色，形似金边；前胸背板上有5条蓝色纵纹，每个鞘翅上有6条不连续的黑纵纹。触角11节，从第4节起为锯齿状。雄虫腹部末端尖，雌虫腹部末端钝圆（图3-92）。

图3-92　梨金缘吉丁成虫形态特征（李先伟和相会明　拍摄）

卵：长约2mm，长椭圆形，初产时为白色，后渐变为黄褐色。

幼虫：体扁平，无足；头小，暗褐色，前胸膨大，前胸背板中部有"人"字形凹纹；腹部细长，共10节。初孵幼虫乳白色，老熟幼虫黄白色；老熟幼虫体长25～35mm（图3-93）。

蛹：长约20mm，裸蛹，初为乳白色，后期呈紫绿色，有金属光泽。

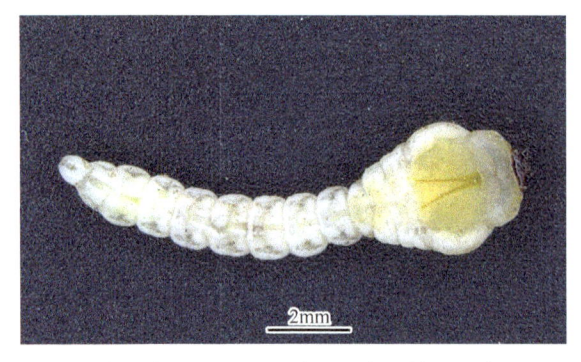

图3-93　梨金缘吉丁幼虫形态特征（李先伟和相会明　拍摄）

二、分布为害

梨金缘吉丁在我国黑龙江、吉林、辽宁、内蒙古、新疆、青海、宁夏、甘肃、河北、山西、陕西、山东、河南、湖北、江西、江苏、浙江、云南等地有分布。

梨金缘吉丁以幼虫钻蛀梨树枝干,取食为害树皮形成层。幼虫长期于木质部与韧皮部之间从基部向上蛀食,蛀道初期呈片状,后期呈长形弯曲的隧道,蛀屑和虫粪褐色,不外排,充塞于蛀道内。梨金缘吉丁幼虫蛀食破坏了树体的输导组织,最终会导致受害枝条或全树的枯死。

三、发生规律

梨金缘吉丁 1~2 年发生 1 代,成虫从鱼嘴形羽化孔出洞(图 3-94A),羽化期为 5~7 月,平均寿命 20~50 天,具有假死性,喜在晴天中午啃食叶片(图 3-94B)。雌虫可产卵 20~80 粒,卵多散产在树皮裂缝处,每处产卵 2 或 3 粒。卵期 12~16 天,幼虫孵出后即可蛀食。以幼虫在蛀道内越冬(图 3-94C)。早春树液开始流动时,越冬低龄幼虫开始为害;末龄幼虫向木质部斜向蛀入,做一扁长椭圆形蛹室,向外咬出羽化道,用木屑堵好后开始化蛹(图 3-94D),蛹期 15~30 天。

图 3-94 梨金缘吉丁为害症状(李先伟和相会明 拍摄)
A:成虫羽化孔;B:成虫;C:越冬幼虫;D:蛹、蛹室、羽化道

四、防控技术

梨金缘吉丁生命周期较长，造成危害的幼虫活动位置固定且隐蔽，可充分利用农业防治与化学防治相结合的方法对其进行有效的防控。

（一）清园

在梨树休眠期刮除有梨金缘吉丁为害症状的病树主干、主枝的粗翘皮，同时清除果园内的枯树、枯枝，以消灭部分越冬虫源。

（二）人工防除

摇落成虫，利用成虫假死性，人工捕捉落地的成虫；剪除虫梢，清除死树，于化蛹前集中杀灭；冬春季节，将虫伤处的老皮刮除，挖出皮层下的幼虫，再涂抹5°Be石硫合剂，以促进伤口愈合、阻止产卵。

（三）灯光诱杀

每2~4hm² 设置1台频振式杀虫灯，4月初至9月底开灯诱杀成虫。

（四）保护与释放天敌

保护猎蝽、啮小蜂及啄木鸟等天敌。当放蜂量与虫斑数为8∶1时，释放白蜡吉丁肿腿蜂，具有良好的防治效果。

（五）化学防治

春季成虫羽化前，可应用拟除虫菊酯类药物填封成虫的出洞口，阻止成虫羽化。成虫发生期可喷施85%甲萘威可湿性粉剂800倍液以杀灭成虫。幼虫为害初期可用4.5%高效氯氰菊酯微乳剂涂刷受害部表皮，可有效毒杀幼虫。

撰稿人：李先伟（山西农业大学植物保护学院）
　　　　相会明（山西农业大学植物保护学院）
审稿人：马瑞燕（山西农业大学植物保护学院）

第四十三节　星　天　牛

一、诊断识别

星天牛（*Anoplophora chinensis*），别名银星天牛、白星天牛、花牯牛，属于鞘翅目（Coleoptera）天牛科（Cerambycidae），是我国梨树上发生的重要蛀干性害虫。其生长发育主要包括成虫、卵、幼虫、蛹4个阶段。

成虫：体长 19～44mm，身体为漆黑色，具有金属光泽。每一鞘翅上有大小白斑 15～20 个，排成不整齐的 5 横行，鞘翅基部密布黑色小颗粒。触角鞭状，雄虫触角超过体长 1 倍，雌虫触角稍长于体长。前胸背板中瘤明显，两侧具尖锐粗大的侧刺突（图 3-95A 和 B）。

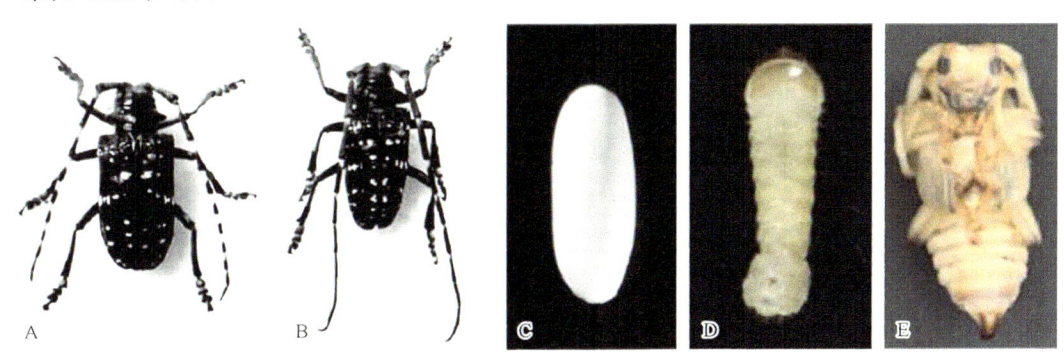

图 3-95　星天牛形态特征（王志华等，2022）
A：雌成虫；B：雄成虫；C：卵；D：幼虫；E：蛹

卵：长椭圆形，一端稍大，长 5～6mm，宽 2.1～2.5mm。初产时为乳白色，将孵化时为黄褐色。卵一般产在树皮裂缝中，1 个产卵孔中放置 1 粒卵，产卵孔形状一般为"T"形（图 3-95C）。

幼虫：老熟幼虫呈长圆筒形，略扁，体长 40～70mm，前胸宽 11.5～12.5mm，乳白色至淡黄色。前胸背板前缘部分色淡，其后为 1 对形似飞鸟的黄褐色斑纹，前缘密生粗短刚毛，前胸背板的后区有 1 个明显的、颜色较深的"凸"字纹；前胸腹板中前腹片分界明显。腹背部的泡突微隆，具 2 横沟及 4 列念珠状瘤突（图 3-95D）。

蛹：纺锤形，长 30～38mm，初化蛹淡黄色，羽化前各部分逐渐变为黄褐色至黑色。翅芽超过腹部第 3 节后缘（图 3-95E）。

二、分布为害

星天牛在我国分布较广，包括河北、北京、山东、江苏、浙江、山西、陕西、甘肃、湖北、湖南、四川、贵州、福建、广东、香港、海南、广西、云南、江西、吉林、辽宁、台湾、黑龙江。以成虫啃食枝梢嫩皮、幼虫蛀食枝干为害，造成枝干千孔百洞、折断枯死、树势衰弱，甚至整株死亡。星天牛的寄主植物包括柑橘、苹果、梨、木麻黄、核桃、梧桐、相思树等其他林果植物共计 19 科 29 属 48 种。

三、发生规律

星天牛在我国华南 1 年发生 1 代，在北方地区 2～3 年发生 1 代，以幼虫在受害寄主木质部蛀道内越冬，3 月开始活动取食，4 月幼虫老熟。气温稳定到 15℃以上时开始化蛹，5 月下旬化蛹基本结束，蛹期 18～33 天。成虫 6 月上旬开始羽化，6 月中旬为羽化出孔高峰。成虫寿命 40～50 天，成虫羽化后啃食寄主幼嫩枝梢的树皮作为补充营养，10～15 天后才交尾，交尾后 3～4 天于果树类树干基部、主侧枝下部或绿化树种 2m 以下及主干分枝点下部产卵，卵单产，每雌一生可产卵 23~32 粒（最多可达 72 粒），卵经 7~15 天孵化出初孵幼虫。幼虫孵化后先取食卵壳和韧皮部被黏液浸渍变色部分，几天后在皮下取食新鲜韧皮部，蛀成不规则扁平坑道，其内充满虫粪，1 个月左右，向木质部深入 2~3cm 后转而向上蛀坑，并向外蛀穿一个排粪孔，排出黄褐色虫粪和蛀屑。幼虫存活期可达 10 个月。

四、防控技术

防治星天牛，可以采取物理防治、化学防治、生物防治等综合防控措施。

（一）物理防治

1. 人工除治

每年 5~6 月是成虫活动频繁的时段，根据星天牛的活动规律，加强对果园的巡视。成虫体型大，行动笨拙，有假死性，容易捕捉。可选择在清晨、晴天中午或闷热的夜晚进行集中捕杀。在每年 6~8 月，针对星天牛刻槽产卵的特性，识别产卵位置，利用砖、石块或锤子锤击刻槽，杀灭虫卵。当发现初孵幼虫为害处树皮有黄色胶状物质流出，或幼虫蛀食造成虫孔排出细小虫粪时，用小刀挑开树皮，用钢丝钩刺幼虫；同时，在刮刺伤口处涂石硫合剂或波尔多液等消毒防腐。这些人工除治方法简单易行，在为害发生初期以及小面积范围内是防治星天牛的重要措施。

2. 阻隔防治

利用星天牛产卵部位集中于树干下部的行为特点，进行树干涂白以防止星天牛产卵。或者采用编织袋阻隔，将编织袋洗净后裁成宽 20~30cm 的长条，在星天牛产卵前，于易产卵的主干部位，将编织袋条缠绕多圈，每圈之间连接处不留缝隙，然后用麻绳捆扎。星天牛将卵产在编织袋上，之后卵失水死亡。

（二）灯光诱杀

每 2~4hm^2 设置 1 台频振式杀虫灯，4 月初至 9 月底开灯诱杀成虫。

（三）生物防治

1. 寄生性天敌防治

在星天牛的幼虫和蛹期（3~9 月）释放捕食性天敌花绒寄甲。释放时，将花绒寄甲成虫或卵释放盒固定在星天牛刻槽附近即可，每亩最佳释放量为成虫 40 头、卵 2000 粒。连续释放 3 年以上，可持续控制星天牛等蛀干害虫的发生。

2. 捕食性天敌防治

于 2 月挂设木段（心腐杨木直径为 15~20cm，长 60~70cm），招引大斑啄木鸟凿洞营巢，每15亩挂设1～1.5根木段，悬挂高度4m以上，每巢一般辐射半径在100m以上。

3. 昆虫病原真菌防治

在星天牛孵化期，将沾有400亿个孢子/g球孢白僵菌可湿性粉剂或80亿孢子/mL金龟子绿僵菌CQMa421可分散油悬浮剂的无纺布条绑缚于树干下部，成虫上下活动时就会接触到菌条上的孢子，真菌将会在星天牛补充营养期间、刻槽产卵前开始生长发育并侵染虫体，从而有效地抑制星天牛产卵及个体的生长发育，起到防治效果。

（四）化学防治

1. 喷施化学农药防治

在星天牛大面积受灾地区，常采用化学农药进行防治。于6～7月成虫盛发期，对树体喷洒3%噻虫啉微囊悬浮剂2000倍液，或8%氯氰菊酯微囊悬浮剂200倍液，均匀喷洒主干和主枝，以毒杀成虫。

2. 毒签熏杀

使用毒签时，先用铁丝将星天牛幼虫最新鲜的排粪孔掏通5cm并探准蛀孔方向，再将毒签插入木质部，以药头全部插入蛀孔内为准，然后用泥封严毒签四周及其他所有陈旧的蛀孔。若遇蛀孔小、药头大的情况，可用铁丝类工具将蛀孔适度扩大。毒签可沾不稀释的80%敌敌畏乳油，或40%辛硫磷乳油。

3. 树干注药

在星天牛幼虫期，采用树干打孔注射或树干插药剂瓶注射4.5%高效氯氰菊酯微乳剂，或3%阿维·高氯乳油。注射方法：树干注药机对准树干产卵刻槽10cm以下呈45°斜角打孔，孔深2～10cm，将药剂注入后用泥将孔口封死；也可以在树干插药剂瓶注射。

撰稿人：相会明（山西农业大学植物保护学院）
　　　　李先伟（山西农业大学植物保护学院）
审稿人：马瑞燕（山西农业大学植物保护学院）

第四章

梨有害生物绿色防控技术模式集成与示范

第一节 指导思想与策略

从梨园生态系统的可持续健康发展出发,以梨果优质、稳产、绿色、高效和安全生产为目标,以区域内主要病虫为防控对象,贯彻"预防为主、综合防治"的植保工作方针,树立"科学防控、公共防控、绿色防控"的植保理念,坚持突出重点、分区治理、因地制宜、分类指导的原则,采取关键技术和综合防控相结合、科学预防和应急防控相结合、当前控害与可持续治理相结合、化学防治和其他防控措施相结合的策略,在对梨主要病虫害准确预测预报的基础上,运用农业、物理、生物和化学方法及精准施药器械相结合的综合技术体系,将病虫害的危害控制在经济允许水平之下,大幅减少化学农药施用量,实现梨果安全生产和梨园生态环境安全。

第二节 基本思路与要素

从适应经济、社会和生态总体要求出发,以现代化病虫害防控技术、专业化技术队伍和先进资源设备为支撑,建立新型的梨产业防灾减灾技术体系,实现梨病虫害的有效可持续治理。加强科学防控,对梨产区病虫害的种类进行科学调查,确定哪些是常发性病虫、哪些是偶发性病虫、哪些病虫需重点防治,有的放矢地围绕各梨产区主要病虫害种类制定综合防控技术措施。注重公共防控,各梨产区构建梨病虫害防控减灾公共服务和社会化服务体系,使梨病虫害防控方式由传统的单一梨园分散防治向现代的区域联防联控或专业化统防统治转变。落实绿色防控,从生态学观点出发,全面考虑生态平衡,环境安全,经济收益,发挥自然界的自控作用,设法使病虫维持在不造成经济损失的水平上;尽量采用多种方法防治病虫,不单纯依赖某种速效方法,尽量少用或不用对环境和农田生态系统有破坏作用的药剂防治法;合理运用药剂防治法,尽量采用选择性农药,减少对自然天敌的伤害。

一、注重培育树体自身抵抗力

要强调节肥、水供给。根据梨树生长特点,每年花前、花后施 N、P 为主的肥料。冬季施足有机肥(如尿素、磷肥、钾肥等);建立与果树生长相适应的田间水利设施;科学合理修剪，改变树体通风透光条件；掌握合适的留果量。

二、集成轻简化安全有效的人工防除措施

集成轻简化安全有效的人工防除措施——剪、刮、涂、翻、摘、拾、扫，详述如下。①剪：结合果树冬剪和夏季修剪，剪除病枝条、病果。②刮：主要针对梨轮纹病、梨树腐烂病等枝干病害，刮除病残体和老翘皮。③涂：树干刮皮后，要及时对树干和大主枝基部用涂白剂涂刷保护。④翻：一般在冬季和夏季，结合种植绿肥等，在果树行间全面实施翻土。⑤摘：每年在梨花期及幼果发病期，人工摘除梨黑星病等发病中心病梢、病花及病果，发病时要每隔3~5天，逐株摘除病果。⑥拾：受病菌为害后脱落在地面上的病果要及时采用人工拾净，集中深埋处理。⑦扫：果树落叶后，人工清扫地面落叶、僵果和多种病残体，集中销毁，降低病菌越冬数量。

三、化学防控立足科学精准

及时测报、适期施药。梨树病害测报关键期为病菌初侵染期、初侵染盛期、始病期和发病高峰期，各地应根据病害的发生特点，每期用药要提前3~5天；突出重点，兼治一般。一般在梨树生长季节中，往往多种病害同时发生。各地应把最大威胁的病害作为防治重点，把其他病害列为兼治对象。依据物候，制定对策。梨树病害发生，一般与果树的物候期密切相关，通常可根据梨树物候来预测病害发生发展。各地应结合当地的物候期，结合病害发生情况，制定相应防治措施，确保质量，提高防效。主张使用低毒、高效、低残留农药，喷洒农药要低浓度、大剂量；喷药时要求树冠上、下、里、外，叶面、叶背，果面四周和每个枝干均全面着药。注意更换农药，避免长期使用单一农药，易使病菌产生抗性。

四、利用不同生物调控制约作用

生物防治的直接作用对象是微生物环境，通过调节使其有利于寄主而不利于病原。利用生物农药控制植物病害是生物防治的重要措施，而生物防治中88%是使用生物农药。生物农药以微生物及其代谢产物、植物提取物为主流，相比化学农药具有绿色无污染、生态性良好、高效无残留、不易使植物产生抗药性等优点，且比农业防治措施效果优势明显。目前我国生物防治面积小，上升空间大，生物农药的深度开发与广泛应用将成为提升梨品质的主力军。

第三节 技术模式集成与应用

一、东北梨产区

东北梨产区包括辽宁、吉林、黑龙江及内蒙古东部地区，主要集中在辽宁，辽宁的梨产量占东北梨产区的90%左右。该产区是我国重要的秋子梨系统生产区域，品种主要

包括南果梨、苹果梨等。近些年普遍或局部发生的主要病害是梨黑星病、梨白粉病、梨轮纹病、梨树腐烂病、梨褐腐病、梨锈病、梨根部病害等，主要虫害有中国梨木虱、梨小食心虫等，梨黄粉蚜、叶螨、梨冠网蝽等虫害在部分地区的发生也相对较重。对于梨主要病虫害，根部和枝干病害虽然发展缓慢，但常年可以侵染，积累流行后防治极其困难，要加强周年的栽培管理，强壮树势，将其控制在较低水平。叶部和果实病害流行主要受当年的气候条件影响，春季雨水多，容易造成早期病原基数的提高，从而增加后期防控压力；秋季雨水多少决定流行与否。防控重点在春季和秋季降雨时段，中间相对干旱时段防控压力较小。虫害严重程度取决于越冬代和早期一二代的防控，所以加强越冬代和一二代防控极其重要。

（一）休眠期（11月至第二年2月）

此时是全年梨树病虫害防治的基础，防治重点是消灭果园中各种越冬害虫和病菌，减少病原菌数量和害虫基数，控制病害。主要措施：清理树上、地面残留的病叶、病果、病虫枯枝，集中烧毁或深埋，彻底刮除枝干粗皮、翘皮，然后用涂白剂保护树体，预防冻害和防治病虫。

（二）萌芽前（3月上中旬）

此时期的防治重点依然是清除各种越冬病虫，全园可喷淋1次2°Be石硫合剂，上一年梨黑星病发生严重的果园可喷淋1次12%烯唑醇乳油2000倍液。

（三）芽萌动至开花前（3月下旬至4月上旬）

①继续刮除枝干粗皮、翘皮，刮治腐烂病疤、干腐病疤等。②3月下旬（中国梨木虱越冬代成虫出土高峰期），选择温暖无风天，喷施1或2次4.5%高效氯氰菊酯乳油1000~1500倍液，杀灭越冬代中国梨木虱成虫。③发芽前喷施1次代森铵、石硫合剂等广谱性杀菌杀虫剂，杀灭在树上越冬的各种病虫。④萌芽后开花前，喷施1次12%烯唑醇乳油2000倍液或10%吡虫啉可湿性粉剂2000~3000倍液，杀灭在芽内越冬的梨黑星病病原菌及已开始活动的梨二叉蚜，兼防梨锈病。开花前的防治是全年关键，既安全又经济，药剂喷雾以淋洗式喷雾效果最好。

（四）落花后和幼果期（4月中下旬至6月上旬）

此时期重点防治梨黑星病，兼防梨黑斑病、梨炭疽病、梨锈病等；虫害以防治中国梨木虱、梨黄粉蚜为主，兼治梨二叉蚜、叶螨等。主要措施：①梨树落花70%~80%时，喷施1次12%烯唑醇乳油2000~2500倍液或1.8%虫螨克星乳油4000~5000倍液或10%吡虫啉可湿性粉剂2000~3000倍液。②从落花后7~10天开始，视降雨情况预防梨黑星病，可选药剂为40%代森锰锌可湿性粉剂+12%烯唑醇乳油等，兼防梨锈病、梨黑斑病等。③5月中旬是防治第一代中国梨木虱成虫的关键期，可用高效氯氰菊酯等药剂，兼治梨黄粉蚜、介壳虫、食心虫等。④5月下旬注意防治第二代中国梨木虱若虫及康氏粉蚧，可使用1.8%虫螨克星乳油4000~5000倍液等。⑤4月中下旬至6月上旬，梨黄粉蚜越冬卵孵化为若虫，应及时喷药防治。幼果期用药不当易造成药害，影响果品质量，所以此时期用药必须选择安全农药。

（五）果实膨大期（6月中旬至8月上旬）

此时期为降雨多发期，也是病虫害的发生盛期，以梨黑星病为主要防治对象，兼防梨白粉病、梨轮纹病等。主要措施：①根据降雨情况及时防治梨黑星病，采取保护剂和内吸治疗剂相结合的方式，可选药剂为代森锰锌、氟硅唑或苯醚甲环唑等。②7~8月梨白粉病逐渐进入高峰期，可喷施15%三唑酮可湿性粉剂2000倍液或10%苯醚甲环唑水分散粒剂2000~3000倍液防治。③7月上中旬至8月上旬，需喷药防治康氏粉蚧第一代成虫和第二代若虫。④有中国梨木虱、梨黄粉蚜、绿盲蝽和叶螨的果园，此时期可继续进行药剂防治，可用高效氯氰菊酯、吡虫啉等。此时期为雨季，用药时在药剂中可加入农药助剂（如助杀），有助于提高药效。

（六）近成熟期至采收期（8月中旬至9月中旬）

此时期重点防治梨黑星病、梨白粉病，兼防梨黑斑病、梨轮纹病。防治措施：①用氟硅唑、戊唑醇等药剂预防梨黑星病、梨白粉病，7~10天喷1次，连续喷施3次左右。②若有梨黑星病发生，可以12%烯唑醇乳油2000~2500倍液等药剂为主进行治疗。③若有梨黄粉蚜或中国梨木虱发生，仍可用杀虫剂喷雾防治，同时注意第二代梨圆蚧若虫和第二代康氏粉蚧若虫的发生情况。④结合秋施基肥深翻，消灭在土壤中越冬的各种害虫。

二、华北梨产区

华北梨产区包括河北、山东、山西、北京等地，河北是我国梨栽培第一大省，栽培面积和产量均居我国第一位，产量占全国的21%。河北梨产区的栽培品种以鸭梨和黄冠为主，另外，圆黄、黄金、丰水、新高、中梨1号、红香酥、新梨7号、早酥等梨品种也有一定的栽培面积。该产区的主要病害有梨黑星病、梨轮纹病、梨树腐烂病、梨炭疽病、梨褐斑病等；主要虫害有梨小食心虫、桃小食心虫、桃蛀螟等蛾类害虫，除了潜叶、卷叶、蛀茎为害叶和新梢，幼虫还直接蛀果，造成大量落果、虫果，严重影响食用和商品价值，对果树生长和果品产量与品质造成重大损失。此外，主要虫害还有中国梨木虱、叶螨、梨茎蜂、梨二叉蚜等。果园病虫害的防治仍以化学农药防治为主，由于高毒广谱性农药的禁用，病虫抗药性增加，缺乏对果园病虫害的准确预测预报和有效联防措施，病虫害的发生和危害呈逐年加重趋势。

（一）休眠期（1月至2月上中旬）

彻底清扫落叶、病果，刮除粗皮、病皮、翘皮，结合冬剪，剪除病虫枝。将落叶、病果、树皮等集中烧毁，消灭越冬病菌。用生石灰10份，水30份，食盐1份，黏着剂（如油脂或面粉等）1份配制，进行树干涂白。

（二）萌芽前至开花前（2月下旬至3月上中旬）

防治梨干腐病、梨腐烂病等枝干病害：主要进行刮树皮。刮除的树皮要集中烧毁。刮后涂3%甲基硫菌灵涂抹剂或喷施5°Be石硫合剂。防治梨黑星病：剪除病芽、病叶并深埋，发病多的果园可喷施40%氟硅唑乳油8000～9000倍液或10%苯醚甲环唑水分散粒剂6000～7000倍液等药剂防治。防治绣线菊蚜：喷施10%吡虫啉可湿性粉剂2000倍液，在花序分离期用药。防治中国梨木虱：喷施1.8%阿维菌素乳油3000～5000倍液或240g/L螺虫乙酯悬浮剂4000倍液，在越冬成虫出蛰后产卵前喷药，树上、树下和果园周围杂草全面喷施。

3月初，树干绑缚粘虫胶带，防止越冬害虫上树为害。3月中下旬，挂设粘虫板（黄板），每亩30～50块，15～20天后更换，引诱梨茎蜂、中国梨木虱等。3月底，不套袋梨园在距地面1.7m处悬挂迷向丝，60根/亩，外围用量加倍，防治梨小食心虫。3月底，开始挂设糖醋液，每5或6株1瓶，隔行悬挂。

（三）花期（3月下旬至4月上中旬）

人工捕杀黑绒鳃金龟等，在早晨、傍晚敲打树干，振落金龟子，并收集集中消灭，或用其他植物的幼嫩组织拌农药诱杀。末花期（落花约80%）喷施1次杀菌杀虫剂。可选用药剂有螺虫乙酯、吡虫啉、阿维菌素、甲基硫菌灵、乙膦铝、苯醚甲环唑等，根据药剂有效成分含量，按使用说明浓度配制，混配时杀虫剂不超过3种，杀菌剂不超过2种。

（四）幼果期（4月下旬至5月上中旬）

梨轮纹病的防治是刮除病斑。防治梨黑星病、梨轮纹病，兼防梨锈病、梨黑斑病等，人工摘除病叶、病梢，并集中销毁。药剂可用40%氟硅唑乳油8000～9000倍液、80%代森锰锌可湿性粉剂800倍液或75%百菌清可湿性粉剂600倍液等，间隔10天左右喷施1次。喷施唑类药剂有抑制生长的特点，不宜浓度过高。防治中国梨木虱成虫的关键应在中国梨木虱分泌黏液前喷药。有效药剂有阿维菌素、螺虫乙酯等，兼治梨黄粉蚜、康氏粉蚧等。

（五）果实膨大期（5月下旬至7月上旬）

梨黑星病、梨轮纹病、梨黑斑病的主要防治药剂有苯醚甲环唑、代森锰锌、甲基硫菌灵等。叶螨常用有效药剂有1.8%阿维菌素乳油4000～5000倍液、25%三唑锡可湿性粉剂1000～2000倍液等。梨小食心虫的防治药剂有480g/L毒死蜱乳剂2000倍液、4.5%高效氯氰菊酯乳剂1000倍液等。防治中国梨木虱、梨黄粉蚜、康氏粉蚧、梨圆蚧的主要药剂有240g/L螺虫乙酯悬浮剂4000倍液或99%机油乳剂400倍液+480g/L毒死蜱乳剂2000倍液。在雨季来临时防治病害，喷施1∶2∶（200～240）波尔多液，以降低防治成本，间隔期为10～15天，雨多时可多喷1或2次。

（六）果实近成熟期至采收期（7月中下旬至9月）

喷施40%氟硅唑乳油8000～9000倍液或10%苯醚甲环唑水分散粒剂6000～7000倍液等药剂防治梨黑星病、梨轮纹病、梨黑斑病、梨炭疽病。如果有山楂叶螨、苹果全爪螨、二斑叶螨，可喷施柴·哒乳油等残效期短的药剂。在枝干上绑草把诱集越冬虫，待入冬后解下集中处理。采收前30天停止喷施药剂。喷施药剂应选择安全间隔期短的药剂。

（七）采收后（10～12月）

防治梨黑星病、梨轮纹病、梨黑斑病、梨炭疽病、地下越冬的各种害虫等。彻底清理病叶、病果，集中深埋，消灭病原。结合施基肥，将树盘深翻一次，将越冬虫翻出冻死或被鸟啄食，减少越冬虫源。9月初树干绑缚瓦楞纸，吸引越冬害虫进入，12月中旬解除后深埋或烧掉，减少越冬虫口基数。

三、西北梨产区

西北梨产区包括陕西、新疆、甘肃等地，其中陕西和新疆梨果年产量均在100万t以上，是我国重要的梨产区。陕西梨树主要集中在黄土高原及其南缘地区，主栽品种为白梨系统的酥梨，其中早熟品种为早酥、中熟品种为丰水和黄金，晚熟品种为砀山酥梨、水晶梨及中华玉梨等，在陕西各县均有梨树分布。为促进产业发展，陕西共规划10个梨种植基地县，其中蒲城县种植面积最大。目前，陕西酥梨主产区绝大多数树龄在20年左右，以乔化密植型栽培方式为主，树冠大，行间距小，通风透光不足，限制机械化耕作，且不同产区梨果产量差异显著，病虫害发生严重。陕西梨产区的主要病害有梨树腐烂病、梨黑星病、梨锈病、梨轮纹病、梨白粉病等，主要害虫有梨小食心虫、中国梨木虱、二斑叶螨、梨茎蜂、梨瘿蚊、康氏粉蚧、卷叶蛾等。

新疆梨产区是我国梨的优势产区，分布地区比较集中，主要在巴音郭楞蒙古自治州（巴州）和阿克苏地区，其中巴州地区约占种植总面积的80%。在巴州，又以库尔勒市为主，梨种植面积约为45万亩，约占全疆梨面积的50%。新疆梨产区以库尔勒香梨这个地方特色梨品种为主，近年来少量发展新梨7号和早酥。新疆梨产区深居亚欧大陆腹地，为温带大陆性干旱气候，深冬性冻害发生频繁，梨园受冻后多发生梨树腐烂病。库尔勒香梨主产区梨树腐烂病平均病株率达65.2%，严重果园发病率达100%。虫害以中国梨木虱、食心虫及叶螨发生最为严重，如2017年库尔勒地区部分乡镇中国梨木虱严重发生、2018年库尔勒地区食心虫发生严重。除此之外，春尺蠖、梨茎蜂、介壳虫等害虫也偶有暴发。近年来，外来有害生物梨火疫病菌发生严重，在2017年、2018年对香梨产业造成严重危害，成为产业发展的一大瓶颈，是当地植保工作的重点。

（一）休眠期（1～2月）

剪除病虫枝，用腐必清10倍液封闭剪锯口，刮除老翘皮，铲除越冬病虫。解除诱虫带集中烧毁，消灭越冬虫源。修剪后，清理落地枝条。

（二）萌芽期（3月中下旬）

春季清园，喷施 3～5°Be 石硫合剂或 48% 毒死蜱乳油 1000 倍液+40% 氟硅唑乳油 6000 倍液+5% 氨基寡糖素水剂 1000 倍液。刮除梨树腐烂病病斑，集中销毁。注意新栽梨园行距应大于 3.5m，以利于果园通风透光。喷过石硫合剂的果树 1 个月内不能喷施其他药剂，以免发生中和反应或药效失效。

（三）花期至幼果期（4月）

4 月中下旬喷施 1 次 4.5% 高效氯氰菊酯水乳剂 1500 倍液+4% 农抗 120 水剂 1000 倍液+22.4% 螺虫乙酯悬浮剂 4000～5000 倍液+有机硼肥 600 倍液。4 月中旬开始悬挂杀虫灯。梨火疫病发生地区在花前（5% 开花）、花后（80% 落花）喷施 2 次杀菌剂，可选用 2% 春雷霉素水剂（加收米）、40% 春雷·噻唑锌（碧锐）等药剂。

（四）幼果期至新梢生长期（5月）

5 月上旬喷施 1 次 2.5% 高效氯氟氰菊酯微乳剂 2000 倍液+25% 吡虫啉可湿性粉剂 2000 倍液+70% 丙森锌可湿性粉剂 600～800 倍液+氨基酸钙 1500 倍液。5 月下旬喷施 1 次 22.4% 螺虫乙酯悬浮剂 4000～5000 倍液+5% 甲维盐水分散粒剂 6000 倍液+25% 吡唑醚菌酯乳油 8000 倍液+氨基酸钙 1000 倍液。

（五）花芽分化期至果实膨大期（6～8月）

6 月中下旬喷施 1 次 24% 螺螨酯悬浮剂 3000 倍液+48% 毒死蜱乳油 1000 倍液+43% 戊唑醇悬浮剂 3000 倍液+0.3% 磷酸二氢钾。7 月中下旬喷施 1 次 0.26% 苦参碱水剂 1000 倍液+2.5% 高效氯氟氰菊酯微乳剂 2000 倍液+10% 苯醚甲环唑水分散粒剂 3000 倍液+氨基酸叶面肥 1000 倍液。8 月中下旬喷施 1 次 70% 啶虫脒水分散粒剂 2000 倍液+5% 甲维盐水分散粒剂 6000 倍液+40% 氟硅唑乳油 6000 倍液+氨基酸叶面肥 1000 倍液。

（六）果实成熟期（9～10月）

绑诱虫带或草把。在梨树主干上绑草把或诱虫带，诱捕老熟幼虫、成虫、卵、蛹等。清理果园。清除烂果、烂果袋及带虫菌的枝干，清除枯枝、落叶并集中烧毁，能大大减少病虫的寄主，降低果园越冬的病虫基数。

（七）落叶期至休眠期（11～12月）

主要防治枝干病虫害，如干腐病、腐烂病等，彻底消灭在老翘皮下越冬的老熟幼虫、卵、蛹等。落叶集中深埋或烧毁。梨树落叶应喷 1 次 48% 毒死蜱乳油 1000 倍液+5% 辛菌胺水剂 400 倍液，降低病虫越冬基数。树干涂白，清除枝干上越冬的病虫。

四、黄河故道梨产区

黄河故道梨产区包括河南中东部、山东南部及江苏和安徽北部的大部区域。该区域地处中原，兼有平原、黄土丘陵、山地。冬季寒冷、雨雪少，春季干旱、风沙多，夏季炎热、雨丰沛，秋季晴朗、日照足。全年降雨的50%集中在夏季，常有暴雨。区域内独特的气候特征和黄河水淤积形成的沙质土壤非常适宜梨树的生长，发展形成安徽砀山、河南宁陵、江苏丰县、安徽萧县等产梨大县。经过持续的品种更新换代，地区梨主栽品种由传统的单一酥梨品种向多样化迈进，国外选育的新高、丰水、幸水、圆黄等优良品种，以及国内新育成的红香酥、中梨1号、翠冠等早中熟品种，都在该区域得到了推广应用。黄河故道地区酥梨栽培历史悠久，以20年以上的大树为主，树高冠大，不利于现代机械化管理；以小农户个体经营为主，管理粗放，梨园整体管理水平不高；前期化肥用量大，果园土壤严重退化，果实品质下降，病害日益严重；病虫害管理凭经验用药，为达到防治效果，用药次数较多。黄河故道梨园主要病害有梨树腐烂病、梨锈病、梨黑星病、梨轮纹病、梨炭疽病，以及一些生理性病害如冻伤、晒伤等；主要虫害有梨小食心虫、中国梨木虱、蚜虫、梨茎蜂、梨瘿蚊、山楂叶螨等。

（一）休眠期（11月下旬至第二年2月）

①清理树上、地面的残枝、病果、病虫枯枝、杂草并带出果园集中焚烧深埋。枝条修剪口和锯口直径超过1cm的要涂保护剂，如乳胶漆、石灰乳、甲基硫菌灵涂抹剂等。②1月中旬前，收集前一年捆绑在梨树上的瓦楞纸，于园外集中烧毁。③刮粗树皮、翘皮、腐烂病斑及轮纹病斑，刮净后涂白保护树体。刮后可涂70%甲基硫菌灵可湿性粉剂30倍液、5%菌毒清水剂100倍液。④翻耕土壤，破坏病原菌和害虫的越冬场所。

（二）萌芽前后（3月上中旬）

①3月初果园春灌，3月上中旬继续刮治枝干病斑。刮治后喷施1次3~5°Be石硫合剂。中国梨木虱或食心虫严重的果园，可加入5%啶虫脒乳油10~15mg/kg。梨黑星病严重的梨园可喷40%氟硅唑乳油8000倍液或37%苯醚甲环唑水分散粒剂15 000~20 000倍液，进行树体消毒。②梨园生草，整平梨树行间，条播白三叶或红三叶草种，改善小气候，弥补有机肥的不足，也为草蛉、七星瓢虫等捕食性天敌提供栖息场所，增加天敌种群数量。

（三）开花期（3月下旬至4月上旬）

①病虫害突出的梨园，开花前喷施40%氟硅唑乳油防治梨黑星病，4月中旬谢花后用70%代森联加1.8%阿维菌素乳油或22%螺虫·噻虫啉悬浮剂80mg/kg，防治梨二叉蚜、中国梨木虱、梨瘿蚊、梨黑星病等。②在盛花期悬挂黄板，粘杀梨茎蜂和中国梨木虱；人工捕捉苹毛丽金龟等；悬挂梨小食心虫性诱芯，诱杀梨小食心虫并监测其发生动态；梨园人工种草（黑麦草、三叶草等）或自然生草，每月割草一次，割下的草放在树盘中。

（四）落花期（4月下旬至5月上旬）

①安装频振式杀虫灯，诱杀卷叶蛾类、金龟子类、食心虫等多种害虫。在梨园内1.5m高左右挂黄板，每亩20块，利用昆虫的趋光性诱杀梨二叉蚜，同时诱杀梨茎蜂、梨实蜂、中国梨木虱等成虫。②梨树70%~80%落花后，立即防治中国梨木虱，可选用螺虫乙酯或烟碱类农药进行防治，之后可选用阿维·吡虫啉、高氯·吡虫啉复配进行喷雾防治，兼治其他害虫。③在花后每15~20天喷1次杀菌剂，防治梨黑星病、梨炭疽病等，内吸性杀菌剂有氟硅唑、苯醚甲环唑、腈菌唑、烯唑醇、多菌灵、甲基硫菌灵等，保护性杀菌剂有代森锰锌、丙森锌、代森联等，内吸性杀菌剂和保护性杀菌剂要交替使用。

（五）幼果套袋前（5月下旬至6月上旬）

①6月中旬挂性诱剂及糖醋液诱杀梨小食心虫等害虫。②在幼果套袋前，此期梨树进入旺长阶段，多种病虫害进入为害盛期，防治病虫害仍采用化学方法，所用药剂与幼果期基本一致。注意杀虫剂、杀菌剂混合施用和轮换使用，预防病原菌和害虫产生抗药性。

（六）果实成熟期（7~9月）

7月下旬，梨陆续进入成熟期，该期高温、高湿、多雨，是病虫害流行的有利时机，应加强防治。7月下旬、8月中下旬是梨小食心虫等虫害的产卵、初孵幼虫发生盛期，在田间注意观察，一般施药2~4次，注意轮换用药。临近采收，喷药时要注意喷施不污染果面、毒性小、残留量低的农药。

（七）采收后（9月下旬至11月）

防治措施以清园为主。雨季过后，树干捆绑瓦楞纸，提供害虫卵过冬场所，便于年后集中销毁。10月上中旬，喷施1次杀菌剂如50%多菌灵可湿性粉剂1250mg/kg或50%克菌丹2000mg/kg和1次杀虫剂如240g/L虫螨腈悬浮剂120~160mg/kg、22%螺虫·噻虫啉悬浮剂48~80mg/kg、5%啶虫脒乳油10~12mg/kg等。

五、长江中下游及以南梨产区

长江中下游及以南梨产区主要包括浙江、湖北、江苏、安徽南部、江西、福建等地区，是我国梨的主要栽培区之一，其中砂梨是我国长江中下游暖温带地区普遍种植的梨树品种。砂梨系统中的优良品种主要有翠冠、翠玉、黄花、幸水、筑水、新世纪、菊水、晚三吉等，在长江流域及其以南地区表现良好。该地区气候特点主要表现为夏季高温、高湿，6~7月有较长时间连续降雨期（梅雨季），具有全年降雨量大、温度较高和湿度较大的特征。病害重点防治对象有梨炭疽病、梨黑斑病、梨轮纹病、梨胴枯病、梨黑星病、梨锈病等。虫害重点防治对象有梨小食心虫、茶翅蝽、梨瘿蚊、中国梨木虱、蚜虫、叶螨、梨茎蜂等。部分地区有严重的早期落叶现象，即8~9月叶片大量脱落现象，影响梨果的产量和品质，诱发原因包括生态环境不适、品种遗传背景、病虫为害严重、气候条件异常、树体营养失衡等因素，其中梨炭疽病、黑斑病所造成的早期落叶与返花返青发生范围最广、为害程度最重。病虫害防治一直是影响长江中下游地区及以南砂梨果园丰产稳产的重要因素。

（一）休眠期（11月至第二年2月下旬）

①深翻行带，将土壤内越冬病虫害翻于地面。②刮除枝干上的粗皮和轮纹病瘤，然后用甲基硫菌灵膏剂或腐殖酸铜等药剂涂抹保护。③清除地面落叶、落果和病虫枝，清除杂草，并集中处理深埋或烧毁，再用4~5°Be石硫合剂全株枝干淋洗式喷雾消毒。

（二）花期（3月上旬至4月上中旬）

①悬挂黄色板引诱蚜虫。②梨谢花80%时全园普喷1次内吸性杀菌剂，防治梨炭疽病、梨褐斑病，梨锈病发生区同时做好梨锈病的防治。药剂可选用10%苯醚甲环唑水分散粒剂、40%丙环唑乳油、45%咪鲜胺微乳剂、15%三唑酮可湿性粉剂等杀菌剂，加入杀虫剂防治梨瘿蚊、中国梨木虱。

（三）幼果期（4月中下旬至5月上旬）

①清除吸果夜蛾优势种幼虫专性寄主木防己。②保护田间自然天敌草蛉、瓢虫、小花蝽、食蚜蝇、蓟马、寄生蜂、捕食性蜘蛛等。③5月上旬开始是各种梨病害侵染发病高峰期，也是防治第二代中国梨木虱的关键时期，梨园应普喷1或2次（间隔7~10天）杀虫剂与杀菌剂混合液。幼龄梨树在5月中旬同时做好第三代梨瘿蚊兼治。④纵划梨轮纹病、梨树腐烂病、梨干枯病等枝干病部，涂抹50%多菌灵可湿性粉剂50倍液或45%施纳宁水剂100倍液。

（四）果实膨大期（5月中旬至6月中旬）

①用糖醋液、性诱剂等引诱梨小食心虫成虫，将糖醋液盛入塑料盆内，每亩置放1或2盆。②人工捕捉星天牛成虫，采用钢丝掏杀星天牛幼虫。③夏季修剪，剪除徒长枝、封闭枝，使树体通风透光。④5%氰戊菊酯乳油+80%代森锰锌可湿性粉剂防治梨冠网蝽、茶翅蝽、中国梨木虱、梨轮纹病、梨黑斑病、梨褐斑病等。

（五）早熟梨成熟、中晚熟梨膨大期（6月下旬至7月下旬）

①采用引诱果诱杀吸果夜蛾。②早熟梨园停止用药。③有旱情及时灌水，保持树势强壮，增强病虫抵抗力。④中晚熟梨园：继续用糖醋液引诱梨小食心虫，或用10%吡虫啉可湿性粉剂+20%哒螨灵可湿性粉剂+75%百菌清可湿性粉剂防治中国梨木虱、梨瘿螨、梨小食心虫、梨轮纹病、梨褐斑病等。此时期病虫发生较多，应根据各梨园实际情况，以防治梨果实病害和梨小食心虫为重点，杀虫剂与杀菌剂适当混用以兼治多种病虫害。梨果接近成熟时，药剂应选择低毒、安全的杀虫剂，特别应注意加强雨后的病害防治。

（六）中、晚熟梨成熟期（8月上旬至9月中旬）

①重点保叶，养根壮树。②1%阿维菌素乳油+50%多菌灵可湿性粉剂防治中国梨

木虱、梨冠网蝽、梨轮纹病、梨褐斑病等。③继续用引诱果引诱吸果夜蛾。

（七）采果后至落叶前（9月下旬至11月）

①梨果采收后视果园病虫发生情况，全园普喷2或3次杀虫剂与杀菌剂混合液，可加入叶面营养肥，以恢复树势，增强抗性。②查治枝干病害，及时刮除病斑。注意：采果后常忽视对梨病虫的防治，造成病虫再度严重危害，引起早期大量落叶，应引起重视；此时期病虫发生以叶部病害为主，杀菌剂可选用三唑类如丙环唑、氟硅唑、烯唑醇等，对梨落叶有一定的抑制作用，如同时发生叶部虫害则加入杀虫剂兼治。

（八）休眠期（12月至第二年2月）

刮除梨树上的粗皮、病皮（烂皮、干腐皮）、翘皮、老皮；结合冬季修剪剪除病虫枝、枯枝、死枝、过密枝，清除树上遗留果、挖除枯死株；翻耕改土；树干涂白。

六、西南梨产区

西南梨产区包括四川、重庆、贵州和云南等地。其中四川的梨产量接近100万t，为西南产梨大省，主要品种有苍溪雪梨、广安蜜梨、翠冠、圆黄等。云南省的梨产量接近60万t，是我国最早大面积栽培红色砂梨的产区，红色砂梨是云南高原特色梨的重要代表之一。重庆和贵州的产量为30多万吨，主要有黄花、翠冠、丰水、黄金、金秋、爱宕、圆黄、晚秀等品种。西南梨产区山地众多，常年温度高、雨量大、雨时长，土壤养分淋溶与挥发损失重，树体年生长期长、生长量大，养分消耗多，土壤酸、瘦、黏、重，有机质含量低、分解快，养分涵养能力差；早春回温早，秋季降温迟，生长期湿度大，病虫害种类多、越冬基数高、发生重、代数多、为害期长，防治难度大，化学防治依赖性强；杂草丛生易形成草害，人工除草用工成本高。梨主要病虫害有中国梨木虱、梨小食心虫、梨瘿蚊、梨黄粉蚜、茶翅蝽、梨二叉蚜、梨树腐烂病、梨黑星病、梨炭疽病、梨黑斑病、梨锈病等。梨小食心虫、中国梨木虱、梨瘿蚊常年发生，因雨水多、空气湿度大，梨黑星病危害严重，这"三虫一病"是梨病虫害主要防控对象。梨小食心虫、茶翅蝽、吸果夜蛾、梨二叉蚜、梨干枯病、梨黑斑病、梨轮纹病、梨炭疽病等在不同梨园每年有不同程度的发生，对梨产量和质量影响较大。根据相关报道，制定以下周年病虫害防控日历，供产区参考。

（一）萌芽期和花期（2～3月）

在芽萌动前即2月下旬至3月上旬喷施5°Be石硫合剂消灭越冬害虫，捕捉星天牛及梨金缘吉丁幼虫。花序分离前喷施80%代森锰锌可湿性粉剂800倍液+20%吡虫啉可湿性粉剂2000倍液，防治梨黑星病、梨黑斑病、梨二叉蚜幼虫等。3月中下旬对花芽或花过多的梨树疏花。

（二）春梢旺盛生长期（4月）

在落花80%以后喷施25%多菌灵可湿性粉剂800倍液+20%吡虫啉可湿性粉剂

2000倍液+0.3%尿素，防治梨黑星病、梨黑斑病、梨二叉蚜、梨茎蜂、梨大食心虫，同时进行叶面施肥，促使叶片转绿。若发现叶片上出现梨锈病，喷施15%三唑酮可湿性粉剂800倍液或43%戊唑醇悬浮剂1000倍液防治梨锈病，若仍未治愈，15天后再喷1次。此时期中国梨木虱第一代卵孵化结束，可用20%双甲脒乳油1500倍液杀死成虫，是防治中国梨木虱的关键时期。可人工捕杀星天牛、梨金缘吉丁及梨大食心虫幼虫，或用敌敌畏棉球塞虫孔。

（三）果实发育期（5月）

5月上旬即花谢20天后可选择性套袋。观察中国梨木虱、梨冠网蝽、星毛虫、梨小食心虫、蓑蛾、介壳虫、梨黑斑病、梨轮纹病等发生情况，及时用药。一般用20%吡虫啉可湿性粉剂2000倍液+25%蟥虱净悬浮剂1000倍液+70%甲基硫菌灵可湿性粉剂800倍液+0.2%磷酸二氢钾（叶面施肥）进行防治。5月上旬是中国梨木虱成虫羽化盛期，也是防治关键时期。

（四）果实迅速膨大期（6月）

该时期是梨园病虫防治的关键时期。中国梨木虱6月上旬开始出现第二代成虫，该时期是发生严重的月份。用25%溴氰菊酯乳油+1.8%阿维菌素乳油+10%苯醚甲环唑水分散粒剂等药剂，防治刺蛾、梨冠网蝽、中国梨木虱、梨黑斑病和梨轮纹病。同时，用0.2%尿素和磷酸二氢钾进行叶面施肥，以增强抗病力，促进花芽分化。6月雨水较多，注意清沟排涝。

（五）成熟期（7～8月）

在防治病虫害的同时，注意果实的食用安全。一般在采收前20天停止喷药。杀虫农药用25%氰戊菊酯乳油2000倍液；防病农药用25%多菌灵可湿性粉剂250倍液；中国梨木虱发生严重时，用25%蟥虱净悬浮剂1000倍液喷杀以加强防治。若遇干旱，要适时灌水，保证花芽分化和防止采前落果。

（六）树体营养管理期（9～10月）

采果后，重施基肥即采后肥。采果后，全园喷多菌灵+吡虫啉1次进行防菌治虫，同时人工捕捉星天牛和梨金缘吉丁幼虫、刮树干并清除虫卵。

（七）休眠期（11月至第二年1月）

结合修剪清除病枝、僵果、落果和病叶。清洁田园、除杂草，并集中烧毁。进行树体改造，形成分枝布局合理、通风透光良好的树型，全园深翻、深埋杂草，改良土壤结构，提高土壤有机质含量。对全园喷施石硫合剂1次，减少越冬病虫数量。

撰稿人：孙伟波（江苏省农业科学院植物保护研究所）
审稿人：刘凤权（江苏省农业科学院植物保护研究所）

参 考 文 献

艾鹏鹏, 杨瑞, 张民照, 等. 2014. 桃蛀螟各虫态形态学特征观察. 北京农学院学报, 29(3): 53-55.
安尼瓦尔·斯力木. 2015. 糖醋液诱杀香梨优斑螟田间监测试验. 农业与技术, 35(16): 14-15.
安月晴, 杨晓平, 胡红菊, 等. 2019. 梨瘿蚊综合防治技术进展. 湖北植保, (4): 56-60.
北京农业大学, 华南农业大学, 福建农学院, 等. 1999. 果树昆虫学. 北京: 中国农业出版社: 85-89.
毕秋艳, 赵建江, 马爱红, 等. 2019. 河北省梨树褐斑病菌对苯醚甲环唑的敏感性. 植物病理学报, 49(6): 818-827.
蔡欢欢. 2020. 白星花金龟成虫的寄主转移规律和控制技术研究. 石河子: 石河子大学硕士学位论文.
蔡乐, 董民, 杜相革. 2008. 京郊有机苹果园茶翅蝽发生规律及控制策略. 北方园艺, (11): 166-168.
蔡守平, 何学友, 曾丽琼, 等. 2013. 白僵菌和绿僵菌林间感染星天牛成虫试验. 福建林业科技, 40(1): 17-21.
曹彩荣, 董喜才, 相里泉. 1997. 果园种油葵 诱治茶翅蝽. 山西农业（致富科技）, (7): 19.
曹玉芬, 赵德英. 2016. 当代梨. 郑州: 中原农民出版社: 191-242.
常承秀, 马艳芳, 张山林, 等. 2012. 8 种杀虫剂对乌苏里梨喀木虱若虫的室内毒力测定. 甘肃农业科技, (8): 14-15.
常承源, 常承秀, 马艳芳, 等. 2014. 乌苏里梨喀木虱的发生与综合防治. 现代农业科技, (11): 145-148.
常有宏, 刘永锋, 王宏, 等. 2008. 梨黑斑病病菌的致病条件. 江苏农业学报, 24(3): 316-320.
常有宏, 刘邮洲, 王宏, 等. 2010. 嘧霉胺与枯草芽孢杆菌 B-916 协同防治梨黑斑病. 江苏农业学报, 26(6): 1227-1232.
陈策. 1999. 苹果果实轮纹病研究进展. 植物病理学报, 29: 193-198.
陈冬亚, 陈汉杰, 张金勇, 等. 2004. 果园黄斑蝽象和茶翅蝽的发生和防治技术. 果农之友, (2): 52.
陈湖, 郝宝锋, 张洪培, 等. 2001a. 梨瘿华蛾生物学特性研究. 北方果树, (1): 6-8.
陈湖, 郝宝锋, 张洪喜, 等. 2001b. 梨瘿华蛾寄生蜂生物学特性研究. 北方果树, (2): 6-7.
陈琳. 2011. 金纹细蛾发生规律的调查研究. 现代农村科技, (17): 54.
陈其瑚, 芦银仙. 1988. 山茱萸尺蠖的发生规律及其防治. 浙江农业大学学报, (1): 115-117.
陈义挺, 刘鑫铭, 陈小明, 等. 2011. 福建省梨异常早期落叶初步调查与分析. 龙岩学院学报, 29: 43-45.
程杰, 赵鹏, 李建瑛, 等. 2022. 我国落叶果树主要害虫及其防治技术 60 年研究进展. 植物保护学报, 49(1): 87-96.
崔笑雄. 2021. 新疆香梨园三种食心虫飞行能力及田间种群监测诱集与迷向技术研究. 阿拉尔: 塔里木大学硕士学位论文.
达先鹏. 2020. 苹果园间作绿肥对害虫和天敌发生动态及时间生态位的影响. 阿拉尔: 塔里木大学硕士学位论文.

党惠萍. 2009. 梨果象甲防治要点. 西北园艺（果树专刊）, (3): 49.

邓友金. 2012. 梨金缘吉丁虫在云南禄丰县发生情况及防治措施. 中国南方果树, 41(1): 86-87.

丁丽华, 赵晨辉, 邹利人. 2006. 寒冷地区梨树干枯病及防治方法. 园艺学进展, 7: 896-897.

范广华, 李冬刚, 李子双, 等. 2009. 不同生境对抗虫棉绿盲蝽及其天敌发生动态的影响. 中国生态农业学报, 17(4): 728-733.

范巧兰, 董晨晨, 张贵云, 等. 2018. 10%氟啶虫酰胺悬浮剂对苹果黄蚜的防治效果. 山西农业科学, (11): 1907-1909.

方承莱. 2000. 中国动物志 昆虫纲 第十九卷 鳞翅目 灯蛾科. 北京: 科学出版社: 450-451.

封云涛, 魏明峰, 郭晓君, 等. 2018. 三种杀螨剂对山楂叶螨的毒力评价. 植物保护学报, 45(3): 640-646.

冯福娟, 董丽云, 余德松, 等. 2004. 梨叶灰霉病的初步研究. 中国南方果树, 33(4): 50-51.

冯华. 2007. 猕猴桃园椿象的发生与综合防治. 西北园艺（果树专刊）, (6): 22.

冯渊博, 郭鹏飞, 付小军. 2011. 葡萄白星花金龟发生特点与无公害防治. 蔬菜, (5): 35.

付超, 冯丽凯, 朱春林, 等. 2018. 石河子地区梨冠网蝽主要生物学特性及其田间种群消长规律. 新疆农业科学, 55(11): 2089-2095.

付社岗. 2016. 陕西蒲城酥梨周年管理工作历. 果树实用技术与信息, (2): 8-10.

高存劳, 王小纪, 张军灵, 等. 2002. 草履蚧可持续控制策略与技术. 陕西林业科技, (4): 51-53.

高勇, 郑建立, 岳清华, 等. 2017. 山东半岛蓝莓园褐边绿刺蛾的发生与防治. 果树实用技术与信息, (10): 28-29.

宫琦, 于洪志. 2016. 辽西地区梨实蜂的发生与防控技术的研究. 北京农业, (2): 93-94.

顾雪迎, 王洪凯, 郭庆元. 2015. 苹果、梨轮纹病研究进展. 浙江农业科学, 56(8): 1242-1246.

郭腾达, 宫庆涛, 叶保华, 等. 2019. 桔小实蝇的国内研究进展. 落叶果树, 51(1): 43-46.

郭铁群, 周娜丽. 2002. 我国3种梨茎蜂的生物学特性及形态比较. 植物保护, 28(2): 31-32.

郝宝锋, 乐文全. 2015. 河北地区梨园病虫综合防治历. 烟台果树, (3): 31-32.

洪霓, 王国平. 1999. 苹果褪绿叶斑病毒生物学及生化特性研究. 植物病理学报, 29(1): 77-81.

洪晓月. 2017. 农业昆虫学. 3版. 北京: 中国农业出版社.

呼丽萍, 马春红, 张健, 等. 1995. 苹果霉心病菌的侵染过程. 植物病理学报, (4): 351-356.

胡长效, 朱静, 张芋, 等. 2005. 梨瘿蚊的生物学、生态学及其防治. 北方园艺, 25(7): 11-13.

胡红菊, 王友平, 甘宗义, 等. 2002. 梨种质资源对黑斑病的抗性评价. 湖北农业科学, (5): 113-115.

胡树林, 成建新, 赵霞, 等. 2002. 梨大食心虫生物学特性的研究. 内蒙古农业科技, (4): 14-15.

胡增丽, 张未仲, 李庆亮, 等. 2019. 苹果园间作不同植物对黑绒鳃金龟寄主选择行为的影响. 农学学报, 9(9): 23-27.

黄保宏, 王波, 余本渊. 2002. 黑缘红瓢虫生物学特性的研究. 昆虫知识, 39(2): 126-129.

黄冬华, 周超华, 徐雷, 等. 2014. 江西早熟梨新发病害：胴枯病及其综合防控措施. 现代园艺, (1): 67-68.

黄国友, 冯文详, 陈军, 等. 2007. 碧桃朝鲜球坚蚧药剂防治研究. 植物保护, 33(3): 132-134.

黄启超, 张智英, 周洁, 等. 2014. 梨虎象化蛹生境选择. 云南大学学报（自然科学版）, 36(S1): 143-147.

黄小静, 温雅雅, 文钰, 等. 2019. 花牛苹果园金纹细蛾发生情况及综合防控技术. 基层农技推广, 7(9): 96-98.

黄新忠, 陈义挺, 雷龑, 等. 2010. 福建梨早期大量落叶诱因与防控策略. 中国农学通报, 20: 91-95.

黄妍妍, 王利平, 洪霓, 等. 2011. 来源于新疆的3个苹果褪绿叶斑病毒分离物的分子变异研究. 植物病理学报, 41(5): 551-555.

黄窈军, 周晓华, 童正仙. 1999. 梨干枯病的发生及防治技术. 西南园艺, 27(2): 25.

黄咏槐, 钱明惠, 黄华毅, 等. 2018. 星天牛防治技术研究进展. 林业与环境科学, 34(4): 162-167.

贾娜娜, 翟立峰, 白晴, 等. 2015. 腐烂病菌的 GFP 标记及其在梨叶片组织中的侵染和扩展观察. 果树学报, 32(6): 852-859.

贾晓辉, 王文辉, 张鑫楠, 等. 2022. 梨顶腐病的发生与防控技术要点. 果树实用技术与信息, (10): 32-33.

姜莉莉, 孙瑞红, 武海斌, 等. 2021. 苹果园绣线菊蚜和山楂叶螨的田间生物防控技术研究. 中国果树, (11): 5.

蒋雯, 段晓东, 马德英, 等. 2014. 新疆白星花金龟绿僵菌分离鉴定及致病力测定. 中国生物防治学报, 30(3): 342-347.

金剑. 2021. 苹果蠹蛾在木垒县山区逆温带发生规律及综合防治措施. 农村科技, (3): 31-33.

静大鹏, 黄晓丹, 高祖鹏, 等. 2022. 桃蛀螟与松蛀螟两个近缘种的形态学和分子生物学特征比较. 应用昆虫学报, (3): 489-498.

孔令斌, 林伟, 李志红, 等. 2008. 气候因子对橘小实蝇生长发育及地理分布的影响. 昆虫知识, 45(4): 528-531.

孔庆敏, 韩永红, 于长水, 等. 2009. 梨实蜂发生规律与生活习性观察. 落叶果树, (1): 39-41.

寇弘儒, 李春娜, 董兆克, 等. 2020. 7 种杀虫剂对苹果黄蚜和异色瓢虫的毒力及选择毒性研究. 植物医生, 33(1): 6.

李兵. 2019. 柑橘星天牛的发生规律及绿色防控策略. 植物医生, 32(4): 64-66.

李淳, 马雲, 王素琴, 等. 2021. 探究苹果蠹蛾发生特点与综合防治. 农业技术与装备, (11): 170-171.

李法圣. 2011. 中国木虱志: 昆虫纲 半翅目. 北京: 科学出版社: 872-874.

李广旭. 2011. 南果梨病虫害周年防治历. 新农业, (2): 22-23.

李国元. 1998. 不同梨树品种对梨轮纹病、锈病和黑斑病的抗性调查. 孝感师专学报, (4): 67-69.

李丽, 毛洪捷. 2009. 黄刺蛾的生活习性及防治技术. 吉林林业科技, 38(6): 51-53.

李龙辉. 2018. 梨褪绿叶斑病田间发生动态调查和该病毒不同部位检测及分子生物学特性研究. 武汉: 华中农业大学硕士学位论文.

李强, 门兴元, 徐清芳, 等. 2019. 苹果园二斑叶螨高效防治药剂筛选. 应用昆虫学报, 56(6): 1264-1271.

李世兵, 原京超, 苏卫河, 等. 2020. 梨树主要病虫害防治历. 果农之友, (11): 35-37.

李淑恩, 靳爱荣. 1997. 梨瘿华蛾的发生与防治. 北方果树, 4: 41-42.

李鑫, 尹翔宇, 马丽, 等. 2007. 茶翅蝽的行为与控制利用. 西北农林科技大学学报（自然科学版), (10): 139-145.

李秀根, 张绍铃. 2020. 中国梨树志. 北京: 中国农业出版社: 99-105.

李学春, 朱佳虎, 李彦军, 等. 2007. 库尔勒香梨腐烂病的发生及防治措施. 新疆农业科技, (4): 27.

李永才. 2000. 苹果梨（*Pyrus bretchneideri* Rehd.）黑斑病潜伏侵染及其预先合成抗菌物质的变化和诱导. 兰州: 甘肃农业大学硕士学位论文.

林恩明. 2016. 重庆市永川区黄瓜山梨病虫害周年防治技术. 现代农业科技, (11): 168.

林赫杰, 张未仲, 赵龙龙. 2020. 果树绿盲蝽重发生原因分析及防治建议. 果树资源学报, 1(6): 49-51.

林居宁. 2010. 无公害梨果品生产病虫草害综合防治. 现代农业科技, (8): 180-181.

林萍. 2021. 不同应激条件对梨小食心虫和苹果蠹蛾肠道微生物多样性影响. 石河子: 石河子大学硕士学位论文.

蔺国仓, 任向荣, 孙美乐, 等. 2021. 性诱剂对苹果蠹蛾监测及综合防治技术. 新疆农业科技, (5): 35-37.

蔺经, 杨青松, 李晓刚, 等. 2004. 不同梨树品种对梨锈病的田间抗性调查. 江苏农业科学, (1): 73-74.

蔺经, 杨青松, 李晓刚, 等. 2006. 砂梨品种对黑斑病的抗性鉴定和评价. 金陵科技学院学报, (2): 80-85.

刘博, 刘国鹏. 2017. 麻皮蝽在猕猴桃园的危害及防治措施. 陕西农业科学, 63(12): 63-64.

刘福明. 1999. 梨树茶翅蝽发生规律及防治技术. 浙江柑桔, (3): 44.

刘华珍, 杨作坤, 周友斌, 等. 2017. 侵染梨的苹果茎痘病毒基因组序列及小RNA分析. 植物病理学报, 47(5): 584-590.

刘家成, 夏凤, 王学良, 等. 2004. 安徽省茶翅蝽测报方法. 安徽农业科学, (1): 72-73.

刘仁道, 邓国涛, 刘勇, 等. 2008. 不同梨品种对梨黑斑病抗性差异研究. 北方园艺, (3): 6-8.

刘书晓. 2018. 河北衡水梨树几种主要病虫害的发生与防治. 果树实用技术与信息, (1): 35-36.

刘树森, 李克斌, 尹姣, 等. 2008. 蛴螬生物防治研究进展. 中国生物防治, 24(2): 168-173.

刘先琴, 秦仲麒, 李先明, 等. 2007. 砂梨主要病虫害综合防治技术规程. 湖北农业科学, 46(6): 923-925.

刘献明. 2005. 绿盲蝽在桃、苹果、葡萄、梨上发生危害的调查及防治. 果农之友, (8): 34-41.

刘新伟, 陈岩, 宋福, 等. 2009. 我国梨和部分国外梨果实上链格孢菌的鉴定研究. 植物检疫, 23(5): 1-5.

刘艳玲, 雷金繁, 白岗栓, 等. 2020. 关中平原樱桃园白星花金龟子的发生与防治. 安徽农业科学, 48(6): 122-126.

刘英芳. 2016. 梨二叉蚜在辽西北地区的发生规律及综合防治技术. 防护林科技, 3: 125-126.

刘永生, 吴四宝, 周忠良, 等. 1995. 砂梨主要推广品种对黑斑病、黑星病和轮纹病的抗性调查. 湖北植保, (5): 14-15.

刘邮洲, 常有宏, 陈志谊, 等. 2009. 不同梨品种对黑斑病抗性鉴定. 江苏农业科学, (3): 125-127.

刘邮洲, 陈志谊, 钱国良, 等. 2013. 梨胶胞炭疽病菌的分离、鉴定及其生物学特性. 江苏农业学报, 29: 60-64.

刘朝红, 胡增丽, 张未仲, 等. 2020. 外源水分和温度对冬型梨木虱存活的影响. 环境昆虫学报, 42(6): 1409-1414.

娄巧哲, 李静. 2019. 河北梨园有害生物图谱. 石家庄: 河北科学技术出版社.

鲁旭鹏. 2021. 辽宁省苹果蠹蛾综合防控技术体系建设研究. 农业科技与装备, (3): 19-20.

陆秀君, 刘兵. 2002. 沈阳地区梨象甲的发生及其生物学特性研究. 沈阳农业大学学报, (2): 100-102.

鹿金秋, 王振营, 何康来, 等. 2010. 桃蛀螟研究的历史、现状与展望. 植物保护, 36(2): 31-38.

罗守进. 2013. 梨炭疽病的识别与防治. 农业灾害研究, 3: 14-17.

罗淑萍, 陆宴辉, 崔艮中, 等. 2018. 冬枣园绿盲蝽绿色防控技术体系构建与示范. 植物保护, 44(1): 194-198.

马艳芳, 张山林, 常承秀. 2012. 乌苏里梨喀木虱生物学特性研究. 植物保护, 38(5): 139-142.

麦麦提亚生. 2008. 香梨腐烂病发生现状与防治对策. 新疆农业科技, (6): 52.

牛玉玲, 覃建国, 陆彤, 等. 2022. 果园大青叶蝉发生规律及综合防治技术. 西北园艺（果树）, (2): 34-35.

庞华, 杨梅. 2015. 香梨优斑螟的发生规律及综合防控措施. 植物医生, 28(3): 11-12.

彭宇鸿, 傅敏, 胡红菊, 等. 2020. 导致南方梨早期落叶的果生炭疽菌致病力分化分析. 果树学报, 37(7): 1046-1056.

秦景全. 2013. 辽宁省海城地区南果梨树梨实蜂的发生与防治. 北京农业, (12): 89.

秦勇, 冯凯歌, 王大清, 等. 2013. 梨茎蜂茶翅蝽和梨瘿华蛾的发生与防治. 现代农村科技, (13): 24-25.

邱立新, 卢修亮, 林晓, 等. 2022. 我国美国白蛾防控历程与新时期策略探讨. 中国森林病虫, 41(6): 1-7.

权景锋. 2014. 白星花金龟子的发生与防治. 北方果树, (5): 49.

任善军, 董恩玉, 裴艳飞, 等. 2017. 山东平原梨园梨二叉蚜的安全防治. 果树实用技术与信息, 10: 25.

阮承莲. 2015. 南方早熟梨黑斑病的发生与防治. 东南园艺, 3(3): 47-49.

尚子华, 张祥华, 刘永生, 等. 2000. 天牛对果树的危害情况调查及其防治研究. 宁夏农林科技, (2): 9, 10-12.

沈量, 马雨萱, 傅敏, 等. 2020. 中国南方主要梨产区果生炭疽菌对苯醚甲环唑的敏感性. 农药学学报, 22(1): 54-59.

盛宝龙, 李晓刚, 蔺经, 等. 2004. 不同梨品种对黑斑病的田间抗性调查. 中国南方果树, (6): 76-77.

师光禄, 郑王义, 党泽普, 等. 1994. 果树害虫. 北京: 中国农业出版社: 17-19, 590-592.

石宝才, 宫亚军, 魏书军, 等. 2021. 鳞翅目幼虫彩色图鉴. 北京: 中国农业出版社: 45.

时明刚, 段科平, 石蕾, 等. 2017. 吉首高山金秋梨黄粉蚜连年大发生原因及防治对策. 农业科技通讯, (3): 261-263.

宋博, 朱晓锋, 徐兵强, 等. 2016. 库尔勒香梨果萼黑斑病病原鉴定及其 ITS、GPD 和 EF-1α 序列分析. 园艺学报, 43(2): 329-336.

宋宏伟, 王彩敏. 1993. 麻皮蝽和茶翅蝽对枣树的危害及防治研究. 昆虫知识, (4): 225-228.

孙丽昕, 杨立新. 2006. 梨金缘吉丁生物学特性初步观察. 内蒙古农业科技, (1): 77-78.

孙圣杰, 任爱华, 王晓祥, 等. 2021. 利用迷向散发器和释放松毛虫赤眼蜂对梨树蛀果害虫的防控效果. 中国生物防治学报, 37(1): 102-109.

孙学海. 2007. 梨冠网蝽在樱桃上的为害特征与综合防治措施. 中国植保导刊, (9): 22-23.

孙兆祜. 2013. 桑褶翅蛾区域性暴发调查及防治. 国土绿化, (12): 38.

孙自瑾, 汪大贵. 2002. 谨防茶翅蝽危害林木果树. 植物医生, (2): 30.

唐珊秀, 潘玖顺. 2008. 资源县梨园梨茎蜂的发生为害及防治方法. 中国植保导刊, 28(9): 25-26.

唐小宁. 2010. 洋梨干枯病的发生及防治. 河北林业科技, (4): 77.

涂洪涛, 张金勇, 黄天祥, 等. 2020. 苹小卷叶蛾性信息素诱捕器田间诱捕效应的影响因子. 果树学报, 37(10): 1555-1561.

吐努合·哈米提, 潘卫平, 王惠卿, 等. 2011. 三种植物源杀虫剂对白星花金龟的毒力测定. 新疆农业科学, 48(2): 348-351.

万津瑜, 周玲, 张青文, 等. 2012. 梨瘿蚊生物学及综合防治研究进展. 北方园艺, (14): 194-196.

王传锐, 王光波. 2016. 林木害虫褐边绿刺蛾和褐刺蛾的发生与防治. 现代农村科技, (19): 28-29.

王春蕾. 2016. 金纹细蛾研究进展. 农业开发与装备, (5): 45.

王春明, 董玉军, 仉服春, 等. 2014. 辽宁绥中梨园梨肿叶瘿螨的发生趋势及防治. 果树实用技术与信息, (10): 33-34.

王德钢. 2020. 越冬香梨优斑螟部分抗寒基因表达及氨基酸研究. 阿拉尔: 塔里木大学硕士学位论文.

王迪轩. 2020. 梨二叉蚜在梨树上的危害特点及防治措施. 果农之友, (9): 46-51.

王迪轩, 冷德良, 肖建强. 2019. 夏秋高温季节注意防治梨冠网蝽. 果农之友, (6): 29-30.

王迪轩, 张有民, 郭赛, 等. 2019. 褐边绿刺蛾对果树的危害及其综合防治. 果农之友, 12: 19, 42.

王刚, 何丽, 张秀莉, 等. 2016. 阿克苏地区苹果园香梨优斑螟发生规律及防治方法. 新疆农垦科技, 39(7): 24-26.

王国平, 洪霓, 张尊平, 等. 1994. 我国北方梨产区主栽品种病毒种类的鉴定研究. 中国果树, (2): 1-4.

王国平, 王金友, 冯明祥. 2011. 梨树病虫草害防治技术问答. 北京: 金盾出版社: 81-95.

王海潘. 2022. 多克隆抗体检测 PCLSaV 效果评价及该病毒含量的 RNA 测序分析. 武汉: 华中农业大学硕士学位论文.

王洪平. 2001. 梨树重要害虫: 梨大食心虫. 农药, (2): 48-49.

王华生. 2019. 橘小实蝇的发生及其防治技术. 广西植保, 32(1): 35-37, 40.

王焕英, 韩秀凤, 高俊杰, 等. 2011. 梨树干枯病重度发生的成因及综合防治技术. 中国园艺文摘, 27(7): 164-165.

王慧芙, 崔云琦, 张守友. 1981. 我国北方为害果树的叶螨和细须螨. 植物保护学报, (1): 9-16.

王江柱, 仇贵生. 2014. 梨病虫害诊断与防治原色图鉴. 北京: 化学工业出版社.

王杰君, 孙红艳. 2004. 库尔勒香梨冻害、腐烂病、优斑螟综合防治措施. 山西果树, (6): 50-51.

王洁雯, 刘奇志, 周成. 2014. 国外康氏粉蚧的发生与防治. 黑龙江农业科学, (11): 165-167.

王金荣, 巫冬江, 吕爱华, 等. 2008. 褐边绿刺蛾幼虫生物农药防治试验. 浙江林业科技, 28(3): 66-68.

王利华, 罗慧, 王国平, 等. 2017. 来源于产黄青霉病毒科成员的分离物对梨轮纹病菌生长及其致病力的影响. 果树学报, 34(10): 1330-1339.

王利平, 洪霓, 宋艳苏, 等. 2013. 来源于砂梨和桃的苹果褪绿叶斑病毒分离物部分 CP 基因和 3′ 端非翻译区的序列分析. 植物病理学报, 43(1): 104-109.

王利平, 王国平, 谭荣荣, 等. 2006. 生物素标记 cDNA 探针杂交检测梨树上 3 种潜隐病毒研究. 植物病理学报, 36(6): 488-493.

王朋. 2022. 苹毛丽金龟防治效果试验. 现代农村科技, (5): 57-58.

王瑞笛. 2019. 白星花金龟对不同挥发物的行为反应. 石河子: 石河子大学硕士学位论文.

王双喜, 张顺其, 郭红起, 等. 2012. 3 种梨树病虫害的鉴别与防治. 中国园艺文摘, 28(4): 176-177.

王玮, 王胜永, 李宝辉, 等. 2019. 粘虫板不同挂板方式对苹果绣线菊蚜诱杀效果的影响. 中国果树, (5): 77-81.

王文辉, 王国平, 田路明, 等. 2019. 新中国果树科学研究 70 年: 梨. 果树学报, 36: 1273-1282.

王文青, 李扬, 向均, 等. 2020. 我国梨产区引起黑斑病的链格孢种类鉴定与致病性研究. 果树学报, 37(12): 1922-1933.

王小艺, 曹亮明, 杨忠岐. 2018. 我国五种重要吉丁虫学名订正及再描述（鞘翅目: 吉丁甲科）. 昆虫学报, 61(10): 1202-1211.

王晓鸣, 王振营. 2018. 中国玉米病虫草害图鉴. 北京: 中国农业出版社: 326-327.

王秀琴. 2008. 几种药剂防治香梨腐烂病药效试验. 农村科技, (4): 40.

王旭光, 何山林, 何喜娥. 2012. 果园茶翅蝽的无公害防治. 乡村科技, (3): 21.

王旭丽, 康振生, 黄丽丽, 等. 2007. ITS 序列结合培养特征鉴定梨树腐烂病菌. 菌物学报, 26(4): 517-527.

王学良, 王梅英, 吴君侠. 2008. 2007 年砀山县梨炭疽病大发生原因分析及防治对策. 安徽农学通报, 14(3): 143.

王学山, 宁波, 潘淑琴, 等. 1996. 苹毛丽金龟生物学特性及防治. 昆虫知识, (2): 111-112.

王雪湘. 2004. 桑褶翅尺蠖在花灌木上的发生规律和防治措施. 河北林业科技, 4: 43.

王一珊, 徐欢, 胡美绒. 2019. 果园三种主要椿象的防治. 西北园艺（果树）, (6): 29-31.

王玉东, 李克斌, 尹姣, 等. 2010. 昆虫病原线虫在蛴螬综合防治中的研究进展 // 吴孔明. 公共植保和绿色防控. 北京: 中国农业科学技术出版社: 478-484.

王源岷, 王英男. 1988. 梨茶翅蝽研究初报. 华北农学报, (4): 96-101.

王志华, 毛润萍, 于静亚, 等. 2022. 武汉地区星天牛生物学特性及绿色防控技术. 农业研究与应用, 35(1): 1-8.

魏景超. 1979. 真菌鉴定手册. 上海: 上海科学技术出版社.

魏明峰, 姚众, 刘珍, 等. 2020. 高岭土颗粒涂布对中国梨喀木虱寄主选择、产卵的影响及应用效果. 环境昆虫学报, 42(4): 991-997.

魏明峰, 赵龙龙, 姚众, 等. 2020. 梨生育期中国梨喀木虱卵的空间分布及时序动态. 中国南方果树, 49(3): 139-142.

温源, 张亚光, 武应鹏, 等. 2019. 梨树苹毛丽金龟和蚜虫的生物药剂防治试验. 落叶果树, (3): 43-45.

吴嘉维, 姚张良, 胡琪琪, 等. 2021. 浙北桐乡梨锈病防治适期和防治药剂研究. 浙江农业学报, 33(9): 1668-1675.

吴良庆, 朱立武, 衡伟, 等. 2010. 砀山梨炭疽病病原鉴定及其抑菌药剂筛选. 中国农业科学, 43(18): 3750-3758.

吴雅琴. 1997. 梨树主要病毒的检测方法. 河北果树, (2): 5-6.

仵均祥. 2011. 农业昆虫学实验实习指导书（北方本）. 北京: 中国农业出版社: 196-201.

仵均祥. 2016. 农业昆虫学: 北方本. 3版. 北京: 中国农业出版社: 331-335, 341-345.

肖艳, 成明昊, 李育农. 1992. 褪绿叶斑病毒（CLSV）对苹果属植物过氧化物酶活性及同工酶的影响. 西南农业大学学报, (2): 10-15.

谢志刚, 张明, 卜令龙, 等. 2017. 梨褐斑病的发生规律与防治方法. 落叶果树, 49(6): 40-41.

徐丽丽, 解春霞, 郑华英, 等. 2020. 星天牛对寄主树种的选择性行为研究. 江苏林业科技, 47(6): 37-41.

许明伟, 蒋玉超. 1999. 黄河故道地区危害砀山酥梨的三种蜡象. 山西果树, (2): 29.

亚森·吾甫尔. 2015. 库尔勒市区域香梨优斑螟防治措施. 农技服务, 32(9): 95.

闫文涛, 仇贵生, 张怀江, 等. 2016. 苹果园2种金龟子的诊断与防治实用技术. 果树实用技术与信息, (3): 29-31.

闫文涛, 张怀江, 岳强, 等. 2020a. 梨园黄粉蚜的诊断与防治实用技术. 果树实用技术与信息, (10): 37-38.

闫文涛, 张怀江, 岳强, 等. 2020b. 梨园梨冠网蝽的诊断与防治实用技术. 果树实用技术与信息, (11): 22-23.

闫文涛, 张怀江, 岳强, 等. 2020c. 梨园梨星毛虫的诊断与防治实用技术. 果树实用技术与信息, (10): 39-40.

闫文涛, 张怀江, 岳强, 等. 2020d. 梨园苹小卷叶蛾的诊断与防治实用技术. 果树实用技术与信息, (12): 20-21.

闫文涛, 张怀江, 岳强, 等. 2020e. 梨园山楂叶螨的诊断与防治实用技术. 果树实用技术与信息, (12): 18-20.

闫文涛, 张怀江, 岳强, 等. 2021a. 梨园二斑叶螨的诊断与防治实用技术. 果树实用技术与信息, (1): 31-32.

闫文涛, 张怀江, 岳强, 等. 2021b. 梨园梨二叉蚜的诊断与防治实用技术. 果树实用技术与信息, (9): 34-35.

闫文涛, 张怀江, 岳强, 等. 2021c. 梨园麻皮蝽的诊断与防治实用技术. 果树实用技术与信息, (6): 22-23.

阳紫凌, 王先洪, 王利平, 等. 2022. 我国砂梨主产区白纹羽病的病原鉴定及序列分析. 果树学报, 39(8): 1459-1468.

杨诚. 2014. 白星花金龟生物学及其对玉米秸秆取食习性的研究. 泰安: 山东农业大学硕士学位论文.

杨红梅, 杨巍, 吕波. 2015. 酥梨病虫害绿色防控技术规程. 现代农业, (7): 34-35.

杨健. 2016. 梨锈病的发生规律及防治方法. 果农之友, (7): 42.

杨金花, 徐叶挺, 张校立. 2022. 梨火疫病研究进展. 分子植物育种, 20(3): 1003-1013.

杨晓蕾, 钱国良, 范加勤, 等. 2014. 梨黑斑病菌拮抗细菌的筛选鉴定及其拮抗活性的研究. 南京农业大学学报, 37(1): 68-74.

袁火霞, 范咏梅, 楚光明. 2019. 新疆南疆枣树香梨优斑螟的发生与防治. 现代园艺, (20): 58-59.

袁自更. 2017. 星天牛发生规律及绿色防控措施. 果农之友, (10): 23-25.

苑国. 2010. 朝鲜球坚蚧生物学特性及防治初探. 山西林业科技, 39(1): 36-37.

曾士迈. 2004. 绿化树种的选择须考虑植保后果, 防重于治: 从武汉市梨树锈病流行说起. 植物保护, 30(6): 10.

詹海霞, 陈菊红, 米倩倩, 等. 2020. 茶翅蝽生长发育、繁殖及若虫各龄期形态特征研究. 应用昆虫学报, 57(2): 392-399.

张富和, 韩娟, 张力博, 等. 2019. 二嗪磷及氯噻啉组合防治苹果园朝鲜球坚蚧试验报告. 陕西农业科学, 65(4): 85-86.

张高雷, 李保华, 董向丽, 等. 2011. 苹果轮纹病瘤组织形态研究. 植物病理学报, 41(1): 98-101.

张慧, 黄新忠, 傅敏, 等. 2020. 福建砂梨急性花枯病病原菌的分离与鉴定. 果树学报, 37(10): 1537-1544.

张建国. 2002. 果园茶翅蝽的发生规律与综合防治. 果农之友, (5): 31.

张克莉. 2019. 草履蚧的生态习性和防治方法. 江西农业, 20: 27-30.

张乐乐, 布乃滨, 吴立新. 2021. 山东黄河三角洲保护区天然柳林星天牛发生规律及其防治. 现代园艺, 44(3): 127-128.

张立功, 李丙智. 2006. 梨园常见病虫害防治农药. 西北园艺（果树）, (1): 31-32.

张莉. 2004. 梨金缘吉丁虫的发生与防治. 西北园艺, 8: 27-28.

张美翠, 尹姣, 李克斌, 等. 2014. 地下害虫蛴螬的发生与防治研究进展. 中国植保导刊, 34(10): 20-28.

张美鑫, 翟立峰, 胡红菊, 等. 2014. 梨种质资源对腐烂病抗性的室内评价. 园艺学报, 41(7): 1297-1306.

张美鑫, 翟立峰, 周玉霞, 等. 2013a. 梨腐烂病致病力的室内快速测定方法研究. 果树学报, 30(2): 317-322.

张美鑫, 翟立峰, 周玉霞, 等. 2013b. 我国梨树腐烂病菌致病力分化分析. 果树学报, 30(4): 657-664.

张青文. 2007. 有害生物综合治理学. 北京: 中国农业大学出版社: 247-249.

张青文, 刘小侠. 2015. 梨园害虫综合防控技术. 北京: 中国农业出版社: 59-61, 85-86, 464-467.

张绍玲. 2013. 梨学. 北京: 中国农业出版社: 686-698.

张绍铃. 2017. 中国现代农业产业可持续发展战略研究 梨分册. 北京: 中国农业出版社.

张绍玲, 李秀根, 王国平, 等. 2013. 梨学. 北京: 中国农业出版社: 551-631.

张士勇, 武泽民, 宋海森. 2004. 不同梨品种与腐烂病发病关系的研究. 辽宁农业职业技术学院学报, (2): 32-33.

张兴旺. 2005. 蛀食梨树枝干害虫的防治. 致富天地, (7): 23.

张学芬. 2008. 临夏梨树腐烂病田间治疗试验. 农业科技与信息, (7): 38.

张艳杰, 王斐, 欧春青, 等. 2019. 梨树白粉病研究进展. 中国植保导刊, 39(7): 23-27.

张艳霞, 赵丹, 刘文献, 等. 2010. 果园主要螨类害虫发生规律与防治要点. 现代农村科技, (13): 23-24.

张永强, 慕晓华, 姬松龄, 等. 2006. 黄斑蝽和茶翅蝽的生物学特性及防治技术. 落叶果树, (3): 42-44.

张勇, 李哲, 王宏伟, 等. 2015. 套袋梨黄粉蚜的发生规律与防治技术研究进展. 落叶果树, 47(1): 17-20.

张宇凡, 王小艺. 2019. 星天牛生物防治研究进展. 中国生物防治学报, 35(1): 134-145.

张玉萍. 2003. 日本抗病早熟梨新品种: 真寿. 西北园艺, (12): 27.

张哲, 高晓雯, 王海潘, 等. 2021. 梨褪绿叶斑伴随病毒的 RT-PCR 和巢式 RT-PCR 检测技术建立. 植物病理学报, 52(4): 691-698.

张治科, 杨彩霞. 2007. 桑褶翅尺蛾幼虫生物学特性研究. 新疆农业大学学报, 30(4): 84-87.

章宗江. 1992. 果树害虫的生物防治: 利用梨瘿蛾齿腿姬蜂、茧蜂等控制梨瘿蛾的为害. 落叶果树, 24(4): 37-38.

赵成范, 俞英哲, 宋龙范. 1995. 梨干枯病的发生与防治. 山西果树, 2: 34-35.

赵飞飞, 沈量, 傅敏, 等. 2019. 梨果生刺盘孢子囊孢子单孢菌系的生物学特性及致病性研究. 植物病理学报, 49(1): 1-10.

赵杰, 尉晶, 郭树怀, 等. 2021. 绿盲蝽在果树上的为害特点及绿色防控技术. 植物医生, 34(6): 62-65.

赵龙龙, 付振鑫, 赵志国. 2021a. 中国梨木虱的越冬特点及其防治研究. 植物医生, 34(4): 56-61.

赵龙龙, 李先伟. 2022. 梨癭华蛾日行为节律研究. 植物医学, 1(2): 77-83.

赵龙龙, 刘鋆, 卫洁, 等. 2021c. 不同颜色粘虫板对中国梨木虱的诱捕效果. 中国果树, (3): 39-42.

赵龙龙, 刘朝红, 胡增丽, 等. 2021b. 不同温度梯度及频率的冻融对冬型中国梨木虱存活的影响. 植物保护, 47(4): 107-112.

赵龙龙, 卫洁, 刘朝红, 等. 2021d. 中国梨木虱关键发生期与气温关系研究. 上海农业学报, 37(5): 68-72.

赵龙龙, 张未仲, 胡增丽, 等. 2019. 冬型中国梨木虱在梨树不同部位的产卵特点. 植物保护, 45(4): 201-204.

赵龙龙, 张未仲, 刘朝红, 等. 2021e. 4种矿物源农药对冬型中国梨木虱卵灭杀效果的研究. 植物医生, 34(4): 36-40.

赵倩, 林思雨, 朱丽得孜·艾山, 等. 2022. 新疆大青叶蝉发生及其卵寄生蜂生物学特性. 中国生物防治学报, 38(1): 29-41.

赵晓敏, 赖忠晓, 陈平强, 等. 2022. 几种植物源农药对苹果主要害虫的生物活性. 中国生物防治学报, 38(6): 1385-1392.

赵旭东, 耿薏舒, 郝德君, 等. 2022. 美国白蛾防控技术的研究进展及展望. 中国森林病虫, 41(5): 44-52.

赵永飞, 祝国栋, 任卫国, 等. 2019. 北方落叶梨树主要病虫害的发生与防治. 现代农业科技, (24): 89-90.

郑晓霞, 贾丽, 张婧, 等. 2016. 套袋梨黄粉蚜的综合防治技术. 落叶果树, 48(1): 55-56.

郑银英, 王国平, 洪霓, 等. 2007. 来源于桃和苹果的苹果褪绿叶斑病毒的部分分子生物学特性和CP基因的原核表达. 植物病理学报, 37(4): 356-361.

中国农业科学院植物保护研究所, 中国植物保护学会. 2015. 中国农作物病虫害. 3版. 北京: 中国农业出版社: 761-798.

周玉霞, 程栎菁, 张美鑫, 等. 2013. 我国梨腐烂病病原菌的初步鉴定及序列分析. 果树学报, 30(1): 140-146.

周玉霞, 张美鑫, 翟立峰, 等. 2014. 梨和苹果腐烂病菌不同培养表型菌株的致病性分析. 植物病理学报, 44(2): 217-220.

周志芳, 褚凤杰. 1995. 梨园茶翅蝽防治适期的研究. 河北果树, (3): 4-5.

朱慧, 王国平, 杨作坤, 等. 2017. 梨泡状溃疡类病毒的RT-PCR检测及序列分析. 植物病理学报, 47(4): 558-562.

Adams GC, Roux J, Wingfield MJ. 2005. *Cytospora* species (Ascomycota, Diaporthales Valsaceae): introduced and native pathogens of trees in South Africa. Australasian Plant Pathology, 35(5): 521-548.

Adams MJ, Candresse T, Hammond J, et al. 2012. Betaflexiviridae // King AMQ, Adams MJ, Carstens EB, et al. Virus Taxonomy: Classification and Nomenclature of Viruses: Ninth Report of the International Committee on Taxonomy of Viruses. San Diego: Elsevier: 920-941.

Akbar SA, Nabi SU, Mansoor S, et al. 2020. Morpho-molecular identification and a new host report of *Bactrocera dorsalis* (Hendel) from the Kashmir valley (India). International Journal of Tropical Insect Science, 40(2): 315-325.

Ambrós S, Desvignes JC, Llácer G, et al. 1995. Pear blister canker viroid: sequence variability and causal role in pear blister canker disease. Journal of General Virology, 76(Pt 10): 2625-2629.

Amur A, Memon N, Shah MA, et al. 2017. Biology and morphometric of different life stages of the oriental fruit fly (*Bactrocera dorsalis* Hendel) (Diptera: Tephritidae) on three varieties of mango of Sindh. Pakistan J Anim Plant Sci, 27(5): 1711-1718.

Anivar S. 2015. Field monitoring experiment on trapping and killing the sweet and sour borer. Agriculture and Technology, 35(16): 14-15.

Bagarová K, Psota V. 2016. San Jose scale (*Comstockaspis perniciosa*): new findings of monitoring and possibilities of organic control. Acta Horticulturae, (1137): 177-182.

Bai Q, Zhai L, Chen X, et al. 2015. Biological and molecular characterization of five *Phomopsis* species associated with pear shoot canker in China. Plant Dis, 99: 1704-1712.

Barba M, Clark MF. 1986. Detection of strains of *Apple chlorotic leaf spot virus* by F(ab)$_2$-based indirect ELISA. Acta Horticulturae, 193: 297-230.

Biggs AR, Miller SS. 2004. Relative susceptibility of selected apple cultivars to fruit rot caused by *Botryosphaeria obtusa*. Hortscience, 39(2): 303-306.

Cordy CB, MacSwan JC. 1961. Some evidence that pear bark measles is seed-borne. Plant Disease Reporter, 45: 891.

Cropley R. 1960. Pear blister canker: a virus disease. Annual Report of East Malling Research Station, 43: 104.

Crous PW, Phillips A, Baxter AP. 2000. Phytopathogenic fungi from South Africa. Stellenbosch: University of Stellenbosch Printers/Department of Plant Pathology Press.

Crous PW, Slippers B, Wingfield MJ, et al. 2006. Phylogenetic lineages in the Botryosphaeriaceae. Stud Mycol, 55(55): 235-253.

Damm U, Cannon PF, Woudenberg JHC, et al. 2012. The *Colletotrichum acutatum* species complex. Stud Mycol, 73: 37-113.

Drake CR. 1971. Source and longevity of apple fruit rot inoculum, *Botryosphaeria ribis* and *Physalospora obtusa*, under orchard condition. Plant Dis, 55: 122-126.

Ervin RT, Moffitt LJ, Meyerdirk DE. 1983. Comstock mealybug (Homoptera: Pseudococcidae): cost analysis of a biological control program in California. J Econ Entomol, 76(3): 605-609.

Fan XL, Yang Q, Bezerra JDP, et al. 2018. *Diaporthe* from walnut tree (*Juglans regia*) in China, with insight of the *Diaporthe eres* complex. Mycol Prog, 17: 841-853.

Flores R, Hernandez C, Llacer G, et al. 1991. Identification of a new viroid as the putative causal agent of pear blister canker disease. J Gen Virol, 72(Pt 6): 1199-1204.

Fu M, Crous PW, Bai Q, et al. 2019. *Colletotrichum* species associated with anthracnose of *Pyrus* spp. in China. Persoonia, 42: 1-35.

Gabr MR, Saleh OI, El-Hoda AH, et al. 1990. Botryodiplodia fruit rot of pear fruit, some physiological and pathological studies. Ann Agric Sci (Cairo), 1: 427-444.

German-Retana S, Bergey B, Delbos RP, et al. 1997. Complete nucleotide sequence of the genome of a severe cherry isolate of *Apple chlorotic leaf spot trichovirus*. Arch Virol, 142(4): 833-841.

Gokturk T, Kordali S, Bozhuyuk AU. 2017. Insecticidal effect of essential oils against fall webworm *Hypantria cunea* Drury (Lepidoptera: Arctiidae). Nat Prod Commun, 12(10): 1659-1662.

Guan YQ, Chang RF, Liu GJ, et al. 2015. Role of lenticels and microcracks on susceptibility of apple fruit to *Botryosphaeria dothidea*. Euro J Plant Pathol, 143: 317-330.

Guo YS, Crous PW, Bai Q, et al. 2020. High diversity of *Diaporthe* species associated with pear shoot canker in China. Persoonia, 45: 132-162.

Hernández C, Flores R, Llácer G, et al. 1992. Evidences supporting a viroid etiology for pear blister canker disease. Acta Horticulturae, (309): 319-324.

Hu GJ, Hong N, Wang GP. 2019. Elimination of *Apple stem pitting virus* from *in vitro*-cultured pear by an antiviral agent combined with thermotherapy. Australas Plant Pathol, 48(2): 115-118.

Jelkmann W. 1994. Nucleotide sequences of *Apple stem pitting virus* and of the coat protein gene of a similar virus from pear associated with vein yellows disease and their relationship with potex- and carlaviruses. J Gen Virol, 75(7): 1535-1542.

Jiang JJ, Zhai HY, Li HN, et al. 2014. Identification and characterization of *Colletotrichum fructicola* causing black spots on young fruits related to bitter rot of pear (*Pyrus bretschneideri* Rehd.) in China. Crop Prot, 58: 41-48.

Jones AL, Aldwinckle HS. 1990. Compendium of Apple and Pear Disease. St. Paul: American Phytopathological Society.

Kegler H. 1965. Bark split and decline in Beurre Hardy pear trees. Zastita Bilja, 16: 311-316.

Kegler H. 1967. Der virose Birnenverfall, die Rindenrissigkeit und die Rindennekrose. Obstbau, 7: 21-23.

Kim KW, Park EW, Kim YH, et al. 2001. Latency- and defense-related ultrastructural characteristics of apple fruit tissues infected with *Botryosphaeria dothidea*. Phytopathology, 91(2): 165-172.

Kim WG, Hong SK, Park YS. 2007. Occurrence of anthracnose on fruits of Asian peach tree caused by *Colletotrichum acutatum*. Mycobiology, 35: 238-240.

Koczan JM, Lenneman BR, McGrath MJ, et al. 2011. Cell surface attachment structures contribute to biofilm formation and xylem colonization by *Erwinia amylovora*. Appl Environ Microb, 77(19): 7031-7039.

Koganezawa H, Sakuma TB. 1984. Causal fungi of apple fruit rot. Fruit Tree Res Stn Jpn Ser C, 11: 63-73.

Koganezawa H, Yanase H. 1990. A new type of elongated virus isolated from apple trees containing the stem pitting agent. Plant Disease, 74: 610-614.

Kristensen H R, Jorgensen H A. 1957. Pear bark split. Tidsskrift for Planteavl, 61: 617.

Kubota K, Chiaki Y, Yanagisawa H, et al. 2020. First report of *Pear chlorotic leaf spot-associated virus* on Japanese and European pears in Japan and its detection from an eriophyid mite. Plant Dis, 105: 1234.

Kundoo AA, Khan AA. 2017. Coccinellids as biological control agents of soft bodied insects: a review. Journal of Entomology and Zoology Studies, 5(5): 1362-1373.

Li HN, Jiang JJ, Hong N, et al. 2013. First report of *Colletotrichum fructicola* causing bitter rot of pear (*Pyrus bretschneideri*) in China. Plant Dis, 97(7): 1000.

Li L, Zheng M, Ma X, et al. 2019. Molecular, serological and biological characterization of a novel *Apple stem pitting virus* strain from a local pear variety grown in China. Journal of Integrative Agriculture, 18(11): 2549-2560.

Liu F, Weir BS, Damm U, et al. 2015. Unravelling *Colletotrichum* species associated with *Camellia*: employing *ApMat* and *GS* loci to resolve species in the *C. gloeosporioides* complex. Persoonia, 35: 63-86.

Liu H, Wang G, Yang Z, et al. 2020. Identification and characterization of a *Pear chlorotic leaf spot-associated virus*, a novel emaravirus associated with a severe disease of pear trees in China. Plant Dis, 104(11): 2786-2798.

Liu N, Niu J, Zhao Y. 2012. Complete genomic sequence analyses of *Apple stem pitting virus* isolates from China. Virus Genes, 44(1): 124-130.

Loreti S, Faggioli F, Barba M. 1997. Identification and characterization of an Italian isolate of pear blister canker viroid. Journal of Phytopathology, 145(11-12): 541-544.

Ma X, Hong N, Moffett P, et al. 2019. Functional analysis of *Apple stem pitting virus* coat protein variants. Virol J, 16(1): 20.

Ma XF, Hong N, Moffett P, et al. 2016. Genetic diversity and evolution of *Apple stem pitting virus* isolates from pear in China. Can J Plant Pathol, 38: 218-230.

Malinowski T, Komorowaka B, Candrerse T, et al. 1998. Characterization of Sx/2 an *Apple chlorotic leaf spot virus* isolate showing unusual coat protein properties. Acta Horticulturae, 474: 43-50.

Mansfield J, Genin S, Magori S, et al. 2012. Top 10 plant pathogenic bacteria in molecular plant pathology. Mol Plant Pathol, 13(6): 614-629.

Mcdonald V, Lynch S, Eskalen A. 2009. First report of *Neofusicoccum australe*, *N. luteum*, and *N. parvum* associated with avocado branch canker in California. Plant Dis, 93(9): 967.

Melzer RR, Berton O. 1988. Survey of wood attacking fungi in apple orchards of Santa Catarina state, Brazil. Acta Hortic (ISHS), (232): 219-222.

Meyerdirk DE, Newell IM, Warkentin RW. 1981. Biological control of *Comstock mealybug*. J Econ Entomol, 74(1): 79-84.

Mi Q, Zhang J, Gould E, et al. 2020. Biology, ecology, and management of *Erthesina fullo* (Hemiptera: Pentatomidae): a review. Insects, 11(6): 346.

Montuschi C, Collina M. 2003. First record of *Valsa ceratosperma* on pear in Italy. Informatore Agrario, 59(50): 55-57.

Nasu H, Hatamoto M, Date H, et al. 1987. Pear fruit rot caused by agents of Japanese pear canker, *Phomopsis fukushii* and blossom end rot of European pear *Phomopsis* sp. Annals of the Phytopathological Society of Japan, 53: 630-637.

Németh MV. 1986. The Virus, Mycoplasma and Rickettsia Diseases of Fruit Trees. Budapest: Akademiai Kiado.

Nitschke TRJ. 1870. *Pyrenomycetes germanici*. Die Kernpilze Deutschlands Bearbeitet von Dr. Th. Nitschke, 2: 161-320.

Pasquini G, Simeone AM, Conte L, et al. 1998. Detection of *Plum pox virus* in apricot seeds. Acta Virol, 42(4): 260-263.

Phillips AJL, Crous PW, Alves A. 2007. *Diplodia seriata*, the anamorph of "*Botryosphaeria obtuse*". Fungal Divers, 25: 141-155.

Ricciardi R, Zeni V, Michelotti D, et al. 2021. Old parasitoids for new mealybugs: host location behavior and parasitization efficacy of *Anagyrus vladimiri* on *Pseudococcus comstocki*. Insects, 12(257): 1-14.

Roberts RG, Rodney G. 2005. *Alternaria yaliinficiens* sp. nov. on Ya Li Pear fruit: from interception to identification. Plant Dis, 89(2): 134-145.

Roberts RG, Rodney G. 2007. Two new species of *Alternaria* from pear fruit. Mycotaxon, 100: 159-167.

Satoh H, Matsuda H, Kawamura T, et al. 2000. Intracellular distribution, cell-to-cell trafficking and tubule-inducing activity of the 50 kDa movement protein of *Apple chlorotic leaf spot virus* fused to green fluorescent protein. J Gen Virol, 81: 2085-2093.

Shah MD, Verma KS, Singh K, et al. 2010. Morphological, pathological and molecular variability in *Botryodiplodia theobromae* (Botryosphaeriaceae) isolates associated with die-back and bark canker of pear trees in Punjab, India. Gene Mol Res, 9(2): 1217-1228.

Shah MUD, Verma KS, Singh K, et al. 2011. Genetic diversity and gene flow estimates among three populations of *Botryodiplodia theobromae* causing die-back and bark canker of pear in Punjab. Arch Phytopathol Plant Protect, 44(10): 951-960.

Shen YM, Chao CH, Liu HL. 2010. First report of *Neofusicoccum parvum* associated with stem canker and dieback of Asian pear trees in Taiwan. Plant Dis, 94: 1062-1062.

Simmons EG. 1997. *Alternaria* themes and variations. Mycotaxon, 65: 1-91.

Simmons EG, Roberts GR. 1993. Alternaria themes and variations. Mycotaxon, 48: 109-140.

Slippers B, Crous PW, Denman S, et al. 2004. Combined multiple gene genealogies and phenotypic characters differentiate several species previously identified as *Botryosphaeria dothidea*. Mycologia, 96: 83-101.

Slippers B, Smit WA, Crous PW, et al. 2007. Taxonomy, phylogeny and identification of Botryosphaeriaceae associated with pome and stone fruit trees in South Africa and other regions of the world. Plant Pathol, 56(1): 128-139.

Song Y, Hong N, Wang L, et al. 2011. Molecular and serological diversity in *Apple chlorotic leaf spot virus* from sand pear (*Pyrus pyrifolia*) in China. Eur J Plant Pathol, 130(2): 183-196.

Sztejnberg A. 1987. Control of *Rosellinia necatrix* in soil and in apple orchard by solarization and *Trichoderma harzianum*. Plant Dis, 71(4): 365-369.

Tanaka S, Endo S. 1930. Studies on a new canker disease of Japanese pear trees caused by *Phomopsis fukushii* n. sp. Trans Tottori Soc Agric, 2: 123-134.

Tang W, Ding Z, Zhou ZQ, et al. 2012. Phylogenetic and pathogenic analyses show that the causal agent of apple ring rot in China is *Botryosphaeria dothidea*. Plant Dis, 96(4): 486-496.

Tian Y, Zhao Y, Yuan X, et al. 2016. *Dickeya fangzhongdai* sp. nov., a plant-pathogenic bacterium isolated from pear trees (*Pyrus pyrifolia*). Int J Syst Evol Micr, 66(8): 2831-2835.

Udayanga D, Castlebury LA, Rossman AY, et al. 2014. Insights into the genus *Diaporthe*: phylogenetic species delimitation in the *D. eres* species complex. Fungal Divers, 67(1): 203-229.

Van der Meer FA. 1986. Observations on the etiology of some virus diseases of apple and pear. Acta Horticulturac, 193: 73-74.

Wang WX, Zhou LF, Dong GG, et al. 2020. Isolation and identification of entomopathogenic fungi and an evaluation of their actions against the larvae of the fall webworm, *Hyphantria cunea* (Drury) (Lepidoptera: Arctiidae). Biol Control, 65(1): 101-111.

Weir BS, Johnston PR, Damm U. 2012. The *Colletotrichum gloeosporioides* species complex. Stud Mycol, 73(1): 115-180.

Xiang J, Fu M, Hong N, et al. 2017. Characterization of a novel botybirnavirus isolated from a phytopathogenic *Alternaria* fungus. Arch Virol, 162(12): 3907-3911.

Xu CN, Zhang HJ, Zhou ZS, et al. 2015. Identification and distribution of Botryosphaeriaceae species associated with blueberry stem blight in China. Eur J Plant Pathol, 143(4): 737-752.

Yanase H, Mink GI, Sawamura K, et al. 1990. Apple top working disease // Jones AL, Aldwinckle HS. Compendium of Apple and Pear Diseases. St. Paul: APS Press: 74-75.

Yang Q, Du Z, Tian CM. 2018. Phylogeny and morphology reveal two new species of *Diaporthe* from traditional Chinese medicine in Northeast China. Phytotaxa, 336(2): 159-170.

Yang ZQ, Wang XY, Wei JR, et al. 2008. Survey of the native insect natural enemies of *Hyphantria cunea* (Drury) (Lepidoptera: Arctiidae) in China. Bull Entomol Res, 98(3): 293-302.

Yao BY, Wang GP, Ma XF, et al. 2014. Simultaneous detection and differentiation of three viruses in pear plants by a multiplex RT-PCR. J Virol Methods, 196: 113-119.

Yoshikawa N, Oogake S, Terada M, et al. 1999. *Apple chlorotic leaf spot virus* 50 kDa protein is targeted to plasmodesmata and accumulates in sieve elements in transgenic plant leaves. Arch Virol, 144(12): 2475-2483.

Zhai LF, Zhang MX, Lv G, et al. 2014. Biological and molecular characterization of four *Botryosphaeria* species isolated from pear plants showing stem wart and stem canker in China. Plant Dis, 98(6): 716-726.

Zhang PF, Zhai LF, Zhang XK, et al. 2015. Characterization of *Colletotrichum fructicola*, a new causal agent of leaf black spot disease of sandy pear (*Pyrus pyrifolia*). Eur J Plant Pathol, 143(4): 651-662.

Zhao Y, Tian Y, Wang L, et al. 2019. Fire blight disease, a fast-approaching threat to apple and pear production in China. J Integr Agr, 18(4): 815-820.

Zhou S, Smith DR, Stanosz GR. 2001. Differentiation of *Botryosphaeria* species and related anamorphic fungi using inter simple or short sequence repeat (ISSR) fingerprinting. Mycol Res, 105(8): 919-926.

附录 梨有害生物绿色防控技术挂图

一、东北地区梨病虫害绿色防控技术挂图

二、华北地区梨病虫害绿色防控技术挂图

三、西北地区梨病虫害绿色防控技术挂图

四、黄河故道地区梨病虫害绿色防控技术挂图

五、长江中下游及以南地区梨病虫害绿色防控技术挂图

六、西南地区梨病虫害绿色防控技术挂图